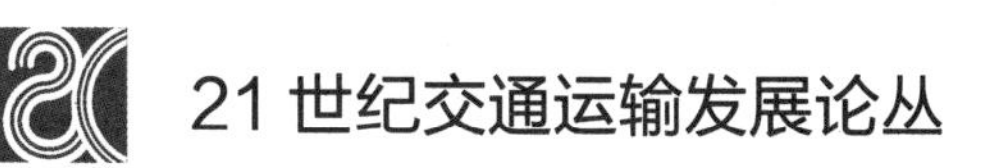

Urban Agglomeration
Transportation Integration
Theoretical Research and Case Study

城市群交通一体化
理论研究与案例分析

傅志寰　陆化普　编著

人民交通出版社股份有限公司
China Communications Press Co.,Ltd.

内 容 提 要

本书分析了城市群交通发展面临的问题与挑战，在借鉴城市群交通发展国际经验的基础上，给出了都市圈与城市群的概念、定义和内涵，阐述了城市群交通一体化面临的任务、主要内容和实现途径。此外，本书还提出了支撑城市群健康发展的交通结构，推进交通与土地使用一体化发展的TOD战略的实施方法，以及实现城市群交通一体化的政策与机制保证。

本书可供城市群交通研究人员、高等学校与城市群相关专业的学生和从事城市群交通规划设计与管理的各位同仁参考。

图书在版编目（CIP）数据

城市群交通一体化理论研究与案例分析/傅志寰，陆化普编著. — 北京 ：人民交通出版社股份有限公司，2016.12

ISBN 978-7-114-13103-5

Ⅰ.①城… Ⅱ.①傅… ②陆… Ⅲ.①城市群—交通规划—研究 Ⅳ.①TU984.191

中国版本图书馆CIP数据核字（2016）第131819号

审 图 号：GS(2016)2984号

书　　名：城市群交通一体化理论研究与案例分析
著 作 者：傅志寰　陆化普
责任编辑：陈力维
出版发行：人民交通出版社股份有限公司
地　　址：（100011）北京市朝阳区安定门外外馆斜街3号
网　　址：http://www.ccpress.com.cn
销售电话：（010）59757973
总 经 销：人民交通出版社股份有限公司发行部
经　　销：各地新华书店
印　　刷：北京盛通印刷股份有限公司
开　　本：787×1092　1/16
印　　张：17
字　　数：382千
版　　次：2016年12月　第1版
印　　次：2016年12月　第1次印刷
书　　号：ISBN 978-7-114-13103-5
定　　价：98.00元

“城市群交通一体化研究”联合课题组

主要成员名单

课 题 组 组 长:傅志寰　中国工程院院士
课题组副组长:陆化普　清华大学交通研究所所长、教授

课题组主要成员:

清华大学交通研究所

陆化普　清华大学交通研究所　所长、教授、清华大学课题组负责人
叶桢翔　清华大学交通研究所　高级工程师
张永波　清华大学交通研究所　研究助理
王　晶　北京建筑大学　副教授
李瑞敏　清华大学交通研究所　副教授
华婷婷　清华大学交通研究所　硕士研究生
余露虹　清华大学交通研究所　硕士研究生
黄亚丽　清华大学交通研究所　研究助理

国家发改委综合运输研究所

郭小碚　国家发改委综合运输研究所　所长、研究员、综合所课题组负责人
程世东　国家发改委综合运输研究所　室主任、副研究员
张广厚　国家发改委综合运输研究所　助理研究员
蒋中铭　国家发改委综合运输研究所　助理研究员
王淑伟　国家发改委综合运输研究所　助理研究员
单连龙　国家发改委综合运输研究所　副研究员

交通运输部规划研究院

徐　丽　交通运输部规划研究院战略所　所长、交通部规划院课题组负责人
崔　敏　交通运输部规划研究院战略所　主任工程师
高　翠　交通运输部规划研究院战略所　工程师
王　婧　交通运输部规划研究院战略所　工程师
张　男　交通运输部规划研究院战略所　工程师
赵　羽　交通运输部规划研究院战略所　工程师

北京交通发展研究中心

郭继孚　北京交通发展研究中心　主任、北京交研中心课题组负责人
孙明正　北京交通发展研究中心　副总工程师
余　柳　北京交通发展研究中心　高级工程师
王　婷　北京交通发展研究中心　工程师
鹿　璐　北京交通发展研究中心　工程师

武汉市交通发展战略研究院

张本湧　武汉市交通发展战略研究院　院长、高级工程师、武汉战略院课题组负责人
李建忠　武汉市交通发展战略研究院　高级工程师
佘世英　武汉市交通发展战略研究院　高级工程师
郑　猛　武汉市交通发展战略研究院　高级工程师
韩雄俊　武汉市交通发展战略研究院　高级工程师

Preface 前　言

2012年，中国工程院启动了《中国特色城镇化道路发展战略研究》项目，在全国政协副主席、中国工程院名誉院长徐匡迪院士的主持下，针对我国城镇化发展面临的问题与挑战，全方位、系统地展开了研究。项目在对我国城镇化进程评析的基础上，进行了中国城镇化道路的回顾与质量解析，研究了城镇化发展空间、综合交通问题、产业发展、生态环境保护与生态文明建设、人口迁移与人的城镇化、城市文化、规划与合理布局、公共治理等重点问题。城市交通作为主要研究内容之一，在研究中系统总结了城市交通的发展历程和国内外城市交通发展的经验教训，揭示了城市交通的若干发展规律，提出了实现绿色交通目标的发展战略与政策建议。

针对我国城镇化发展进程特点，为进一步深化交通领域的研究，中国工程院于2014年6月立项，进行"城市群交通一体化研究"。目的是在已有研究的基础上，借鉴城市群交通发展的国内外经验，进一步探索交通与土地使用一体化的实现途径，研究城市群基础设施的结构优化与城市群交通一体化的政策；并通过理论研究、案例分析等途径，探索提出支撑城市群健康发展的交通结构，深化TOD战略实施方法，以及相关的政策与机制保证。

这一研究既要回答相关的基础理论问题，也要回答如何引领我国城市群交通可持续发展的实践问题，因此从2012年开始研究之初就成立了由傅志寰院士任课题组长的联合研究团队。联合研究团队由清华大学交通研究所、北京交通发展研究中心、国家发展改革委员会综合运输研究所、交通运输部规划设计研究院组成，同时我们邀请了武汉市交通发展战略研究院参加本次城市群交通一体化研究。各参加团队认真负责、积极投入，在城市群交通一体化的全新研究领域，努力探索、深入研究，取得了较好的系统成果。本书就是"城市群交通一体化"研究课题系统成果的总结和提炼。

本书执笔分工如下

第1章：傅志寰　陆化普

第2章：陆化普　叶祯翔

第3章：陆化普　张永波

第4章：郭继孚　孙明正

第5章：陆化普　张永波

第6章：郭小碚　程世东

第7章：徐　丽　崔　敏

第8章：余世英　韩雄俊

第9章：傅志寰　陆化普

当前我国已经进入新型城镇化的发展阶段，这一阶段的显著特征就是许多大城市正在向都市圈和城市群的发展形态转变。如今，城市既面临着交通拥堵加剧、环境污染严重、交通事故频发、能源消耗巨大等“现代城市病”的压力，也面临着探索城市群健康发展模式、调整产业布局、构建绿色交通、推进能源消费革命等新的挑战。值此关键时期，能否实现城市群交通一体化建设对未来城市与城市群结构、用地形态、城市系统的运行效率和城市居民的生活质量都将产生重大影响。作者期待本书的出版能够对我国城市群一体化交通的健康发展发挥一定的理论和实践支撑作用。

傅志寰 陆化普

2016 年 3 月

Contents / 目　录

第1章 概 述

1.1 城市群交通研究的意义

我国已经进入新型城镇化的发展阶段，这一阶段的显著特征就是许多大城市正在向都市圈和城市群的发展形态转变。当前，城市既面临着交通拥堵加剧、环境污染严重、交通事故频发、能源消耗巨大等“现代城市病”的压力，也面临着探索城市群健康发展模式、调整产业布局、构建绿色交通、推进能源消费革命等新的挑战，这是探索城市群可续发展的前所未有的机遇与挑战。值此关键时期，能否实现城市群交通一体化建设对未来城市与城市群结构、用地形态、城市系统的运行效率和城市居民的生活质量都将产生重大影响。

本研究的目的是在已有研究的基础上，进一步探索交通与土地使用一体化的实现途径，借鉴城市群交通发展的国际经验，研究城市群基础设施的结构优化与城市群交通一体化的政策保证；并通过理论研究、案例分析等途径，探索提出支撑城市群健康发展的交通结构，推进交通与土地使用一体化发展的 TOD 战略的实施流程与方法，以及实现上述目标的政策与机制保证，以期构建保证城市群健康发展的政策与关键技术体系。

本书就是“城市群交通一体化研究”系统成果的总结和提炼，作者期待本书的出版能够对城市群一体化交通的发展提供理论支撑和时间指导。

1.2 研究目标与研究内容

1.2.1 研究目标

城市群交通一体化研究的目的首先是试图建立城市群一体化交通相关的理论体系，以期在城市群发展的初级阶段，就能避免现代城市病的发生。交通拥堵是当前城市交通面临的首要问题，造成交通拥堵的原因是交通供给与交通需求的不平衡。理论研究和各国的实践经验表明，交通供求矛盾的解决必须从优化交通供给和调整交通需求两个方面同时采取系统对策。通过第一阶段的研究，笔者得到结论——促进交通与土地使用一体化、推进 TOD 模式是调整交通需求特性和调整交通结构的关键，实施交通需求管理、优化交通供给模式也是实现绿色交通的重要环节。

因此，本书以研究城市群交通一体化为中心，以基于交通供求关系分析的城市群一体化交通发展战略与对策研究为重点，以武汉城市群为案例开展研究，探索建立城市群交通一体化的实现途径和理论与政策支撑体系。期待研究成果能促进我国城市群交通一体化发展以及为解决交通拥堵、环境污染、交通安全与环保节能等问题提供政策与关键技术支撑。

1.2.2　主要研究内容

本书主要研究内容包括以下 8 个方面：

（1）城市群与都市圈的概念及其交通需求特性分析。

（2）城市群交通一体化面临的问题与挑战。

（3）城市群交通一体化的国际经验借鉴。

（4）城市群交通与土地使用一体化的主要内容与实现途径。

（5）城市群运输结构优化的思路与方法。

（6）城市群交通一体化的政策支持。

（7）武汉城市群交通发展战略与情景分析。

（8）促进实现城市群交通一体化的战略与对策。

1.3　研究思路与方法

本书研究的思路、流程、内容及其相互关系如图 1-1 所示。

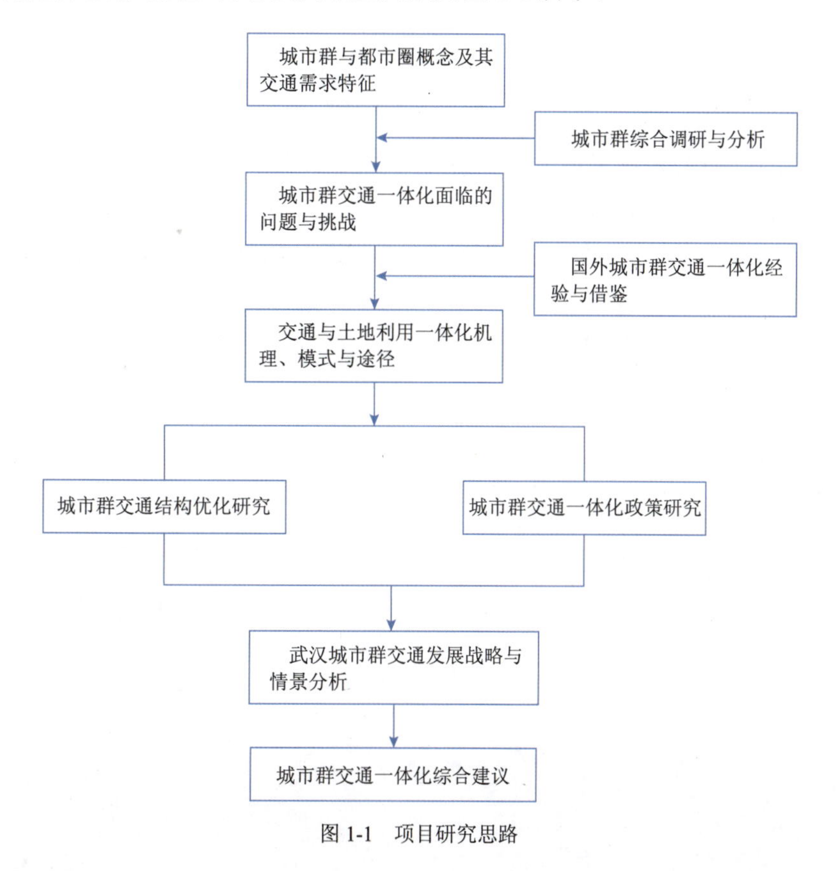

图 1-1　项目研究思路

本书研究的工作流程如图 1-2 所示。

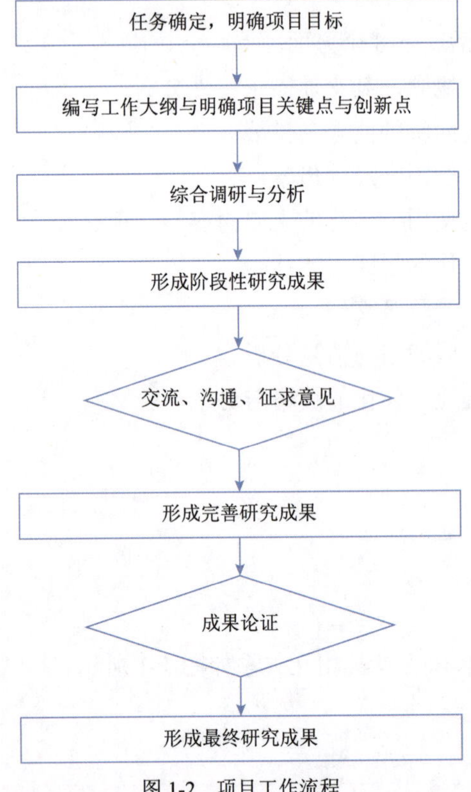

图 1-2　项目工作流程

按照上述工作流程，本书采用了理论研究与实例分析结合、定性分析与定量分析结合、系统分析与比较分析交互、演绎推理与归纳分析共用的研究方法，力求做到理论与实践结合、国内与国外结合，一般与具体结合，提炼城市群交通一体化发展的规律，提出战略与政策建议。

第2章

城市群与都市圈的概念及其交通需求特性

研究城市群的健康发展模式与发展战略，首先要回答什么是城市群、什么是都市圈的问题，明晰城市群和都市圈的特征与区别，这直接关系到城市结构、土地使用、产业布局和交通运输系统供给总量与供给结构等问题的研究与分析，是探索确定城市群发展战略和实现城市群交通系统健康发展的基本前提。

城市的发展有很强的规律性。城市是一个有机体，在不断地发展和演进。在城市发展的初期阶段，受经济发展水平和交通工具技术经济特性制约，城市的规模较小、结构简单，是各自独立的城市，城市形态呈现出规模较小的单中心结构。随着城市的不断发展和交通技术的进步，城市规模不断扩大，城市形态也逐渐发展成为多中心的组团城市（城市由中心区和若干城市组团构成），但这时的城市总体上仍然是一个单一的城市，城市规模虽然有显著扩大，但和都市圈阶段相比依然较小。随着城市规模的进一步扩大，组团城市逐渐向更大规模发展，不但有多个城市组团，而且在组团的外围形成若干卫星城，这时的城市进入了都市圈的发展阶段，这一阶段的城市不但有若干城市组团，而且有具备比较完善城市功能的卫星城，和中心城区、城市组团一起共同构成一日生活圈。随着交通技术的进一步发展，生产组织和资源环境优化区域进一步扩大，若干都市圈和区域中的其他大中小城市协同发展，进一步形成了城市群的发展形态。然而，以什么样的交通结构支撑和引导都市圈与城市群空间布局结构的形成和功能实现，是关系到城市社会能否实现可持续发展，能否实现既满足交通需求、又环保节能的发展目标的关键。

要回答和解决上述问题，必须从理论上研究分析并清晰定义有关都市圈和城市群的基本概念、发现和揭示其基本规律，诸如都市圈与城市群的定义与内涵、不同交通方式支撑和引导的都市圈与城市群具有什么样的特点、如何实现交通系统对城市发展的引导作用、实现TOD模式的障碍和政策保障体系等基本问题。

2.1 都市圈与城市群的概念辨析

日本学者于1950年提出都市圈的概念，1990年给出都市圈的定义，是指由中心城市及其周边构成的地区，即人口在10万以上的中心城市及其周边的日常生活区域为都市圈。中心城市是都市圈中的核心行政市，周边地区是与中心城市在社会、经济等方面联系密切的地区。关于周边地区范围划定的标准，日本政府总务厅统计局根据国势调查报告设定的大都市圈的范围是包括在中心城市上班、上学的人数（常住人口）占周边地区城市总人口15%以上的市、镇、村[1]。

美国采用都市区的概念。都市区一词来源于英文“metropolitan area”，也译为大都市区。1910年，美国人口普查局首次采用“大都市区”（metropolitan district）这一概念进行人口统计。1990 年改为都市区（MA），泛指所有的大都市统计区、基本大都市统计区和综合大都市统计区，规定每个大都市区应由一个人口在 5 万人以上的核心城市化地区，以及围绕这一核心城市化地区的中心县和外围县构成[2]。中心县是该城市化地区的中心市所在的县，外围县则是与中心县邻接且满足以下条件的县：①从事非农业活动的劳动力至少占全县劳动力总量的 75% 以上；②人口密度大于 50 人 /m^2（19.3 人 / km^2），且每 10 年人口增长率在 15% 以上；③至少 15% 非农业劳动力向中心县以内范围通勤或双向通勤率达到 20% 以上[2]。到了 2000 年，美国管理与预算办公室定义的"核心基础统计区"包括"大都市统计区"（metropolitan statistical areas）和"小都市统计区"（micropolitan statistical areas）两大类[3]。

表 2-1 为已有的都市圈定义一览表。

已有的都市圈定义一览表　　表 2-1

时间与提出者	都市圈定义
1910 年，美国人口普查局[2, 3]	采用"大都市区"（metropolitan district）这一概念进行人口统计。1990 年改为都市区（MA），泛指所有的大都市统计区、基本大都市统计区和综合大都市统计区，规定每个大都市区应由一个人口在 5 万人以上的核心城市化地区，以及围绕这一核心城市化地区的中心县和外围县构成。中心县是该城市化地区的中心市所在的县、外围县则是与中心县邻接且满足以下条件的县： （1）从事非农业活动的劳动力至少占全县劳动力总量的 75% 以上； （2）人口密度大于 50 人 / mi^2（19.3 人 / km^2），且每 10 年人口增长率在 15% 以上； （3）至少 15% 非农业劳动力向中心县以内范围通勤或双向通勤率达到 20% 以上
1950 年，日本行政管理厅[3]	提出"都市圈"概念，定义为：以 1 日为周期，可以接受城市某一方面功能服务的地域范围，中心城市人口规模须在 10 万人以上
1960 年，日本[3]	规定大都市圈为：中心城市为中央指定市，或人口规模在 100 万人以上并且临近有 50 万人以上的城市，外围地区到中心城市的通勤人口不低于其本身人口的 15%
1980 年，中国周一星教授[4]	提出了中国都市区的界定标准： （1）市区是由中心市和外围非农化水平较高、与中心市存在着密切社会经济联系的邻居县市两部分组成； （2）凡城市实体地域内非农业人口在 20 万以上的地级市可视为中心城市，有资格设立都市区； （3）都市区的外围地域以县级区域为基本单元，外围地区必须满足以下条件：全县（或县级市）的 GDP 来自非农产业的部分所占比例在 75% 以上；全县社会劳动力总量中从事非农经济活动的社会劳动力占 60% 以上；与中心市直接毗邻或已列入都市区的县市相毗邻； （4）当中心市为小郊区城市（一般为"切块设市"的市）时，中心市的非农化一定能满足第（3）条规定中的非农化水平指标，当中心市为大郊区市（一般为"整县设市"的市）时，整个市域还需满足第（3）条规定中的非农化水平指标，方可设立都市区； （5）如果一县（市）能同时划入两个都市区则确定其归属的主要依据是行政原则（视其行政归属而定），在行政原则存在明显不合理现象时（如舍近求远），采用联系强度原则（即依据到各个中心市的客流量取最大者而定）。中心市的标准比西方国家高一些，与我国现行的地级市设市标准一致
1990 年，日本[1]	都市圈是由中心城市及其周边构成的地区，即人口在 10 万以上的中心城市及其周边的日常生活区域为都市圈。日本政府总务厅统计局根据国势调查报告设定的大都市圈的范围是包括在中心城市上班、上学的人数（常住人口）占周边地区城市总人口的 15% 以上的市镇村

与都市圈不同，戈德曼于 1957 给城市群的定义为：城市群是从外观上表现为市街区大

片地连在一起、消灭了城市与乡村明显景观差别的城市地区，是一个面积广大，由几个大都市相连接的城市化区域，拥有较大的总人口规模（人口≥ 2500 万）和高密度的人口分布（人口密度≥ 250 人 /km²）的区域[5，6]。已有的城市群定义一览见表 2-2。

已有的城市群定义一览表 表 2-2

时间与提出者	城市群定义
1898 年，英国学者埃比尼泽·霍华德[7]	提出了城镇群体的概念
1915 年，英国学者盖迪斯[7]	在其《进化中的城市》创造出了“Conurbation”：城市的拓展是其诸多功能跨越了城市的边界，众多的城市影响范围相互重叠产生了“城市区域”
20 世纪 30 年代，英国学者弗塞特[7]	认为“城市群”是一为城市功能用地占据的连续区域，将“城市群”限制在城市建成区的范围内
20 世纪 30 年代，英国统计部门[7]	将“城市群”定义为“地方行政区域结合体”，并从人口密度、城镇职能及空间景观等方面提出限制条件以界定城市群
1957 年，美国学者戈德曼[6]	城市群是从外观上表现为市街区大片地连在一起、消灭了城市与乡村明显景观差别的城市地区，是一个面积广大，由几个大都市相连接的城市化区域，拥有较大的总人口规模（人口≥ 2500 万）和高密度的人口分布（人口密度≥ 250 人 /km²）的区域
1980 年，中国学者董黎明[8]	提出“城市群，又称为城市密集地区，即在社会生产力水平比较高、商品经济比较发达，相应的城镇化水平也比较高的区域内，形成由若干个大中小不同等级、不同类型，各具特点的城镇集聚而成的城镇体系”
1992 年，中国学者崔功豪[9]	在《中国城镇发展研究》一书中提出“城镇群体空间和一般的人口稠密、城镇群体分布的空间形态有着质的区别，前者是工业化社会，以城市为核心的区域发展过程中，有着主次序列、相互分工协作的城镇有机系统，而后者是在区域经济处于低层次发展阶段，城镇自发形成、孤立发展、缺乏内在联系的无序状态，并根据不同发展阶段和水平，把城市群体结构分为城市 - 区域、城市群组和巨大城市带三种类型”
1992 年，中国学者姚士谋[10]	在《中国城市群》中把城市群定义为：在特定的地域范围内具有相当数量的不同性质、类型和规模的城市，依托一定的自然环境条件，以一个或两个超大或特大城市作为地区经济的核心，借助于现代化的交通工具和综合运输网的通达性，以及高度发达的信息网络，发生于发展着城市个体之间的内在联系，共同构成一个相对完整的城市“集合体”，这种集合体可称为城市群
1999 年，中国学者吴启焰[11]	定义城市群为：在特定地域范围内具有相当数量不同性质、类型和等级规模的城市，依托一定的自然环境条件，以一个或两个特大或大城市作为地区经济的核心，借助综合运输网的通达性，发生在城市个体之间，城市与区域之间的内在联系，共同构成一个相对完整的城市地域组织
2007 年，中国学者倪鹏飞[12]	提出城市群是指由集中在某一区域，交通通讯便利、彼此经济社会联系密切而又相对独立的若干城市或城镇组成的人口与经济集聚区

本书在正式给出都市圈和城市群的定义之前，首先讨论定义的意义。从日本和美国对于都市圈定义的发展演变过程可以看出，我们之所以要给出定义，它的本质意义是为满足人类社会构建城市生活圈的发展需要，界定的城市空间范围。如果没有优化城市用地布局、组织城市一日生活的需要，也就没有必要给出都市圈的严谨的定义。因此，从一开始城市管理者就应非常清晰地知道，我们定义的都市圈的空间范围，就是一日生活圈，要在这一范围内组织、优化城市的生活。因此也就很容易理解，日本和美国给出的都市圈定义或划分都市圈

范围的动态边界时，共同之处是将周围城市与中心城市间有无通勤作为主要的衡量指标，强调都市圈是日常生活范围，这是抓住了事物本质的定义和表述，是非常关键的概念。因为我们对城市进行分类的目的正是为了更好地掌握不同城市的特征，据此进行城市居民生活的组织和优化设计，以便实现更美好的城市生活。

而城市群则不同。城市群的本质特征是：资源一体化优化配置，生产活动一体化考虑，整合区域资源以提高区域竞争力，协同发展以实现环保节能，提高生产与流通效率的协同发展区域。城市群不是一日生活圈。

综上所述，都市圈的本质特征是一日生活圈、通勤圈，而城市群则是资源环境一体化优化的地域空间。两者的本质不同决定了都市圈和城市群的交通需求特性有很大差异，进而决定了两者在交通方式构成、交通制式选择、交通运输的服务特性、交通与土地使用的一体化模式以及综合交通组织等方面有显著差异。

由于上述差异，清晰界定都市圈与城市群，对于厘清交通运输体系结构、合理确定都市圈与城市群的交通方式构成及不同的交通制式选择、根据交通需求特性优化交通服务等方面具有重要意义。

因此，在综合考虑都市圈与城市群的本质及相互区别，都市圈定义的现实意义及城市化进程中城市发展阶段特点的基础上，本书分别给出都市圈（都市区）和城市群的定义如下：

都市圈是以一个首位度占明显优势的中心城市为核心，以通勤范围为空间区域，由若干城镇组成的具有完整综合城市功能的城市空间区域，是一日生活圈、通勤圈、购物圈和日常活动圈。都市圈的范围包括的市镇为在中心城市上班、上学的人数（常住人口）占该市镇总人口的 15% 以上的所有周边市镇。都市圈内的交通需求以客流为主，是每天的、频繁的生产与生活出行需求，呈现明显的峰值特性与高频度特性。

与都市圈的定义相比，国内外对城市群的定义尚未统一。很重要的原因就是对城市群的本质特征以及评价指标与评价方法尚未建立起来。其中，对城市群本质特征的认识至关重要。

本书认为，城市群与都市圈的本质不同在于它不是一个一日生活范围。都市圈的范围有上限，一旦成熟，规模上不能无限扩大。城市群是以资源优化为根本目的的范围，可以不断发展成长，没有上界，这是两者的本质不同。那么，定义城市群的意义是什么呢？它的第一意义就在于我们希望在更大的范围内优化资源配置、实现协同发展。同时，通过定义和评价体系，引导城市群健康发展，也是它的重要目的。说到底，城市群范围是一体化协同优化发展的范围。

从以上分析出发，本书给出城市群的定义如下：城市群是社会经济和城市发展到一定阶段后的经济发展与空间组织利用形式，是由在地域上集中分布的若干都市圈和城镇集聚而成的庞大、多核心、多层次的城市密集区，是生产要素、空间资源和流通市场一体化优化的对象空间。城市群通常拥有较大的面积规模（面积大于 2000km^2）和较高的人口密度（人口密度≥ 300 人 /km^2）。城市群中的各城市间有较为发达的交通系统支撑，有较为密切的经济联系和较为频繁的人员往来。

与都市圈相比，城市群主要是生产要素、生产力布局、上下游产业以及生态环境等相互依托、相互之间有紧密联系、有较强产业关联、有传统的工商业交流和互相依赖关系、可以一体化优化从而实现提高生产效率、经济效益和环境效益的城市群体。和人员流动相比，城市群之间更突出的是生产资料、半成品和产品之间的生产性物流等货物运输需求。都市圈、城市群之间城市结构和密度以及相应的交通需求特性等的差异见表2-3。需要注意的是一个城市群中可能包含一个或一个以上都市圈。

都市圈与城市群异同比较一览表　　表2-3

类　型	都　市　圈	城　市　群
结构与紧密度	由多中心组团城市和若干新城组成，中心城区与组团间及与新城间人员交流频繁；是周边组团或新城到中心城区的通勤比例超过15%的空间范围	包括都市圈和多个独立城镇，相互之间有很强的货物运输联系和较多的人员流动，面积广大
交通需求特性	（1）通勤交通； （2）购物交通； （3）每天的日常活动出行	（1）上下游产业链之间的原材料、半成品运输； （2）群内生产要素和资源优化配置带来的交通需求； （3）相对于其他城市群以外的城市，城市群内城市之间有较多的人员流动，但完全不同于都市圈的通勤交通，人员流动以商务出行为主
交通系统特点	（1）城市轨道交通＋市郊铁路（重点为通勤铁路）客运服务； （2）公交化的运营模式与服务水平	（1）客运以干线铁路、城际铁路和长途公共汽车运输为主； （2）货运以公路卡车和铁路运输为主； （3）要求有便捷的货运通道、货物的集疏运体系以及高速、便捷的客运服务体系
功能区别	是一日生活圈，是通勤圈	是关系密切的生产协作圈，产业关联、资源优化配置区域，是经济圈

本书中的中心城市是指都市圈中处于主导地位的城市的中心区域，一般是指超大、特大或大城市等的城区或中心城区为主的区域。本书中，讨论都市圈时，使用中心城市这一用语。

核心城市是指在城市群的社会经济活动中处于重要地位，具有综合功能或多种主导功能，起着枢纽作用的超大城市、特大城市或大城市。本书中，讨论城市群时，使用核心城市这一用语。

除都市圈和城市群的概念以外，也有城市圈的说法。因为采用城市圈的说法无法区别是都市圈还是城市群，为明确概念，也为与国际上的表述相一致，本书统一使用都市圈，而不采用城市圈的表达方式。

2.2　城市群与都市圈交通需求特性的差异

当前，我国城市正处在以都市圈和城市群发展模式为主的城镇化发展新阶段。如前所述，一个城市群往往由一个或若干个都市圈及若干城镇组成。都市圈是由中心城市及其周边的中小城市组成的，主要呈现的是外围的中小城市与中心城市间的密切联系，而城市群则是由若干都市圈和城镇集聚而成的开放式系统，主要呈现的是不同都市圈之间及城市群中各城市间的联系。因此，城市群和都市圈的交通需求特性不同。

2.2.1 城市群交通需求特性

城市群的交通需求特性主要包括城市群中各城市之间的交通需求（即城际交通需求）和城市群中的都市圈或独立城市内部的交通需求（即城市交通需求）两大主要部分。城市内的交通需求特性主要取决于城市结构、用地形态和城市居民的生活模式。城市间的交通需求主要取决于产业结构和空间布局、城市群中各城市间的业务联系紧密程度、人们的生活模式及其改变等。城市群中不同都市圈及各城市间的交通运输需求主要表现为高度集聚的区域交通走廊，进而呈现以该走廊为轴线的产业集聚带，同时这种集中于交通走廊的需求又引导和刺激了沿交通走廊的综合交通大通道的建设。例如，日本东海道城市群中的东京都市圈、大阪都市圈和名古屋都市圈之间的客运需求，促使了东海道新干线的形成，而同时新干线的运营又刺激了三大都市圈之间的联系，使之更加密切。

可见，城市群之间的交通需求特性主要体现在都市圈及各城市间的交通运输需求上，而这种需求又是由城市群中不同都市圈、城市的功能定位和产业结构布局决定的，进而促使了区域高强度运输走廊的形成。

此外，城市群作为一体化资源优化配置的空间区域的性质决定了城市群中城市之间的交通运输需求，主要是上下游产业链之间的原材料和半成品运输、产品流通和群内资源配置而带来的运输需求，以及城市间大量的商务及旅游出行需求。因此，城市群的交通需求呈现了以货物流通和中距离的商务及旅游出行为主的特性。

如前所述，城市群结构和土地使用特性是影响城市群交通需求特性的主要因素，笔者提出土地使用原则建议如下：

（1）上下游产业链，上游靠近原材料产地，下游靠近交通枢纽（如港口、机场、物流枢纽场站等）。

（2）大型交通基础设施空间布局要进行充分论证和高度共享。

（3）城市群中的城市沿交通走廊选址，以大型综合交通枢纽为中心展开。

（4）不同用地性质土地充分考虑相互之间的人流与物流的内在联系。

（5）用地的空间布局与不同用地性质的衔接关系要充分考虑环保、节能和绿色交通系统的构建。

（6）无污染企业采用混合用地，促进职住均衡。

（7）整个区域的生态布局、水资源利用等应进行一体化规划。

2.2.2 都市圈交通需求特性

都市圈的交通需求特性主要体现在都市圈内组团间及都市圈内各城市之间，一般呈现以中心城市为核心的放射状交通走廊及主要城市间的环线联系，中心城市与外围中小城市之间的联系强度决定了交通走廊的强度，而外围中小城市之间的联系一般相对较弱，交通需求没有与中心城市间的联系强度大。例如，法国巴黎都市圈等均呈现出了明显的上述特性。日本东京都市圈的放射道路网结构，JR 线路及各地铁线路的空间布局和客运强度就体现了城市间交通需求的空间布局及强度大小，印证了上述交通需求特性。但是，随着都市圈发展的日趋成熟，致使外围中小城市之间的联系不断加强，而渐渐呈现环形走廊的交通需求有增强的态势。

由于都市圈是城市日常组织生产和生活的最大空间范围，要满足人们的通勤需求、购物需求等日常的活动需求，因此都市圈的本质是通勤圈和一日生活圈，交通需求主要以通勤出行和日常生活出行等为主，并具有明显的峰值特性。

根据上述特性，笔者提出都市圈土地使用原则如下：

（1）都市圈要有一个具有综合功能的强大城市中心。

（2）以混合用地为主，可以适当考虑主体功能，尽量不建设单一功能的大型组团和卫星城，如大型产业功能区、大型住宅区等。

（3）以轨道交通为骨架，形成城市发展轴，轨道交通站点周边混合功能高强度开发，外围依次降低开发强度，建成区平均人口密度以 1 ～ 3 万人 /km^2 为宜，可根据城市实际情况确定。

（4）居住小区应有完善的生活设施和功能配套，至少包括学校、诊所、购物中心、农贸市场、托儿所和幼儿园、邮局或银行设施、会所、餐饮及 24 小时便利店。

（5）综合交通枢纽实现无缝衔接、零距离换乘，实现高度的换乘枢纽的智能化。

（6）从公交站点到居住区和就业岗位区之间有完善的步行和自行车道路，建立安全、连续的末端最后一公里交通体系。

（7）城市组团间设置大规模的分隔绿地或楔形绿地以及较宽的绿带隔离，提高城市的净化能力、生态和环境承载力，使城市美观以及与自然融为一体。

（8）建立完全分类回收的垃圾回收与处理系统，大幅度提高垃圾资源化的比例。

2.2.3 城市群和都市圈交通需求特性差异分析

通过上述对城市群和都市圈交通需求特性的分析可见，城市群和都市圈的交通需求特性在交通网络结构、出行距离、出行目的、出行方式上均有很大差异，具体见表 2-4。

城市群与都市圈交通需求特性差异分析与经验总结　　表 2-4

类　型	都　市　圈	城　市　群
出行距离	现有国外都市圈的通勤出行范围一般在 20 ～ 50km 不等的半径范围内，东京为世界上最大的通勤圈。深入分析总结东京都市圈的发展经验可知，东京都由于通勤半径过大，现代城市病严重，都市圈的合理规模以 30km 半径为宜	城市群内的出行，由于跨越的空间范围更大，一般来说，出行距离会远大于都市圈

续上表

类 型	都 市 圈	城 市 群
出行目的	主要为通勤、生活出行等日常活动出行，都市圈内以短距离出行为主	主要为城市群内资源优化配置和上下游产业链间原材料、半成品以及成品的货物运输、商务与旅游等中长距离出行为主
需求特性	(1)通道通勤交通出行需求大； (2)有明显的峰值特性； (3)便捷、可达性要求高	(1)有多层次的运输需求； (2)要求大幅度缩短通道交通时间，提供高速度的通道交通服务； (3)应根据客/货运输需求特性提供交通基础设施，有货运专线需求
出行频度与出行时间	出行频度高，出行时间较为集中	与都市圈内出行频度相比较，城市群内的交通出行频度较低，出行时间分布比较均匀
出行方式	以城市轨道交通、通勤铁路和公交为主导	铁路和公路运输并重；铁路提供高效率的客运服务，公路满足小量、多次、短距离、门到门的货运服务需求

2.2.4 轨道交通类型划分

如前所述，轨道交通制式不同，运输服务特性就不同，科学确定不同轨道交通制式的适用范围、空间分布和建设时序，是当前阶段轨道交通发展的关键问题，也是保证交通投资科学性的关键。

本书为统一思路，清晰界定不同交通方式的特点和服务范围，避免混乱和模糊概念，提出了轨道交通分类建议。轨道交通可分为干线铁路、城际铁路、市域铁路和城市轨道交通 4 大类。详见表 2-5。

轨道交通分类　　表 2-5

类 型		主要服务范围	功 能 定 位	特 点
干线铁路		全国干线、城市群间	依托国家铁路网的主要线路，为全国城市(城市群)之间提供点到点的客货运输服务，是具有重要政治、经济、国防意义的铁路	包括高速铁路、普速铁路形式
城际铁路		城市群内相邻城市间	衔接国家铁路干线或区域专线，主要针对城市群的交通需求特性，提供城市群内相邻城市间高效便捷的铁路运输服务	设计速度 200km/h 左右的快速、便捷、较高频度客运专线铁路
市域铁路	通勤铁路	属于市域铁路，是专门服务于通勤客流的大站快车或点到点的运输服务	都市圈内市中心区到周边通勤城镇的通勤旅客列车线路，主要服务于通勤、通学交通	与地铁相比具有站距长、车速快、票价低廉等特点
	非通勤铁路	属于市域铁路，主要服务于都市圈范围内中心城与外围城镇间的出行服务	不以通勤为主，实现中心城与外围城镇间、外围城镇相互间的可达性功能，是否有建设需求取决于交通需求特性，包括铁路支线、专线等	平均站间距和运行速度一般比城际铁路小

续上表

类　型	主要服务范围	功能定位	特　点
城市轨道交通	城区内部、组团及与卫星城间	服务于城区内部及城区组团间的大运量骨干城市公共客运交通系统；服务于通勤和城市交通通道上的日常生活出行需求	包括地铁、轻轨、单轨、有轨电车、自动导向轨道等；发车频度大、平均站距小

在具体的轨道交通系统规划建设过程中，应考虑以下主要原则：

（1）干线铁路、城际铁路从服务范围看，均可以服务于城市群内、相邻城市间、都市圈内，因此在已有干线铁路的情况下，是否还需要修建城际铁路应重点从客流需求角度加以论证。

（2）市域铁路包括市域通勤铁路和市域非通勤铁路，其服务对象有差异，因此要求的服务指标也不同。市域通勤铁路是比较特殊的市域铁路，重点服务于大规模通勤人口的集中居住区，要求运行速度快，提供大站快车的快捷服务。笔者认为通勤铁路建设的战略原则非常重要，对于已有城市区域和发展中的新城采取的原则不同。如果大规模卧城已经形成，如北京、上海这样的巨型城市，则应尽快提供通勤铁路服务，以满足大规模长距离的通勤出行需要，提高城市运行效率、缓解城市交通拥堵。如果是规划设计大幅度扩大城市规模，由一般大城市走向都市圈，则一定不要采用卧城形态，因此也不必要提供市郊通勤铁路服务，因为这种形态是不可取的无奈之举，是特定历史情况下或特定城市结构情况下的产物，不宜提倡和发展。

（3）大城市、特大城市和巨型城市应建设不同轨道交通制式并使其相互配合，形成优势互补的综合轨道交通网络。基于轨道交通运网分离、客流需求特征等情况，不同类型轨道交通在一定情况下是可转化或同时存在，需要一体化考虑。轨道交通系统的适用范围示意图如图 2-1 所示。

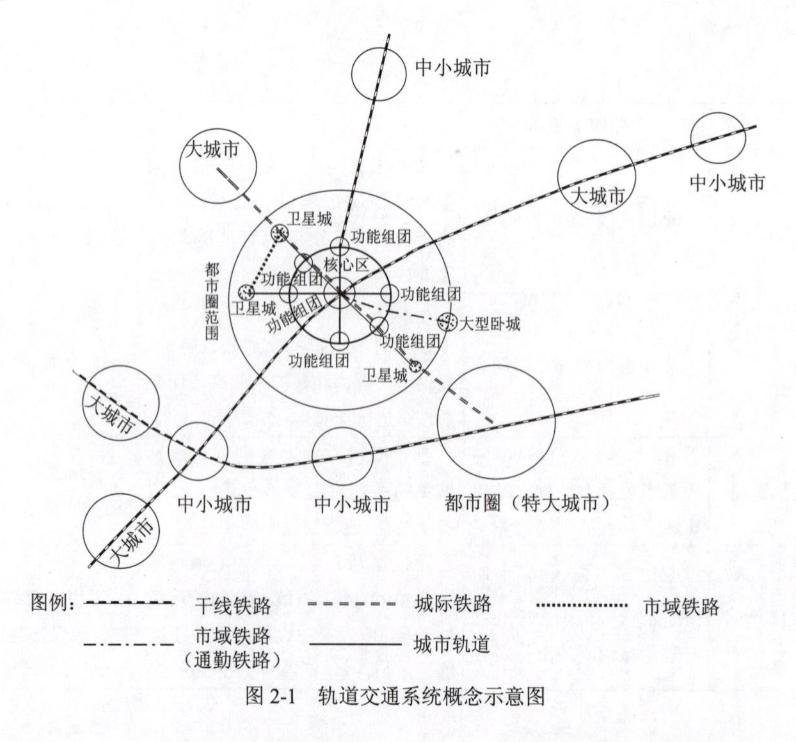

图 2-1　轨道交通系统概念示意图

2.3　城市群结构形态与相应的交通需求特性[13, 14]

根据城市群城镇体系的空间布局特点，城市群形态结构可概括为中心式、轴带式、网络式和混合式 4 种。

单中心式城市群是城市群中的核心城市具有显著的首位度，具有强大核心城市的城市群。在这类城市群结构中，核心城市与城市群中的其他城市间关系十分密切，而城市群内其他各城市之间的联系并不紧密。因此，城市群交通呈现出由核心城市向其他城市放射的网络格局，如图 2-2 所示。

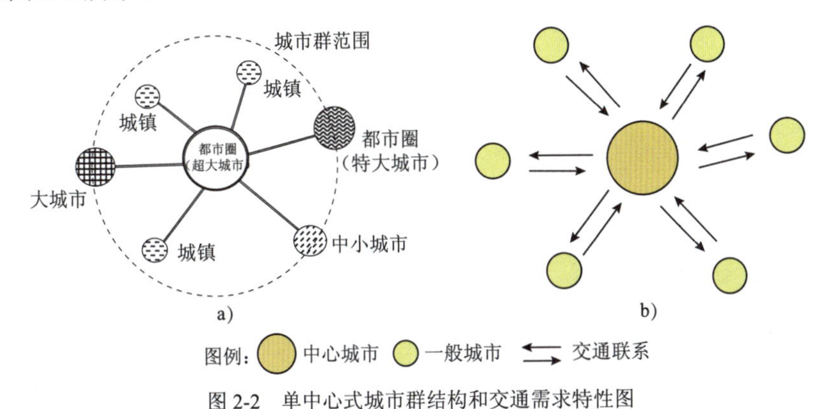

图 2-2　单中心式城市群结构和交通需求特性图

a）中心式城市群结构图；b）中心式城市群交通需求特性图

轴带式城市群是城市群中有两个以上核心城市形成优势的产业关联或交通走廊，内部其他城市也主要通过这条廊道与核心城市发生联系，大量的产业协作使交通也集中在了这条廊道上。一个城市群中可以有一个或多个核心城市、一条或多条轴带，如图 2-3 所示。此类城市群结构通道上的交通需求巨大，一般城市与核心城市间的交通需求大小不等，取决于城市间的紧密程度。

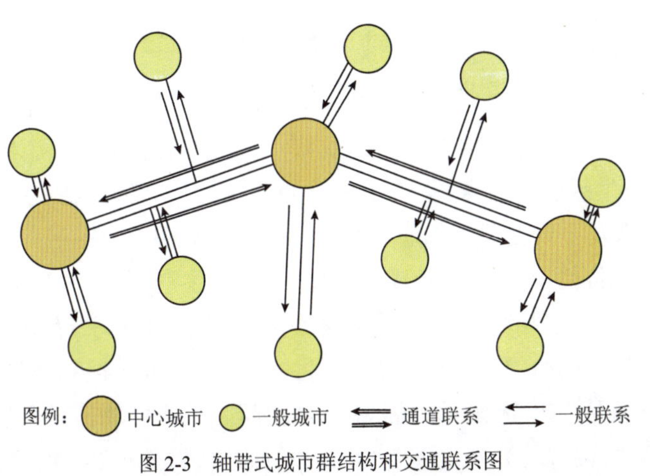

图 2-3　轴带式城市群结构和交通联系图

网络式城市群是城市群内部各城市之间均有较强的相互联系，各城市之间都有交通线直接连接的结构形态，如图 2-4 所示。

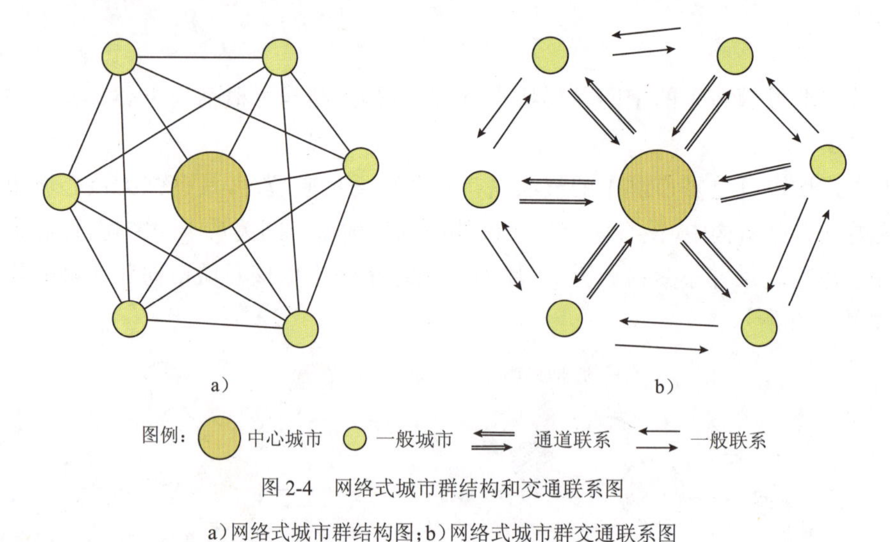

图 2-4　网络式城市群结构和交通联系图

a）网络式城市群结构图；b）网络式城市群交通联系图

混合式城市群呈现多极化发展模式，混合式交通使资源配置更趋合理化，如图 2-5 所示。

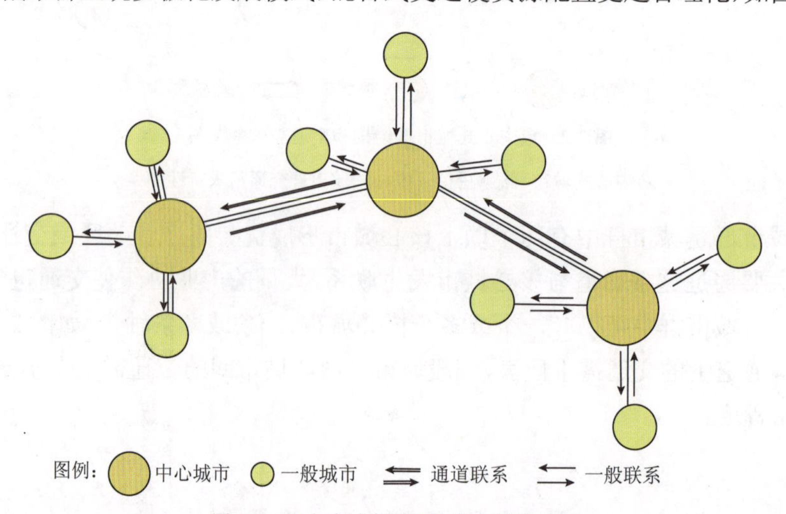

图 2-5　混合式城市群结构和交通联系图

如前所述，都市圈交通需求特性具有明显特点，都市圈内的交通需求以客流为主，是每天的、频繁的生产与生活出行需求，呈现明显的峰值特性与高频度特性。都市圈结构特性、都市圈内城市间关系及主要交通需求通道系统特性示意如图 2-6 所示。

城市群交通需求特性不同于都市圈，城市群主要是生产要素、生产力布局、上下游产业以及生态环境等相互依托、相互之间有紧密联系、有较强产业关联、有传统的工商业交流和互相依赖关系、可以一体化优化从而实现提高生产效率、经济效益和环境效益的城市群体。城市群之间更突出的是生产资料、半成品和产品之间的生产性物流等货物运输需求。城市群结构特性、城市群内城市间关系及主要交通需求通道特性如图 2-7 所示。

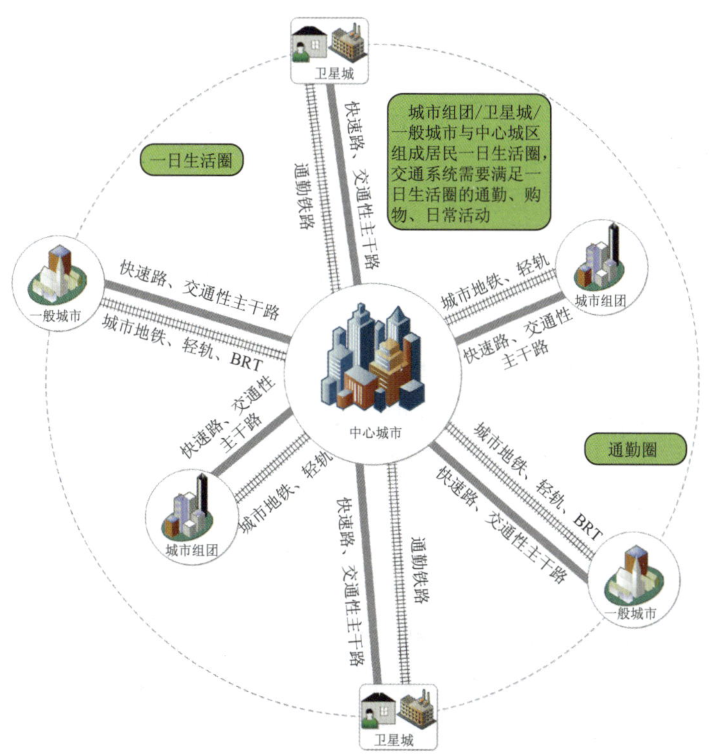

图 2-6　都市圈结构特性、都市圈内城市间关系及主要交通需求通道特性示意图

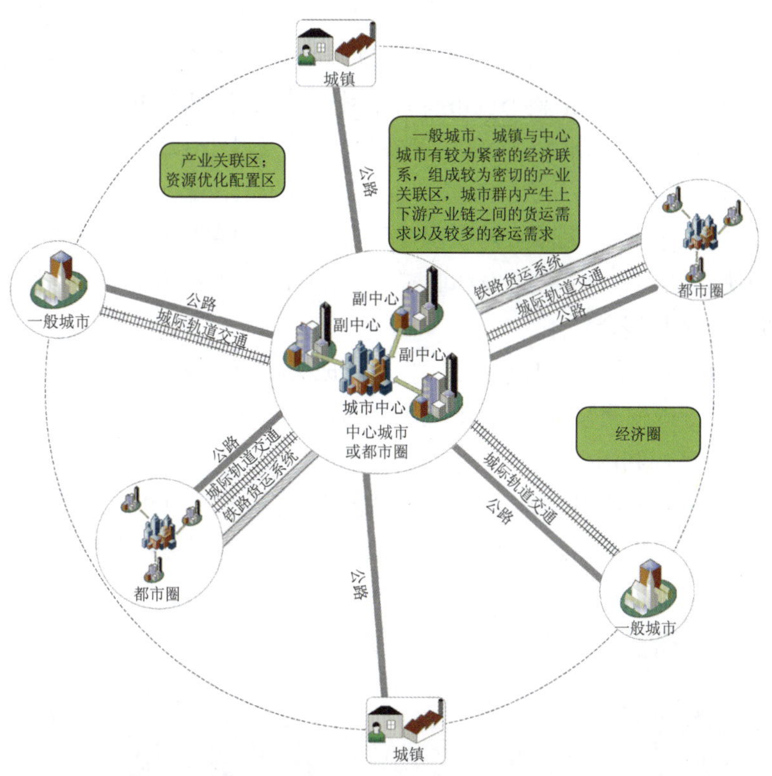

图 2-7　城市群结构特性、城市群内城市间关系及主要交通需求通道特性示意图

2.4 城市群发展与交通系统的互动关系

2.4.1 土地使用模式对交通需求的影响

不同的土地使用模式，会产生不同的交通需求特性，也将对交通设施的供给提出不同的要求。

（1）从区域功能片区角度看，不同区域具有不同的交通需求特征。

①高端服务业区成为庞大通勤人流的吸引点。

②工业区成为一定规模的通勤人流及物流的吸引与生成点。

③重要的公共设施成为人流的吸引中心。

④住宅区形成人流的生成点。

⑤旅游区形成旅客人流的吸引点。

（2）从城市结构体系角度看，不同的城市结构体系形成不同的交通需求特征。

①单中心：城市只有单一的就业中心和商务中心，容易形成集中而巨大的放射形交通流和潮汐交通现象，城市中心交通拥堵严重，交通流单纯明确。

②多中心：城市有多个就业中心、商业中心和交通发生吸引点。交通流在整个城市空间内分布比较均匀，但不能保证大部分交通在就近区域内完全解决，取决于城市用地形态；可以在一定程度上缓解交通拥堵；根据各中心之间的联系强度，还存在相应的城市组团间的交通。

③生态城市单元模式：主张整个城市有若干城市单元，在每个城市单元内配置相对完善的城市功能，推动城市混合用地和 TOD 的开发模式，尽量减少单元间的交通需求，单元间形成集中、明确的通道交通需求，由公共交通满足单元间的长距离出行需求。而大部分日常交通需求为终端距离出行，可以在单元内以步行和自行车等绿色交通为主来解决。

（3）从土地使用方式看，高强度开发和低密度蔓延将产生完全不同的用地效率和需求特性。

①功能过度分区与混合利用。

a. 过分强调功能分区的土地使用模式，容易形成大量跨区交通。

b. 合理的混合土地使用模式，有利于减少交通需求总量和减少长距离交通需求。

②粗放蔓延与集约利用。

a. 粗放蔓延式的土地使用模式，城市低密度扩张，将形成长距离的交通需求。

b. 集约的土地使用模式，有利于缩短交通距离，提高土地利用效率和集约化程度。

2.4.2 交通系统对城市土地使用的影响

2.4.2.1 引导作用

作为基础设施，交通系统往往是为满足土地使用的需要而进行规划的。但交通基础设施的建设使得城市中处于不同位置的空间资源具有了不同的交通区位、不同的可达性，从而使土地价值也产生了差异，因此，对土地使用和城市结构的形成具有很强的影响和引导作用。

其中，以道路网支撑的城市结构和用地形态，具有交通可达性好、城市土地使用灵活方便的特点。但是，以道路网为主要支撑的城市通常会形成低密度开发的城市结构和用地形态。随着轨道交通的发展，形成了枢纽式的交通模式，由于轨道交通具有运量大、速度快的特点，能够支撑更高的开发强度和更大的城市规模，并会引导形成以轨道交通走廊为轴线、以轨道交通站点及其周边高强度开发的城市中心或组团为特点的点轴式城市结构。以道路为骨架和以轨道为骨架形成的城市有显著区别，城市交通结构和开发强度截然不同。

2.4.2.2　道路网络布局对土地使用的影响

道路具有引导城市沿路发展的作用，极化因素较弱，由于道路网的平均性和开放性，道路网的逐渐扩张引导城市逐渐连续蔓延式发展。

总体上说，道路网的逐渐扩张引导城市逐渐走向连续蔓延的形态。具体来说，不同的路网结构会引导形成不同的城市形态。

(1)放射式：引导形成中心式土地使用，城市随着放射线向外扩张。

(2)环路式：加强城市外围的横向联系，容易形成“摊大饼”的发展形式。

(3)方格网式：几何中心易形成城市中心，增长极间联系往往不直接。

(4)混合式：各种形式因素参与作用影响土地使用。

因此，道路网络体系支撑和引领的城市群结构可能有如下两种形式：

(1)环状道路网结构容易使城市土地使用出现“摊大饼”的发展形态。

(2)基于放射状的道路网结构，容易沿着道路无序、低效扩张。

2.4.2.3　轨道系统与城市群内城市布局结构及用地形态的关系（交通枢纽式城市群布局模式）

通过枢纽的体系结构对土地使用产生强大影响。对于土地资源紧张、人口密度大的发展环境，围绕站点、枢纽等实现高强度开发、集约化利用土地，能够引导形成紧凑型城市，是实现生态城市绿色交通系统建设目标的成功形式。根据空间发展战略和需求特性，轨道交通对用地形态的影响有如下几种形式：

(1)点对点式：按照区域各类功能中心的分布布置枢纽，中途不设站，有利于形成增长极，有利于单元化，避免连片开发的土地使用模式。

(2)串珠式：按照一定距离设站，土地价值连续变化，是城市中心部分形成组团城市和实现高效土地利用的模式，易出现沿线连续发展的土地使用形态。

(3)混合式：根据区域空间发展战略，混合使用点对点模式和沿轨道交通沿线密集设站的开发模式，从而形成点轴发展、开发强度大、土地集约化利用、保证城市公共空间和开放绿地、实现高品位和高质量的城市生活环境的城市土地使用模式。这种形式往往是城市中心部分轨道交通线网密度大、站间距小、站点周围高强度一体化,开发实现的绿色交通主导的综合交通系统。

因此,轨道交通主导的枢纽式网络结构体系可以通过枢纽的合理布置,线路的合理规划,实现交通的引导、汇集、疏散。枢纽站点与轨道线路、道路网共同构成现代交通网络,使土地使用趋向合理化、多样化。建设"轨道上的京津冀",就是用强大的轨道交通形成干线交通走廊、在综合交通枢纽节点上布局城市的集约化利用土地、促进混合功能、实现绿色交通主导的战略选择。

空港、陆港、海港等重大交通基础设施点状要素,在城市群的形成与发展中起着区域性的巨大作用。由于其对客流、物流的汇集能力强,极大地影响土地使用的形态。

综上所述,我国城市正处在由单独城市向都市圈和城市群发展模式转变的进程中。一个城市群往往由一个或若干个都市圈及若干城镇组成。以上研究表明,不同的城市群和都市圈结构,具有不同的交通需求特性,需要不同的交通结构来支撑。因此,区别清楚交通系统是服务于都市圈还是城市群、选择合理的都市圈和城市群结构及其交通系统,以及掌握好交通基础设施的建设时机和优先顺序,对于我国城镇化的健康发展,具有十分重要的现实意义。

概括以上分析,我们认为:

(1)都市圈和城市群不同。都市圈是通勤圈,是一日生活圈;城市群是经济圈,是相互之间有较强的产业关联、资源一体化优化配置的区域。都市圈长距离的交通需求主要是通勤交通;城市群长距离的交通需求主要是商务出行和货物运输。

(2)不同交通方式引导形成不同的城市群结构、不同的交通需求特性。道路系统支撑的城市群容易形成低密度连片开发的结构形态,而轨道交通能够引导形成网络化、"葡萄串式"的高效集约化利用土地的多中心城市结构,以及远距离出行以公交主导、近距离出行以步行和自行车为主的绿色综合交通系统,有利于实现集约化利用土地、环保节能的城市群结构。

(3)城市群结构与交通系统的互动关系表明,我国城市群开发应坚持以公共交通为主导。而实现公交主导的技术关键是推动 TOD 的土地开发模式,优先发展公共交通。公共交通大通道及其枢纽的用地控制非常关键。

(4)都市圈存在合理规模。都市圈的通勤半径规模应控制在 30km 半径的范围内。当然,一个城市群可以有多个都市圈。

本章参考文献

[1] 日本总务省统计局统计调查部 . 国势调查报告 [R]. 东京:日本总务省,1995.

[2] 洪世键,等 . 大都市区概念及其界定问题探讨 [J]. 国际城市规划,2007,22(05):50-57.

[3] 方创琳,等 . 中国城市群发展报告 2010[M]. 北京:科学出版社,2011.

［4］周一星，等 . 建立中国城市的实体地域概念 [J]. 地理学报，1995，4:289-301.
［5］曾群华 . 新制度经济学视角下的长三角同城化研究——以上海、苏州、嘉兴为例 [D]. 上海：华东师范大学，2011.
［6］Gottman J. Megalopolis or the Urbanization of the Northeastern Seaboard[J]. Economic Geography，1957，33（7）：31-40.
［7］百度百科 . 城镇密集区 [EB/OL].（2015-04-02）[2016-01-03]http://baike.baidu.com/link?url=riATT6d-Zx7wuxkjmNIbTXK4jvdG5ltiBuiziUKoXbKCEU_jXgc11bs-Fpqj8wvR8CHU_9Tru72-rEnF9P0Wrgz3rXxzSqmi51VOrGM_ugXgOryOkAfJEzkU4FiFBvYK.
［8］董黎明，等 . 中国城市化道路初探 [M]. 北京：中国建筑工业出版社，1989.
［9］崔功豪 . 中国城镇发展研究 [M]. 北京：中国建筑工业出版社，1992.
［10］姚士谋，等 . 中国城市群 [M]. 北京：中国科学技术大学出版社，1992.
［11］吴启焰 . 城市密集区空间结构特征及演变机制——从城市群到大都市带 [J]. 人文地理，1999（01）：15-20.
［12］倪鹏飞 . 中国城市竞争力报告 [M]. 北京：社会科学文献出版社，2008.
［13］陆化普，等 . 绿色智能人文一体化交通 [M]. 北京：中国建筑工业出版社，2014.
［14］陆化普，等 . 城市群结构及其交通需求特性研究 [J]. 综合运输，2014（10）：14-22.

第3章 城市群交通一体化面临的问题与挑战

3.1 城市群交通一体化的内涵与特征

3.1.1 城市群交通一体化的主要内容

城市群交通一体化的主要内容包括城市群交通与土地使用一体化、交通设施一体化、交通服务一体化、运营管理与机制体制一体化4大方面，目标与内容如图3-1所示。

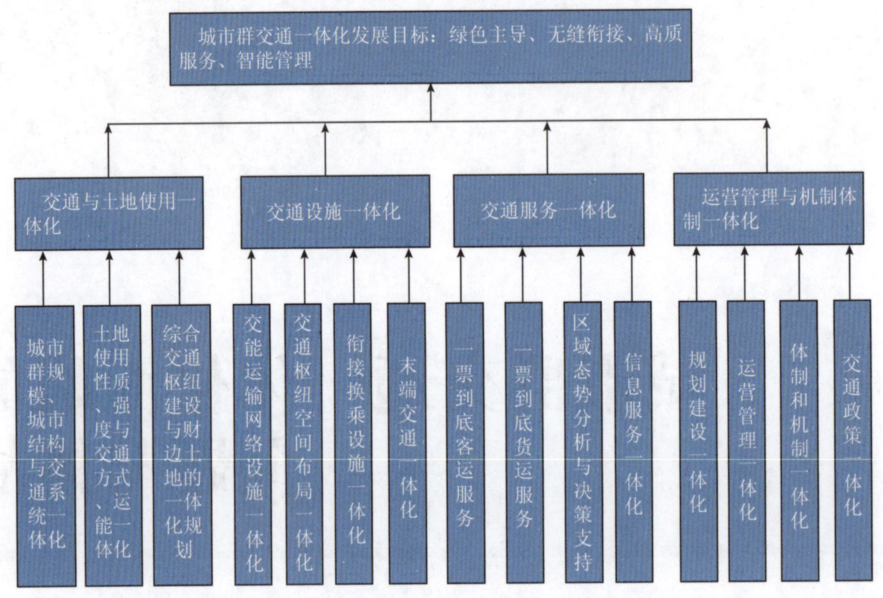

图3-1 城市群交通一体化目标与内容

3.1.1.1 交通与土地使用的一体化

交通与土地使用一体化的主要内涵包括：

（1）城市群规模、城市布局、城市结构与交通系统相一致，并沿轨道交通线路布局城市。

（2）土地使用性质、强度与交通方式和运能相协调，即大运量、中运量、各种新交通系统及常规公共交通系统对应不同的人口密度和开发强度。

（3）综合交通枢纽建设与周边土地深度融合，实现干线交通与末端交通的无缝衔接和点到点服务。

交通与土地使用一体化要解决的核心问题是：

（1）宏观层次——如何在保持城市群、城市活力的基础上，构筑良好的城市群空间布局、实现城市空间形态结构与交通系统主骨架结构及形态之间的协调，即面的一体化。

（2）中观层次——如何实现城市区域土地使用性质、强度与交通系统构成及容量之间的协调，即线的一体化。

（3）微观层次——为保证城市发展战略和发展目标的实现，如何根据具体城市地块功能特点，在城市设计和交通设施设计层面上实现协调，即点的一体化。

3.1.1.2　交通设施一体化

交通设施一体化的主要内涵包括：

（1）交通运输网络设施一体化。

（2）交通枢纽空间布局一体化，包括枢纽布局、等级、功能及配套等一体化匹配程度。

（3）衔接换乘设施一体化。

（4）末端交通系统一体化。

基础设施一体化建设要解决的核心问题是：

（1）如何根据城市间、主通道上交通需求，合理确定不同交通运输网络分工与协调关系，进而合理确定交通供给总量和供给结构。

（2）如何合理布局枢纽、定位枢纽功能、确定枢纽等级及相关配套。

（3）如何实现不同交通方式换乘设施的一体化，实现无缝衔接、零距离换乘。

（4）如何针对不同需求的站点或末端，建设系统科学的末端交通体系。

3.1.1.3　交通服务一体化

交通服务一体化的主要内涵包括：

（1）一票到底客运服务。

（2）一单到底货运服务。

（3）信息服务一体化。

（3）区域态势分析与决策支持。

（4）应急管理一体化。

交通服务一体化要解决的核心问题是：

（1）如何建立城市群范围内一票到底无缝衔接的起终点全程客运服务、一单到底的多式联运的货运服务。

（2）如何实现跨区域、跨部门、多交通方式系统信息的整合与共享，实现多途径、多方式的综合信息融合、分析及信息服务，为跨区域出行提供便捷条件。

（3）如何建立动态全过程跟踪的智能物流体系。

（4）如何建立面向异常事件的高度智能化的应急管理与服务。

（5）如何建立区域动态交通需求态势分析与诊断、决策支持体系。

3.1.1.4　运营管理与机制体制一体化

运营管理与机制体制一体化的主要内涵包括：

（1）规划建设一体化。

(2)运营管理一体化。

(3)协调保障体制和机制一体化。

(4)交通政策一体化。

交通管理体制政策一体化要解决的核心问题是:

(1)如何实现综合交通全环节一体化是一个综合性问题。

(2)如何提高运营管理水平和效率,最大限度地发挥交通系统网络的运行效益和提高系统服务水平,是要解决的一个难题。

(3)如何能实现对众多部门进行统一管理、统一部署,对各个环节进行统一规划建设。

(4)如何能够从城市群整体利益出发,制定相关的一体化交通政策,健全城市群交通发展的协调、磋商机制,从制度、政策上保证城市群交通一体化进程。

3.1.2 城市群交通一体化的需求特征与评价指标

3.1.2.1 城市群交通一体化的主要特点和基本要求

城市群内的交通需求多为城市间对原材料和半成品的运输需求,上下游产业链之间的物流需求,以及城市之间的人员流动需求。因此,城市群的交通需求特性决定了其交通结构要体现出完善的货运通道以及为城市间的人员流动提供快捷、高效服务的特点。这就要求各个城市内部要有发达、完善的交通运输网络体系,城市之间要建立快捷、高效的运输通道,城市群内要形成一体化的交通网络系统。

城市群的结构特点和交通供求特性决定了城市群交通一体化的主要特征与基本要求,主要体现在以下 4 个方面。

(1)跨区域性

提高交通运输系统效率的关键是一体化,这需要解决好交通设施与用地的紧密结合,以及衔接换乘和末端交通及多式联运问题。城市群交通一体化就是要打破地域界限、行政界限和部门界限的约束,使不同的交通方式合理分工、协调配合,使整个交通运输系统之间及交通系统与土地使用深度融合,提供高效、快捷、安全、环保节能的交通运输服务,满足城市群内部城市之间的客货交通运输需求。为此,城市群内要提供跨市域的一体化交通基础设施,以实现一体化的交通服务。

(2)多层次性

城市群的交通需求不仅包括了城市内部的交通需求,还包括城市之间的交通需求。城市群的结构特点及城市之间交通需求的多样性,决定了城市群内的交通运输方式的多层次性。如前所述,城市群中主要城市之间的通道交通需求、城市群中都市圈内的城市交通需求是两大类基本的交通需求。从运输对象上看,分为客运需求和货运需求。客运需求中的主要部分是都市圈的通勤需求和城市间的商务与休闲出行需求。与一般城市相比,城市群各城市间的货运需求明显增加,这是资源一体化优化配置和区域产业分工协作的必然结果。

城市群内的货运交通主要有铁路、公路以及水路货运系统；客运交通系统既包含城市交通，也包括城际交通。城市群内客运交通方式主要以快捷的公共交通为主，包括城际铁路、市域铁路、地铁、轻轨、无轨电车、有轨电车以及道路公交等。其中，城际轨道交通是城市群一体化形成和发展的重要引导力量。

（3）协调性

城市群内交通需求的跨区域性及交通运输方式的多层次需求特性，使得城市群不同区域内的交通资源（如交通工具、交通基础设施、交通信息等）要完成分工合作、一体化发展，以实现交通资源的充分利用和运输效率的最大化。这就要求城市群交通一体化的建设必须与城市群结构、土地使用、产业布局和资源环境的约束相适应、相协调。

（4）统一性

要实现城市群的交通一体化，必须要建立起跨区域的组织机构和运转机制，制定一体化的政策和法规，对交通资源进行统一规划、统一组织、统一管理和统一调配，真正实现交通基础设施规划建设一体化、交通方式一体化、交通枢纽一体化、交通组织和信息管理一体化、交通管理政策一体化。

3.1.2.2　城市群交通一体化的评价指标

城市群交通一体化的实现程度和评价指标主要是针对上述的交通与土地使用一体化、交通设施一体化、交通服务一体化、运营管理与机制体制一体化程度进行测度和评价。

根据评价内容设计的城市群交通一体化的评价指标见表3-1。

城市群交通一体化评价指标　　表3-1

<table>
<tr><th>目标层</th><th>准则层</th><th>序号</th><th>指标层</th></tr>
<tr><td rowspan="9">一、交通与土地使用一体化</td><td rowspan="3">（一）城市群规模、结构与交通系统一体化程度</td><td>1</td><td>城市群高铁站、城际站30km半径服务总人口比例</td></tr>
<tr><td>2</td><td>都市圈通勤半径</td></tr>
<tr><td>3</td><td>都市圈核心城区绿色交通分担率</td></tr>
<tr><td rowspan="4">（二）土地使用性质、强度与交通系统协调匹配</td><td>4</td><td>都市圈范围轨道交通线路大型客流集散点连通度</td></tr>
<tr><td>5</td><td>轨道交通站点1km半径范围容积率与城市平均容积率之比</td></tr>
<tr><td>6</td><td>轨道交通沿线1km范围容积率与城市平均容积率之比</td></tr>
<tr><td>7</td><td>轨道交通站点与周边建筑结合紧密度</td></tr>
<tr><td rowspan="2">（三）综合交通枢纽与周边土地的一体化</td><td>8</td><td>综合枢纽与周边土地一体化规划、设计、开发实现比例</td></tr>
<tr><td>9</td><td>综合交通枢纽不同交通方式进出枢纽便捷程度</td></tr>
<tr><td rowspan="3">二、交通设施一体化</td><td rowspan="3">（四）交通运输网络设施一体化</td><td>10</td><td>网络联通指数(用综合交通网络密度表示)</td></tr>
<tr><td>11</td><td>供需平衡指数（用城市群关键通道上交通需求与供给之比表示）</td></tr>
<tr><td>12</td><td>结构协调指数（用城市群关键通道上绿色交通交通需求与供给之比表示）</td></tr>
</table>

续上表

目标层	准则层	序号	指标层
二、交通设施一体化	(五)交通枢纽系统匹配一体化	13	功能匹配度
		14	等级规模匹配度比例
		15	配套设施同步程度比例
	(六)衔接换乘设施一体化	16	对外枢纽中城市交通与对外交通间平均换乘距离
		17	枢纽内城市交通方式间平均换乘距离
		18	枢纽站点内换乘标识系统完善程度
	(七)末端交通一体化	19	枢纽站点末端绿色交通设施配置率
		20	轨道站点末端交通绿色交通分担率指标
		21	都市圈内大型居住区、商业区、办公区末端交通方式配置率
三、交通服务一体化	(八)一票到底客运服务	22	城市群客运交通一卡通互通率
		23	城市群道路网不停车收费普及率
	(九)一单到底货运服务	24	一站式物流服务比例
		25	都市圈物流当日送达率
		26	城市群物流次日送达率
	(十)区域态势分析与决策支持	27	建立城市群范围内智能交通分析与决策系统
	(十一)信息服务一体化	28	城市群跨区域跨方式的公众出行信息综合服务平台
		29	城市群跨区域的物流信息综合服务平台
四、交通运营管理与机制体制一体化	(十二)体制和机制一体化	30	建立城市群统一的强有力综合协调机制
		31	建立综合交通信息共享机制
		32	建立一体化交通控制诱导与一体化应急指挥体系
		33	建立重要交通设施全寿命周期一体化管理机制
	(十三)规划建设一体化	34	建立城市群交通一体化规划设计体系
	(十四)运营管理一体化	35	枢纽内不同方式间运营时间一体化实现程度
		36	枢纽内不同方式间运量配置一体化智能化程度
	(十五)交通政策一体化	37	建立城市群交通政策一体化体系
		38	建立规划、政策落实的监督检查与保障体系

3.2 城市群一体化发展现状分析

3.2.1 我国城市群发展现状

我国“十一五”战略规划明确提出：要把城市群作为推进城镇化的主体形态，逐步形成以沿海及京广、京哈线为纵轴，长江及陇海线为横轴，若干城市群为主体，其他城市和小城镇点状分布，永久耕地和生态功能区相间隔，高效协调可持续的城镇化空间格局 [1]。

我国“十二五”战略规划进一步明确提出：积极稳妥推进城镇化，坚持走中国特色城镇化道路，遵循城市发展客观规律，以大城市为依托，以中小城市为重点，逐步形成辐射作用大的城市群，促进大中小城市和小城镇协调发展 [2]。

2013 年 12 月召开的中央城镇化工作会议首次提出了新型城镇化的 6 大任务，其中第 4 大任务就是优化城镇化布局与形态，提出把城市群作为推进新型城镇化的主体，要在中西部和东北有条件的地区，依靠市场力量和国家规划引导，逐步发展形成若干城市群，成为带动中西部和东北地区发展的重要增长极 [3]。

2014 年 3 月 16 日，党中央国务院批准实施《国家新型城镇化规划（2014—2020 年）》，提出以人的城镇化为核心，有序推进农业转移人口市民化；以城市群为主体形态，推动大中小城市和小城镇协调发展；走以人为本、四化同步、优化布局、生态文明、文化传承的中国特色新型城镇化道路 [4]。

2015 年，国家发展与改革委员会正式开始进行城市群规划编制，从重点培育国家新型城镇化政策作用区的角度出发，对全国 20 个城市群进行分类规划，明确不同城市群的发展目标、开发方向、基础设施网建设和具体城市的功能定位，强调互联互通与协同发展。重点建设 5 大国家级城市群，包括长江三角洲城市群、珠江三角洲城市群、京津冀城市群、长江中游城市群和成渝城市群。稳步建设 9 大区域性城市群（国家二级城市群），包括哈长城市群、山东半岛城市群、辽中南城市群、海峡西岸城市群、关中城市群、中原城市群、江淮城市群、北部湾城市群和天山北坡城市群。引导培育 6 大新的地区性城市群，包括呼包鄂榆城市群、晋中城市群、宁夏沿黄城市群、兰西城市群、滇中城市群和黔中城市群 [5]。

2015 年 4 月 5 日，国务院批复同意《长江中游城市群发展规划》，成为继《国家新型城镇化规划（2014—2020 年）》出台后，国家批复的第一个跨区域城市群规划 [6]。

从 2014 年国家提出“京津冀协同发展”以来，各部委、三地政府相关部门在中央领导下，在京津冀协同发展方面做了卓有成效的工作。在《京津冀协同发展规划纲要》基础上，国家发展和改革委员会和交通运输部联合发布了《京津冀协同发展交通一体化规划》，到 2020 年，多节点、网格状的区域交通网络基本形成，城际铁路主骨架基本建成，公路网络完善通畅，港口群和机场群整体服务、交通智能化、运营管理力争达到国际先进水平，基本建成安全可靠、便捷高效、经济适用、绿色环保的综合交通运输体系，形成京津石中心城区与新城、卫星城之间的“1h 通勤圈”，京津保唐“1h 交通圈”，相邻城市间基本实现 1.5h 通达。到 2030 年形成“安全、便捷、高效、绿色、经济”的一体化综合交通运输体系 [7]。

3.2.2　我国城市群发展特征

（1）我国城市群普遍形成了网络化布局模式，群域内城市间发展层次性明显。

（2）我国城市群发展程度上差异化较为明显。差异化主要表现在两个方面，即城市群内部和城市群与城市群之间。

（3）群域极化效应明显，辐射范围广。当前，我国城市群都是其所在区域范围内最发达的经济体系，而这种发达的经济体系不仅可以有效地提升自身的发展水平，也可以对群域外产生扩散效应，促进要素、资源、人才、技术等向外扩散，带动周边地区的发展。

（4）对外开放程度较高，发展潜力巨大。伴随着我国城市群的发展，其不仅对内逐步实现了一体化的发展模式，群域内各地区和城市壁垒逐渐消失，沟通和交流愈加紧密，对群域外的商品、要素和技术的流通与交流也变得更加频繁，其未来的发展潜力和发展空间是巨大的。

3.3 城市群交通一体化面临的问题分析

城市群交通一体化面临的主要问题如图 3-2 所示。

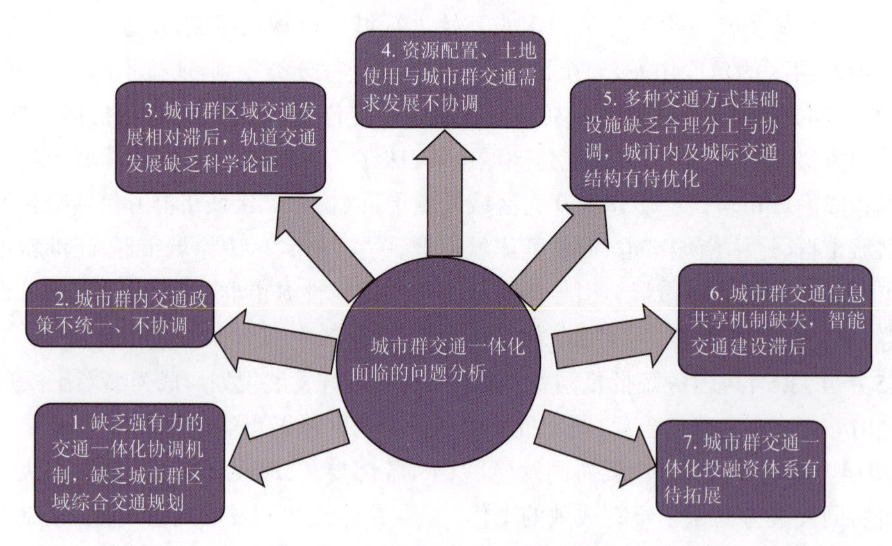

图 3-2　城市群交通一体化面临的问题分析

3.3.1 缺乏强有力的交通一体化协调机制，缺乏城市群区域综合交通规划

目前，我国在城市群交通行政管理条块之间、行政层级之间存在着较大程度的权限不清、关系不顺的现象。各部门之间互通信息少，导致各部门在基础设施规划、审批、建设、运营管理等方面存在管理混乱的现象。城市群层面政府协商机制正处于探索阶段。然而由于体制约束与利益冲突等原因，协调机制缺乏稳定的制度保障，组织架构松散，协调机制仍难在推动城市群发展过程中发挥应有的作用。

受制度约束，迄今城市群区域综合交通运输规划尚无统一的编制主体，更未明确法定的编制与审批程序。

3.3.2　城市群内交通政策不统一、不协调

在国家层面上，尚未出台对城市群交通发展的分类指导意见。各城市制定的交通运输管理政策及其实施细则缺乏相互之间的协调性，导致管理体系不一致，也造成了资源的浪费和运输效率低下。目前部分省区制定的相关法规和政策差异较大、协调性差，阻碍了整个区域交通行业的共同发展，也导致某些地区的运输市场还停留在未开放状态。

3.3.3　城市群区域交通发展相对滞后，轨道交通发展缺乏系统的科学论证

城市和城市群对轨道功能定位、制式选择与级配结构、建设时机与合理规模的决策主观性较强，盲目效仿照搬其他城市和干线铁路的“经验”，缺乏严谨的科学论证，规划的法律地位较低。

许多城市在制定城市轨道交通建设规划时，对于轨道交通在城市客运中的合理定位、制式选择、线位确定、站点放置，往往缺乏深度的科学论证，导致各城市规划目标、规划功能定位基本雷同。

许多大城市未能从城市出行需求特性的实际状况出发，合理选择适应不同出行需求特性的轨道交通模式与运量等级，并按合理比例级配构建与交通需求相适应、经济合理的多元化轨道交通体系，忽视提高城市中心区轨道交通可达性所需要的中低运量等级的轻轨、有轨电车系统。与此同时，一些规模不大的二线城市把轨道交通出行分担率规划指标定得过高，盲目扩大建设规模，追求高标准。

3.3.4　资源配置、土地使用与城市群交通需求发展不协调

资源环境与城市群交通发展的矛盾比较突出，城市群地区城镇、产业、人口高度聚集，交通需求量大，土地、能源等资源紧张。城市群中存在交通供给与需求不匹配，特别是结构性不匹配，交通与土地使用两者之间系统结合薄弱，缺乏整体考虑。交通与土地使用之间是一种相互联系、相互影响的复杂关系。交通发展与土地使用协调可以相互促进发展，反之，城市交通与土地使用之间不协调，将导致两者相互制约，影响各自发展。

3.3.5　多种交通方式基础设施缺乏合理分工与协调，城市内及城际交通结构有待优化

由于缺乏国家层面和区域层面的规划与建设常态化的协调机制，城市群内重大交通基

础设施建设缺乏统筹规划和统一安排。铁路与公路在长途货物运输中的分担比例仍亟待调整，应尽早改变公路主通道货运交通不堪重负、超载超限屡禁不止、运输效率低下、事故频发的窘况。

城际交通结构单一，制约了城际交通的发展。各种交通方式无法有效衔接也增加了换乘难度，大大降低了运输效率。

3.3.6 城市群交通信息共享机制缺失，智能交通建设滞后

城市群内信息共享机制及保障制度的缺失，行业间与部门间的信息壁垒严重阻碍了信息化建设进程。同时由于缺乏顶层设计，导致信息共享程度低、系统整合不够，总体水平较低。

3.3.7 城市群交通一体化投融资体系有待拓展

现行的交通政策、投资体制和运营管理体制，缺乏交通所具有的商品性、公益性的双重属性，缺乏把具有商品性的交通共享资源纳入有偿使用和区别对待的轨道[8]。

本章参考文献

[1] 国家发展和改革委员会．中华人民共和国国民经济和社会发展第十一个五年规划纲要[EB/OL].（2006-03-18）[2016-04-15]http://www.npc.gov.cn/wxzl/gongbao/2006-03/18/content_5347869.htm.

[2] 国家发展和改革委员会．中华人民共和国国民经济和社会发展第十一个五年规划纲要[EB/OL].（2011-08-16）[2016-04-15]http://www.npc.gov.cn/wxzl/gongbao/2011-08/16/content_1665636.htm.

[3] 新华网．习近平在中央城镇化工作会议上发表重要讲话[EB/OL].（2013-12-15）[2016-05-15]http://news.xinhuanet.com/politics/2013-12/14/c_125859827.htm.

[4] 新华社．中共中央 国务院印发《国家新型城镇化规划（2014—2020 年）》[EB/OL].（2014-03-16）[2016-04-15]http://www.gov.cn/gongbao/content/2014/content_2644805.htm.

[5] 经济参考报．中国将分三类打造 20 个城市群，规划已进入编制阶段[EB/OL].（2015-01-14）[2016-05-20] http://news.xinhuanet.com/house/hz/2015-01-14/c_1113984657.htm.

[6] 国家发展改革委员会．国家发展改革委关于印发《长江中游城市群发展规划》的通知[EB/OL].（2015-4-13）[2015-10-8]http://www.sdpc.gov.cn/zcfb/zcfbtz/201504/t20150416_688229.html.

[7] 中国新闻网．《京津冀协同发展交通一体化规划》发布[EB/OL].（2015-12-09）[2016-12-31]http://www.moc.gov.cn/zhuzhan/jiaotongxinwen/xinwenredian/201512xinwen/201512/t20151208_1944359.html.

[8] 李威．借鉴发达国家的我国道路交通发展战略[J]. 城市建设理论研究，2012，16.

第4章 城市群交通一体化的国际经验借鉴

4.1 概述

21 世纪，随着经济全球化进程不断加快，区域一体化逐渐成为实现地区协调发展、增强区域竞争力、促进经济全球化的重要途径。以大城市和特大城市为核心的都市圈的崛起，成为当今世界区域经济和城市化发展的重要趋势。近年来，我国工业的快速发展推动了城镇化在全国范围内开展。2011 年，我国城市人口超过农村人口，城镇化进入新阶段，并且出现了在经济发达地区区域化发展的态势。国家在“十一五”规划纲要中明确提出把城市群作为推进城镇化的主体形态。

纵观世界各地，日、美、欧等地区和国家城市化进程较快，已形成分别以东京、纽约、巴黎等世界城市为中心的都市圈和城市群，这些都市圈和城市群的发展起步较早且发展已经较为成熟，有诸多值得借鉴的经验和规律。

鉴于此，本书从国际视角出发，选取当前世界上发展较为成熟的城市群和都市圈，总结其历史发展沿革及演变规律，研究城市群形成和发展过程中交通所发挥的作用，总结不同国家城市群交通一体化发展的经验及教训，为我国城市群交通一体化发展提供借鉴和参考。

本书主要介绍以东京、纽约、巴黎等世界城市为核心的日本城市群、美国城市群以及欧洲城市群的交通运输的演变历程及发展经验，主要研究内容包括 3 个方面。

（1）城市群基本情况梳理

界定城市群（都市圈）空间范围，从地理区位、人口、经济及产业发展等方面分析不同城市群（都市圈）发展的现状及概况。

（2）城市群交通运输演变历程分析

依时间顺序分析城市群（都市圈）不同发展阶段人口流动、产业布局、空间结构的发展轨迹，剖析不同发展阶段都市圈交通设施网络布局、交通需求特征（包括交通量、交通分布、交通结构、通勤范围等）、交通设施运营管理模式等方面的特点，分析城市群（都市圈）一体化发展过程中体制机制、规划政策、法律保障等方面的演变历程。

（3）城市群发展规律分析与交通一体化发展经验与教训总结

对比不同城市都市圈发展演变历程，分析都市圈发展过程中人口分布与流动、产业集聚与扩散、空间结构演变的内在机理及与交通发展的互动关系和规律性。在总结世界大都市圈发展演变的特点与规律性的基础上，总结对我国城市群（都市圈）一体化发展的经验与教训借鉴。

4.2 日本东海道城市群交通一体化发展

日本是较早形成发达城市群经济区域的典型国家，也是亚洲城市群发展程度最高的国家。高度紧张的国土资源空间、狭窄复杂的地形特征、外向型经济发展模式以及政府主导的工业化历史，促使日本的城市、人口、经济增长带高度集中在东京附近的关东平原、名古屋附近的浓尾平原和京都、大阪附近的畿内平原（也称近畿平原）。

4.2.1 基本情况

日本东海道城市群（也称太平洋沿岸城市群），一般是指从千叶向西，经过东京、横滨、静冈、名古屋，到京都、大阪、神户的范围，大体上相当于日本关东地方、中部地方和关西地方（近畿地方），共包括 19 个都府县，总面积 10.57 万 km^2（占日本国土面积的 28%），人口 8 152 万（占日本总人口 64%）。东海道城市群面积及人口统计见表 4-1。

日本东海道城市群面积及人口统计表（2013 年） 表 4-1

范　　围	都 道 府 县	面积（km^2）	人口（万人）
关东地方	茨城县	6 096	293
	栃木县	6 408	199
	群马县	6 362	198
	埼玉县	3 798	722
	千叶县	5 157	619
	东京都	2 189	1 330
	神奈川县	2 416	908
中部地方	山梨县	4 465	85
	长野县	13 562	212
	岐阜县	10 621	205
	静冈县	7 781	372
	爱知县	5 165	744
	三重县	5 777	183
关西地方	滋贺县	4 017	142
	京都府	4 613	262
	大阪府	1 901	885
	兵库县	8 396	556
	奈良县	3 691	138
	和歌山县	4 726	98
合计		107 144	8 152

资料来源：根据日本总务省统计局人口统计数据整理。

日本东海道城市群，主要包括3个大都市圈，即东京都市圈、大阪都市圈、名古屋都市圈，其基本情况见表4-2。

日本东海道城市群三大都市圈情况　　表4-2

名　称	范　围	面积（km^2）	人口（万人）（2011年）
东京都市圈	东京都，埼玉县，千叶县，神奈川县	13 368	3 579
名古屋都市圈	岐阜县、爱知县、三重县	20 646	1 133
大阪都市圈	大阪府、京都府、兵库县、奈良县	18 601	1 841

资料来源：根据日本总务省统计局人口统计数据整理。

在第二次世界大战后日本经济高速发展的过程中，各城市在加强原有特色的基础上，扬长避短，强化地域职能分工与合作。东京承担着全国经济中枢与国际金融中心的职能。大阪地区是日本第二大中心地域，历史上商业发达，大阪、神户、京都三大城市各有特色，有机地结合在一起，为城市地域的发展注入了活力。名古屋地区中小城市较多，由多个专业化的工业城市组成了相互联系的集聚体，外缘地区农林产业发达。

（1）东京地区

东京的城市职能是综合性的，它是全日本最大的金融、工业、商业、政治、文化中心，被认为是“纽约＋华盛顿＋硅谷＋底特律”型的集多种功能于一身的世界大城市群。主要有以下5大功能：一是日本的金融、管理中心，全日本30%以上的银行总部、50%销售额超过100亿日元的大公司总部均设在东京；二是日本最大的工业中心，该地区制造业销售额占全日本的1/4；三是日本最大的商业中心，30余万家大小商店，销售额占日本全国的29.7%，批发销售额占日本全国的35.3%；四是日本最大的政治文化中心，东京是日本的首都，有著名的东京大学、东京工业大学、早稻田大学、庆应大学等几十所高等学府；五是日本最大的交通中心，东京湾港口群是日本国内最大的港口群体，以东京和成田两大国际机场为核心，组成了联系国内外的航空基地，京滨地区的港口分工明确，千叶为原料输入港，横滨专攻对外贸易，东京主营内贸，川崎为企业输送原材料和制成品[1]。

（2）名古屋地区

名古屋地区位于东西日本的交接地带。汽车工业是其突出的专业化产业，占本区工业产值的40%和日本全国汽车工业产值的35%，其次为机械、钢铁、石化等。区内形成许多专业化城市，如丰田汽车城、濑户陶都、炼油中心四日市等。名古屋港是日本第4大港，年货物吞吐量超亿吨，年集装箱吞吐量超过2 000万t。

（3）大阪地区

大阪地区是日本关西地区的经济中枢。它包括3个大城市：大阪、神户和京都。大阪是日本第2大经济中心，一向以商业资本雄厚著称；京都是古都，有“西京”之称；神户是西日本的交通门户，2012年港口吞吐量达1.5亿t，是日本最大的贸易港口。以大阪和神户为核心构成的阪神工业区是仅次于京滨（东京、横滨）工业区的日本第2大工业地带，轻重工业都很发达。京都作为古都，是日本著名的文化城市。

4.2.2　区位条件与发展背景

日本作为太平洋西端的一个岛国，整个国土由本州、北海道、九州、四国 4 个主岛和近 3900 个岛屿组成，全国划分为 47 个都道府县，即一都（东京都）、一道（北海道）、两府（大阪府和京都府）和 43 县。日本全境崎岖多山、河谷交错、地形破碎、平原面积狭小且海岸曲折多港湾。在日本 37.8 万 km^2 国土面积中，山地约占国土面积的 76%，平原仅占 24%。日本水资源和森林资源丰富，森林总面积占全国总面积的 66.6%，但矿物资源贫乏，除煤、锌有少量储藏外，绝大部分依赖进口。由于自然地理条件的限制，促使日本在发展过程中不得不实行人口和经济的高度聚集的策略，主要集中在东京附近的关东平原、名古屋附近的浓尾平原和京都、大阪附近的畿内平原。

日本自 1868 年明治维新以来，人口增长迅速，全国人口从 1900 年的 4 380 万人，增长到 1950 年的 8 363 万人，50 年增长了 90.9%；再到 2000 年的 12 692 万人，比 1950 年增长了 51.8%，比 1900 年了 189.8%。与此同时，城市化和工业化得到了同步推进，城市人口比重从 1670 年的 8.7% 增长到 1920 年的 20.1%，20 世纪 20 年代之前第一产业的比重一直大于 50%。此后，纺织工业的发展吸引了大量农村劳动力，工业化和城市化进入了加速期。20 世纪 30 年代至 40 年代重化学工业化期间，钢铁、化肥、船舶、汽车等工业得到了迅猛发展，缺乏资源的日本依靠进口重化学工业所需的原料和燃料，造就了京滨、中京、阪神、北九州 4 大临港工业地带，结果人口也不断向这些区域集中。

1950 年，日本的人口城市化水平达到了 37.3%，人口向大城市进一步聚集。据日本国势调查，1950 年，全国人口分布集中于南北关中地区的占 21.7%，集中于东海地区的占 10.5%，集中于近畿地区的占 13.8%，集中于北九州地区的占 15.5%。相应的，从工业生产的产出比重看，1950 年京滨地区的工业产值占全国工业产值的比重达 18.9%，阪神地带达 20.1%，中京地带达 11.1%，北九州地区达 5.6%，这 4 大地带的工业总产出占全国的 55.7%。20 世纪 50 年代以后，日本经济进入高速增长时期，人口城市化速度进一步加快，1960 年达到 63.3%，1970 年达到 72.1%。这一时期，人口继续向 3 大都市圈聚集，据统计，从 1955 年到 1970 年，从地方圈净流入 3 大都市圈的人口达 750 万。

20 世纪 70 年代以后，日本城市化进入缓慢增长期，到 1980 年日本城市化水平达到 76.2%，1990 年为 77.4%，2000 年为 78.7%。自 20 世纪 70 年代起，由于工业向电器机械工业、汽车制造业等加工组装型工业为中心的结构转换，工厂开始向太平洋带状地带以外，尤其向建有高速交通网（新干线、高速铁路）的区域扩散，区域结构趋向均衡化。与此同时，都市圈则侧重于发展知识密集型产业，在分工中发挥高技术、基础技术聚集区的作用，并呈现出向商务职能和高级服务业职能专门化的转变趋势。这一时期，人口向三大都市圈聚集的势头减缓，既有流入人口，也有流出人口(人口向地方回流，即所谓“地方时代风潮”)，且近距离流动和都市圈之间的相互流动更为多见。20 世纪 80 年代后半期以来，在全球化和信息化的浪潮下，日本向信息社会(知识社会)过渡，承担生产职能的工厂进一步从都市圈扩散到地方圈，甚至从地方圈转移到海外。而承担中枢商务职能的东京圈的作用进一步加强，人

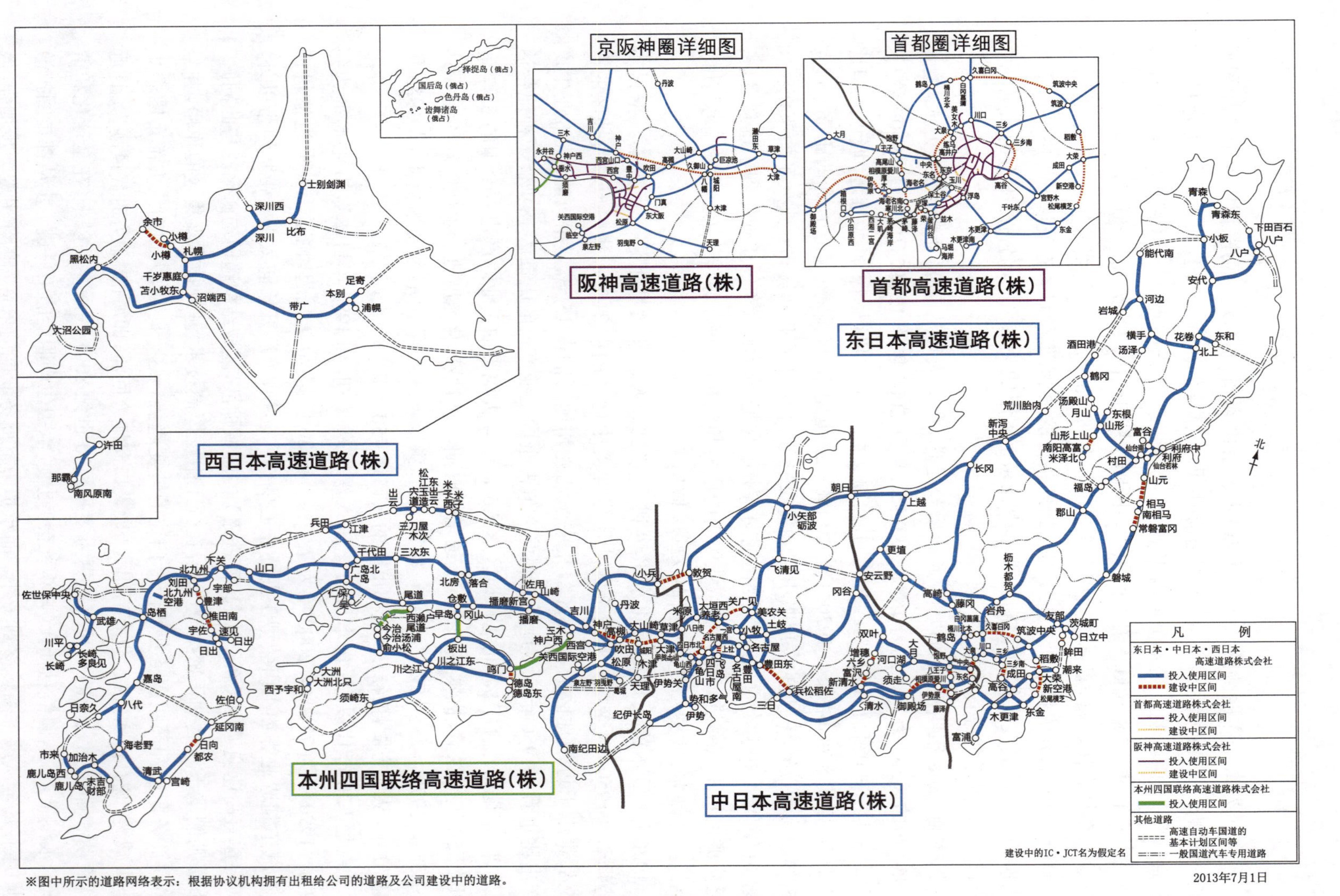

※图中所示的道路网络表示：根据协议机构拥有出租给公司的道路及公司建设中的道路。

2013年7月1日

图 4-1 东海道城市群高速公路网

资料来源：日本国土交通省。

口再次向东京聚集，同时人口郊区化和人口逆城市化迅速发展，城市与乡村的界限越来越难以区别，都市圈半径扩大，最终形成以东京圈、名古屋圈、大阪圈为中心的太平洋沿岸城市群。

4.2.3　东海道城市群综合交通体系的发展

4.2.3.1　公路

1956 年 4 月，日本政府成立了以建设和经营全国高速公路为任务的日本道路公团（JH），1963 年开通日本第一条高速公路，由名古屋至神户（名神高速），1969 年东京至神户间高速公路全线贯通，随后建设了南北贯通的 5 条大干线，与已有的东京、名古屋及阪神地区的高速公路相接，形成全国高速公路网体系。

东海道城市群高速公路网如图 4-1 所示。

4.2.3.2　铁路

（1）新干线

日本城际间的铁路交通系统由 JR 集团运营，其前身是日本国有铁道，于 1987 年分割为 7 家公司[2]。1964 年，日本开通连接东京与新大阪之间的东海道新干线，全长 515.4km，最高速度 270km/h，平均站距 30.3km。东海道新干线是日本建成的第一条新干线，其线路途经一都两府四县，一都为东京都，两府为京都府和大阪府，四县为神奈川县、静冈县、爱知县、滋贺县，横跨了东京、名古屋、大阪三大都市圈。由于运量大、运行速度快，东海道新干线极大地提高了东海道城市群各都市圈之间的社会经济联系，加大了人和物的交流和移动，形成了支撑日本经济社会发展的大动脉。

东海道新干线路线如图 4-2 所示。

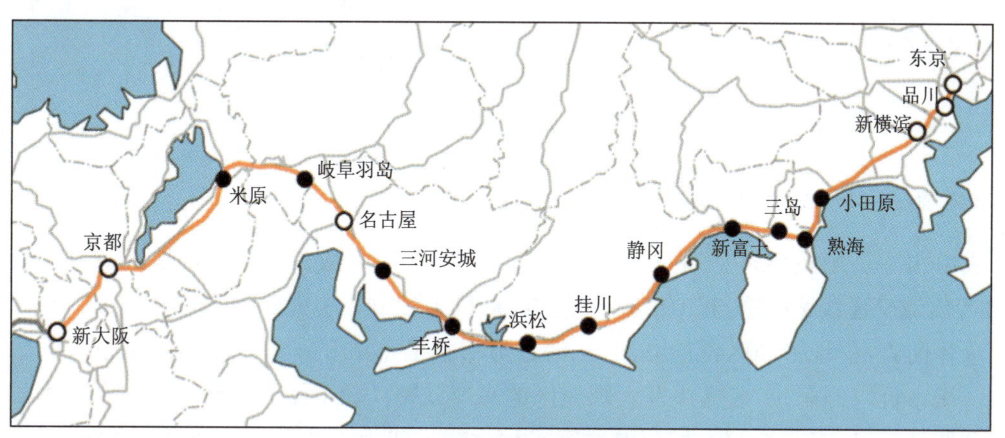

图 4-2　东海道新干线路线图

资料来源：维基百科。

(2)在来线

在来线是指新干线以外的所有铁道路线,使用的是旧有铁路线。新干线开通之后,在来线一般承担都市间运输、地域内运输以及新干线运输的补充等角色,同时也是货物列车、夜行列车使用的路线。由于新干线的开通,在来线的旅客量呈逐渐减少之势。

4.2.3.3 航空

日本机场主要分为四类:枢纽机场、地方管理机场、其他机场和共用机场。东海道城市群的民航客运主要以东京为枢纽辐射日本各主要城市(图 4-3),共分布着五个大型国际机场。东京都市圈主要有东京国际机场(也叫羽田机场)和成田国际机场,其地理区位图如图 4-4 所示;名古屋都市圈则有中部国际机场;大阪都市圈有大阪国际机场和关西国际机场。其中羽田机场于 1931 年 8 月启用,分别于 1959 年、1961 年、1964 年和 1971 年进行四次扩容,目前主要以营运国内航线为主,近年来也开通了短程国际航线(如飞往北京、上海、首尔等亚洲周边大城市的航线);成田机场于 1978 年投入使用,以国际航线为主。由于新干线铁路的发展,在东海道城市群内,航空和高速铁路存在较为明显的竞争关系。

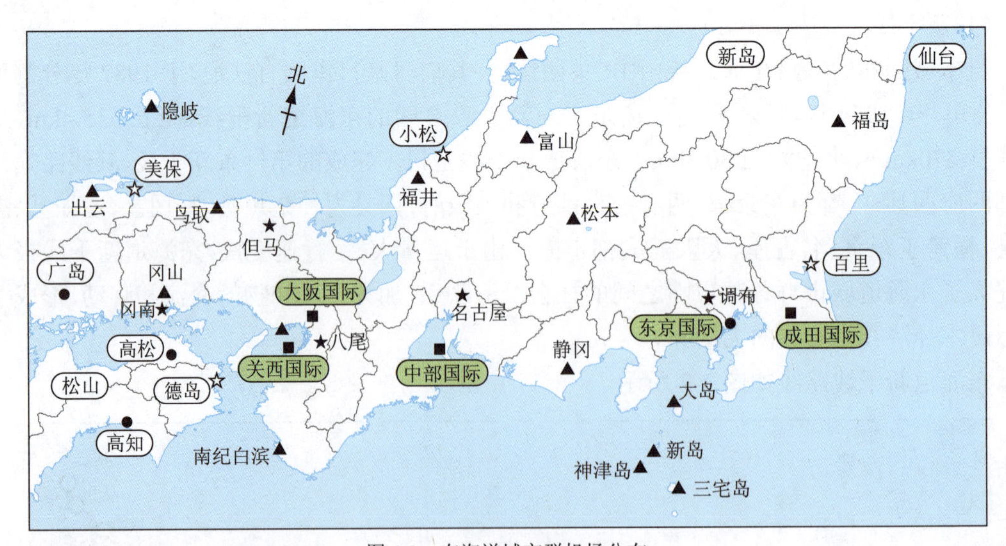

图 4-3 东海道城市群机场分布

资料来源:日本国土交通省航空局。

成田国际机场距离东京站 60km,与东京中心区之间有成田 Sky Access 线、京成本线、JR 线等轨道交通线路联系,其中京成机场快线从机场到中心区只需 36 分钟。

总体而言,受地形和区位的制约,东海道城市群的形成和发展沿太平洋呈东西向带状分布。城市群内的东京、名古屋及大阪地区的高速铁路(新干线)、在来线(东海道本线)、高速公路(东名、名神高速)、航空航线等多种运输方式为主动脉的综合交通网络,对促进关东和关西地区的经济发展、社会交流和人员往来起到了重要作用,推动了城市群的一体化发展。

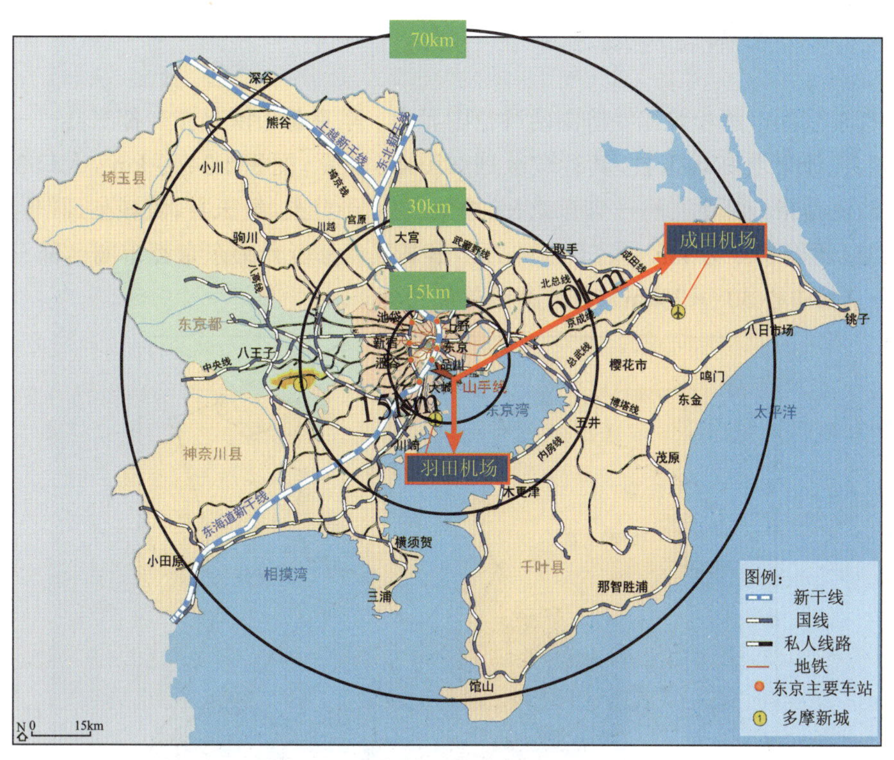

图 4-4　羽田机场和成田机场地理区位图

4.2.3.4　客货运输方式分担比例

图 4-5 为东海道城市群客运及货运交通方式的分担比例图（2013 年），客运主要依靠铁路，货运主要通过公路[3]。

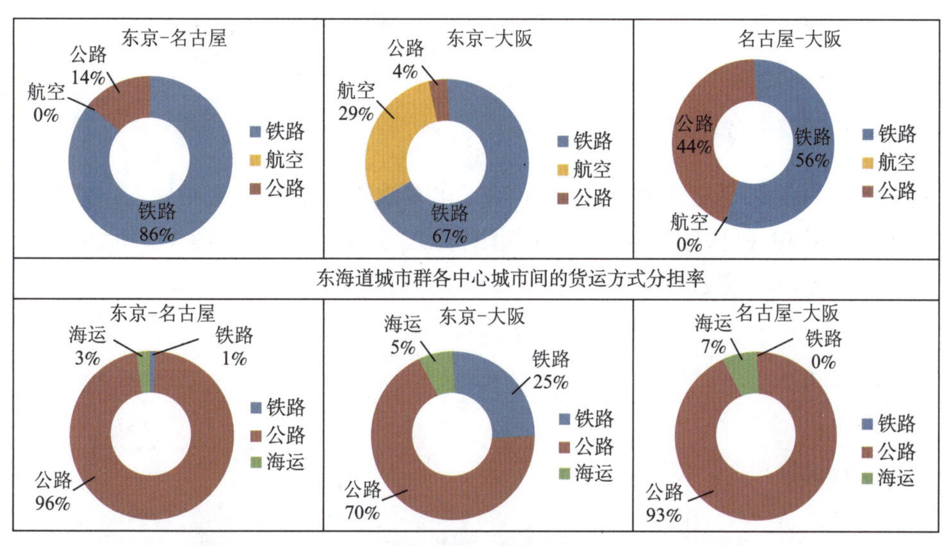

图 4-5　东海道城市群客运及货运交通方式分担比例图（2013 年）

资料来源：根据日本国土交通省地域间货物旅客流量调查数据绘制。

4.2.4 东京都市圈轨道交通发展

东京有东京都市圈和首都经济圈两种范围界定。东京都市圈是指一都三县——即东京都、神奈川县、千叶县和埼玉县，其行政区划如图 4-6 所示，面积 1.34 万 km^2，人口 3579 万；而首都经济圈是指一都七县——即东京都、神奈川县、千叶县、埼玉县、茨城县、群马县、枥木县和山梨县，面积 3.69 万 km^2，人口 4354 万。本书重点分析介绍东京都市圈一都三县的范围（距离东京都中心 50 ～ 70km），兼顾介绍首都经济圈。

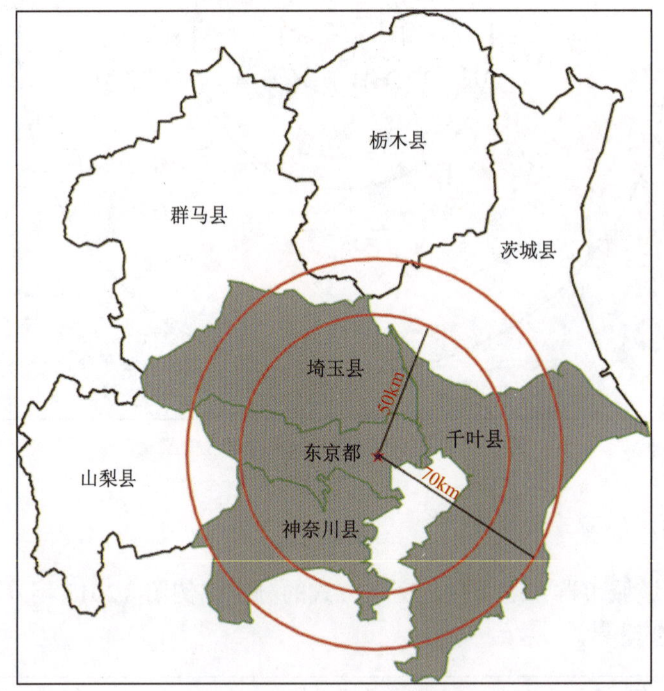

图 4-6 东京都市圈行政区划图

4.2.4.1 轨道交通线网规模

东京都市圈内的轨道交通类型主要有 JR（国有铁路）、私有铁路和地铁。通常所说的市郊铁路即包括了 JR 和私有铁路。东京都市圈轨道交通线网总图如图 4-7 所示。

东京都市圈各种轨道交通线网规模（2012 年）见表 4-3。

东京都市圈轨道交通线网规模（2012 年） 表 4-3

轨道交通类型	线路条数（条）	运营里程（km）
JR	23	887
私有铁路	55	1 126
地铁	13	291
合计	91	2 304

资料来源：东京都交通局、日本国土交通省。

图 4-7　东京都市圈轨道交通线网总图

资料来源：维基百科。

4.2.4.2　轨道交通发展历程

（1）20 世纪 40 年代以前

明治政府时期，日本铁路基础设施建设受到高度重视，但受国内技术水平限制需要求助于西方国家。1872 年，日本利用英国技术修建了第一条蒸汽机车铁路。19 世纪 70 年代中期，日本政府的财政危机迫使铁路建设速度减缓，但当时日本资本家对投资铁路兴趣浓厚，于是政府鼓励民间资本进入铁路运输行业。1885 年以后，日本首相松方正义的财政改革使得日本经济繁荣发展，同时日本铁道（Nippon Railways，1883—1906 年修建了日本第一条私有铁路）的成功激发了 1890 年（经济出现衰退）的第一次铁路建设高潮。此阶段主要建设干线铁路，基本形成外围城市直达东京的铁路干线骨架，但此时铁路主要在核心区外围设立终点站。截至 1890 年底，日本全国以私有铁路为主，达到国有铁路 3.5 倍的规模 [4]。

1891 年 7 月，日本政府在时任铁道厅厅长井上胜的提议下宣布了两项重要的铁路政策议案——《铁道合同法案》和《铁道国有法案》，主要指出“国家需要通过法律来确保铁路主干线建设长期计划的制定和铁路建设资金的公众支持”，并且主干线中的私营铁路应“国有化”。1892 年 7 月，日本国会通过的《铁道建设法》明确了铁路的具体建设规则，舍弃了对私有干线国营化的观点，允许企业和社会机构通过当地议员向政府申请修建私有铁路。1893—1897年，在《铁道建设法》的支持下，日本掀起了第二次铁路建设高潮，期间国有铁路建设进展迅猛，1895年东京地区铁路线路如图4-8所示。由于当时私有铁路建设利润大，许多财阀或大商业集团均积极投身于铁路建设，其中典型的财阀有三井和三菱。

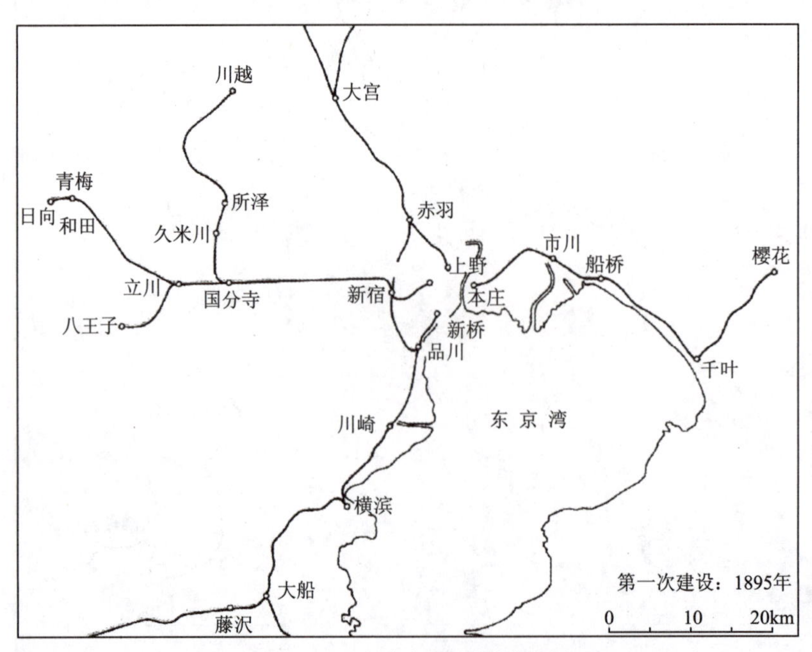

图4-8　1895年东京地区铁路线路图

资料来源：广冈治哉，东京圈的铁路体系的形成。

20世纪初，东京引入有轨电车（美国电力机车）并逐渐拓展到城际交通。轨道企业因蒸汽机车铁路发车间隔大、竞争力下降的原因被迫发展电气化铁路。受战争影响，日本政府逐渐意识到铁路的重要性，在1906—1907年间收购了17家私铁企业的主干线并计划将连接东京的主要铁路电气化，从此国有铁路的比例大幅扭转。随后，日本再次掀起铁路建设的高潮，但是建设重点也由干线转为支线和已有蒸汽机铁路大规模电气化改造。1911年，日本颁布《轻便铁道补助法》，对地铁建设进行补贴，促成私有铁路企业在城市和相邻地区之间修建大量铁路，其中大部分为电气化铁路。第一次世界大战（1914—1918年）后，日本工业迅速发展，东京区部人口激增并逐渐向都心以外区域扩散，都心和外围区域交通需求快速增长，1920年东京地区轨道线路图如图4-9所示；1920—1930年，京滨地带城市发展较为成熟，区域内大部分铁路已实现电气化。

东京在发展山手线外侧干线铁路和地区铁路的同时，内侧也开始修建地铁。早在1914年，“日本地铁之父”早川德次受日本铁道省委托前往欧美考察铁路和港口，当时伦敦地铁在公共交通中已发挥着巨大作用，早川德次对伦敦地铁表现出了极大的兴趣，尤其是英国绅士早晨在地铁上看报纸的上班生活令其羡慕不已，随后对巴黎和纽约地铁的考察使其更加意识到地铁对于东京交通的重要性。1927年，早川德次主导的东京地下铁公司修建了东京

第一条地铁线路（现银座线的一部分）。第二次世界大战（以下简称“二战”）前夕，五岛庆太看中东京银座附近巨大的人流，试图修建一条地上铁道连接早川德次的地铁线，但由于利益问题与早川德次发生长期纷争并惊动政府，政府为禁止这种状况出台调整法令规定山手线以内只能修建有轨电车和地铁。直至 1939 年，东京地铁仅建设开通了 14.3km。

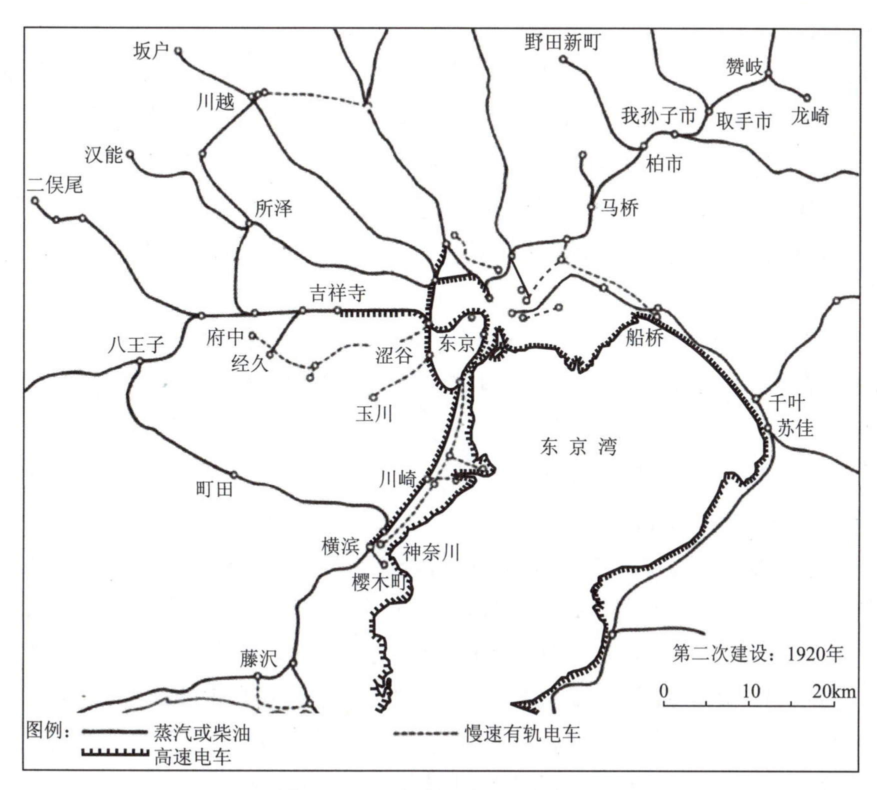

图 4-9　1920 年东京地区轨道线路图

资料来源：广冈治哉，东京圈的铁路体系的形成。

总的来说，19 世纪 80 年代至 20 世纪 30 年代日本将大量社会资金投入到铁路建设之中，不仅刺激了当时经济的发展、促进了社会基础设施的建设，同时为战后经济的发展奠定了良好的交通基础，该时期被称为日本铁路建设的黄金时期。这一时期东京城市化区域比较小，铁路主要是为城市间货物运输而修建。

（2）20 世纪 40 ～ 60 年代

二战期间，以军事运输为主的铁路垄断了日本国内运输，受战争影响，当局对铁路基础设施和设备维护、更新较小，加之二战后期遭受美军轰炸，以致二战结束时铁路运输能力与战前相比大幅下降。

二战后，盟军总司令部接管日本并对其进行民主改革，其中涉及日本铁路改革。出于压制日本日益成长的左翼劳工共产主义运动的目的，1948 年 7 月 22 日，盟军总司令麦克·阿瑟责成日本政府将铁道改制为国有企业。虽然日本官僚强烈抵抗铁路改革，但日本作为战败国必须绝对服从盟军总司令的管理，1949 年 1 月 1 日日本铁道被改组为日本国有铁道企业(JNR 以下简称“国铁”),同日执行裁员减缓运营压力。

1950 年,日本经济因朝鲜战争而进入腾飞阶段,交通运输需求快速增长,但是此时铁路的运输能力只有战前水平的 30%,运输压力巨大。日本国有铁道竭尽全力恢复铁路设施并提高服务水平,如重新开行快速列车、引进电动机和柴油机列车等。1957 年,日本国内铁路运输客流剧增,企业开始盈利。

二战后,私有铁路企业计划加大对铁路线路建设的投资。日本政府对于私有铁路建设采取压制投入、拒绝提供补助金的政策,而私有铁路企业不愿意用非铁路利润补贴铁路建设,此阶段私有铁路将重点放在增加列车运输能力(如加大车辆编组等)方面。

1950—1960 年,日本经济的高速发展和交通需求的快速增长迫使日本政府急需大力加强铁路基础设施投资,东京都市圈轨道建设主要集中在现有线路运输能力恢复和运力增强等方面,新建铁道线路较少。

此外,曾作为东京市内交通主角的路面有轨电车,在 20 世纪 60 年代由于汽车的普及导致道路堵塞,丧失专用通行权的路面有轨电车因速度下降和运行不准时失去了魅力,加之成本上升,处于双重压力之下,人们要求由公共汽车和地铁取代路面有轨电车。20 世纪 60 年代末,几乎所有的路面有轨电车都销声匿迹了。

(3)20 世纪 60 ~ 80 年代

1960 年,东京都市圈建成区快速扩张,使得外围特别是轨道沿线区域人口剧增,早晚高峰时段,乘客同时前往区部上班导致列车异常拥挤,主要放射线拥挤区间已达无法忍受的情景,被称为“通勤地狱”。根据日本国铁于 1960 年所进行的调查,繁忙时间乘车率[1]最高的 5 条路线分别为:总武本线(乘车率为 312%);东北本线(乘车率为 307%);山手线(乘车率为 299%);中央线快速(乘车率为 279%)和常磐线(乘车率为 247%)。于是,日本政府针对这 5 条主要国铁放射干线开展了“通勤五方面作战计划”,主要以复线化、双复线化和车辆更新等措施增加线路运输能力。该计划的实施使东京对外主要方向的运输能力提升 4 ~ 5 倍,但仍无法适应迅速增长的客流需求。随着东京都市圈外围人口迅速增加,国铁通过放射线外围新增车站并加大通勤列车班次来满足郊区至区部的通勤需求。此外,日本国铁在东京区部外围建设客运环线——武藏野线,来满足中心区外围环向客运需求,促进外围区域发展。图 4-10 为东京都市圈五方面轨道运输能力与通过人员变化图。随着小汽车运输在日本的兴起和国铁自身体制弊端的凸现,20 世纪 60 年代后期,日本国铁出现严重经营赤字,政府多次改善国铁运营赤字的恢复计划均以失败告终。

二战后至 1970 年,由于日本政府未对私有铁路企业进行补贴,日本私有铁路线路发展缓慢。20 世纪 70 年代,日本政府为鼓励私有铁路参与轨道建设颁布“新线、复线建设项目制度”(P 线制度),通过该制度对私有铁路建设进行补助,于是私有铁路为配合都市圈新城开发进行了新一轮的私有铁路线路建设,典型的案例是配合东京西部多摩新城而建设的小田急多摩线和京王相模原线,以及配合千叶新城建设的北总铁道的北总线。

---

[1] 日本长 20m 的通勤电车的设计载客约为 140 人,乘车率 200% 即为实际载客 280 人。

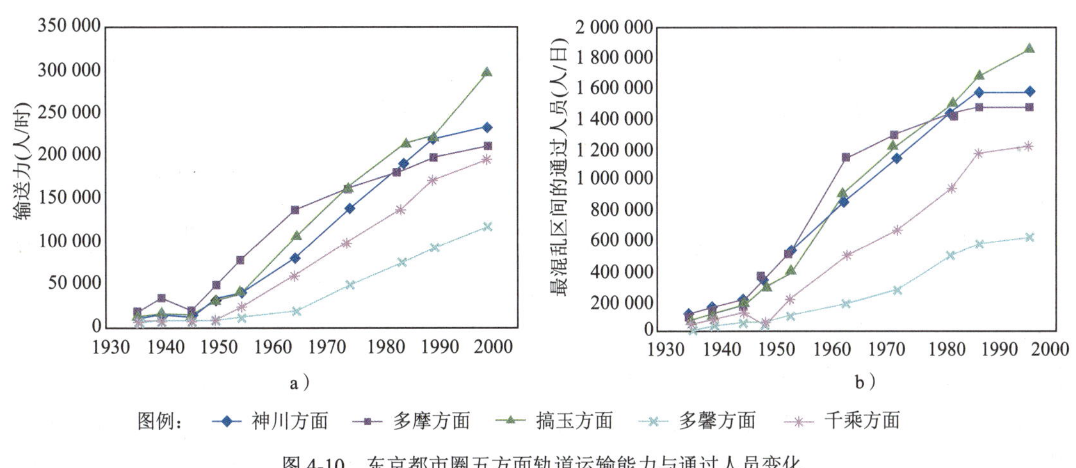

图 4-10　东京都市圈五方面轨道运输能力与通过人员变化

a)输送能力;b)输送量

20 世纪 60 年代以前,受二战前交通分区运营格局的影响,私有铁路放射线路均不允许进入区部山手线以内,战后基本没有进行地铁建设,多数乘客须于山手线站点换乘有轨电车等地面交通工具才能抵达山手线内的就业、娱乐场所,于是山手线换乘节点客流巨大、交通拥挤严重。20 世纪 60 年代,有轨电车受制于小汽车冲击和路面交通拥堵而无法适应城市内部交通发展,这种特殊的交通状态迫切需要大运量的城市轨道交通工具来改善,因此地铁新线的建设迫在眉睫。此时,除帝都高速度交通营团(以下简称"营团")外,东京都政府和私有铁路企业均积极推进东京区部的地铁建设,东京都政府、私有铁路企业被允许和营团共同修建区部地铁,同时国家要求各建设经营主体统一地铁建设标准便于新建地铁线路与抵达市区的私有铁路或国有铁路线路直通运转,进而提高效率和缓解交通换乘枢纽的拥挤压力。从此,东京区部地铁进入高速建设发展时期。1960—1980 年东京区部先后开通运营了 9 条地铁线路,同时对平面交叉路口轨道线路进行立体化改造,开辟新线使得地铁和私有铁路、国有铁路直通。1968 年区部地铁总长度达到 100km,政府以东京奥运会为契机在 1967—1972 年废除绝大多数有轨电车,从此山手线内交通逐渐由地铁主导。图 4-11 为东京区部地铁和有轨电车线路长度变化图。

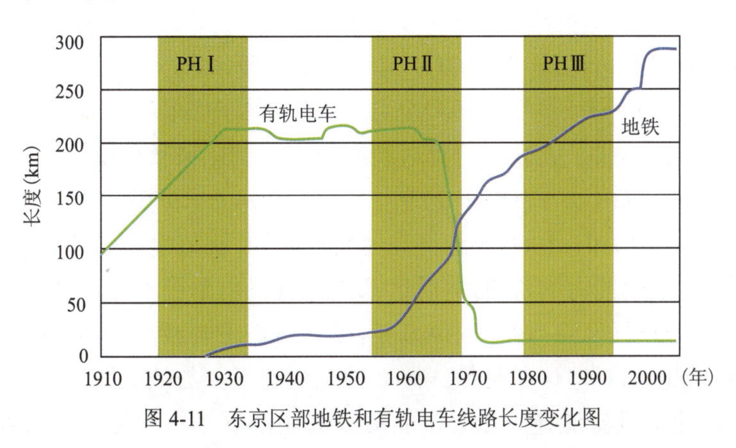

图 4-11　东京区部地铁和有轨电车线路长度变化图

(4)20 世纪 80 年代以来

为从根本上解决国铁财政赤字，1981 年日本政府成立临时行政调查会研究国铁改革问题。1982 年日本内阁接受临时行政调查会的研究建议，准备将日本国铁分割民营并开始研究彻底改革国铁的具体措施。经过两年多研究和讨论，负责机构认为：国有铁道的公社制度和庞大组织以及全国一元化经营是导致国铁不能迅速适应产业结构和运输结构变化的根本原因，要彻底革除国铁的上述弊病，只有将日本国铁分割民营。当时，国铁高层干部和国铁劳动组织总联合会均对日本国铁的“分割民营”方略持反对态度，但日本政府态度十分坚决，为此解除了与政府观点对立的国铁总裁仁杉严及其下属 7 名高级管理干部的职务，任命原运输省事务次官杉浦乔也担任新总裁强行推行政府的改革计划。1987 年，日本国铁改革为 JR 集团，下属 7 大公司，集团各公司实际是公设民营化经营的独立企业。改革后的 JR 集团各公司通过充分利用现有铁路资源、提高铁路运输效益、增加车辆设备等改善措施，并提升服务水平，同时开展其他关联业务，使 JR 集团逐渐扭亏为盈并开始偿还所负担的债务。1980 年以后，JR 集团在东京都市圈涉及的资金投入主要集中在以现有线路拥挤改善和提高服务为目的的相关工程上。其中的主要工程有：为解决西部 JR 常磐线拥挤状况，由 JR 东日本主导修建了筑波快线；对于通勤及其他拥堵路段，继续实施复线化和双复线化；开辟新线分离客运线路共用轨道路段；利用既有货运线路资源客运化；促进通勤线路和区部地铁线路的直通，同时加大对车辆更新的力度。总体来说，本阶段日本轨道发展主要立足于既有基础设施提升客运运输能力。

20 世纪 80 年代以后，区部地铁新增 130km，新建地铁除都营大江户线外全部与私有铁路或 JR 线路直通，以满足郊外乘客直达区部的需求。私有铁路主要将精力集中在高速运转、直通、站点设施改善等方面，进行拥堵路段复线化工程建设和车辆设备等基础设施更新，增开高等级列车和直通列车以提高服务水平，同时增设支线注重郊区（片区）服务。这一阶段，东京都市圈轨道建设主要是完善中心区轨道网络，除区部和横滨大力进行地铁线路建设以外，其他区域以提高服务水平、加快支线和改善重要枢纽节点可达性为目的，同时为了配合和促进临海副都心、港未来 21 区和千叶新城等重点区域的开发，同步建设和完善其直达区部的轨道线路。

通过对东京都市圈轨道网络规模统计分析可以看出（图 4-12），1940—1960 年轨道网络规模增加不明显；1940 年以前和 1960 年至今两个阶段，各建设了大规模的轨道网络，但建设目的不一样，各阶段特征鲜明。1940 年以前，受日本特殊国情影响轨道建设主要在私人资本的推动下开展，形成了大规模的货运铁路网络，现 JR 和私有铁路骨干线路基本于当时建设完成，区部城市以内以有轨电车交通方式为主；1940—1960 年，受二战影响轨道网络基本没有扩张，即使在 1950—1960 年经济高速发展时期，轨道建设仍是处于恢复线路运输能力、增大既有线路运输能力的阶段，同时区部内部有轨电车已不能满足城市发展需求，政府被迫开始修建中心地铁网络；1960—1980 年，受住房需求刺激，“轨道 + 物业”的模式促进了郊外区域轨道建设，同时区部地铁线路开始全面建设并与放射轨道直通满足长距离直达通勤服务需求，此阶段轨道建设以外围新城线和中心区地铁线路为主；1980 年后，出于完善轨道网络和功能的目的，进一步加强都市圈外围局域线、东北部快速轨道和区部地铁建设。

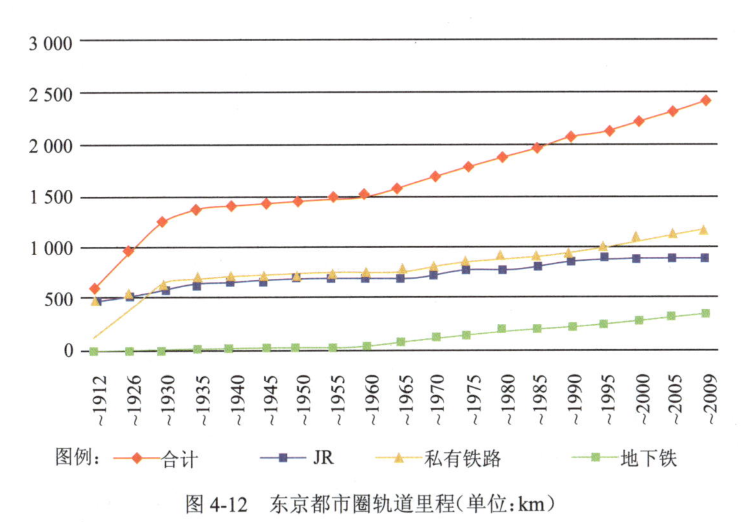

图 4-12　东京都市圈轨道里程（单位：km）

4.2.4.3　交通与城市互动发展的演变

20 世纪以来，伴随着工业的发展，东京都市圈共经历了三次城市化进程[5]：第一次是伴随着 1920—1935 年的轻工业化；第二次是在 1955—1970 年的经济高速发展时期，这一时期也是城市化发展最为迅速的阶段；最近一次则是在 1980 年之后，伴随着高科技服务产业化。在城市化过程中，东京都市圈经历了巨大的人口增长，特别是在阶段 2。相对于城市化而言，东京都市圈的机动化进程稍晚一些，阶段 1 几乎没有汽车，货车的快速普及在 1955—1960 年，轿车的普及出现在 1970 年。图 4-13 为东京都市圈的城市化进程，图 4-14 为东京都市圈的机动化进程。

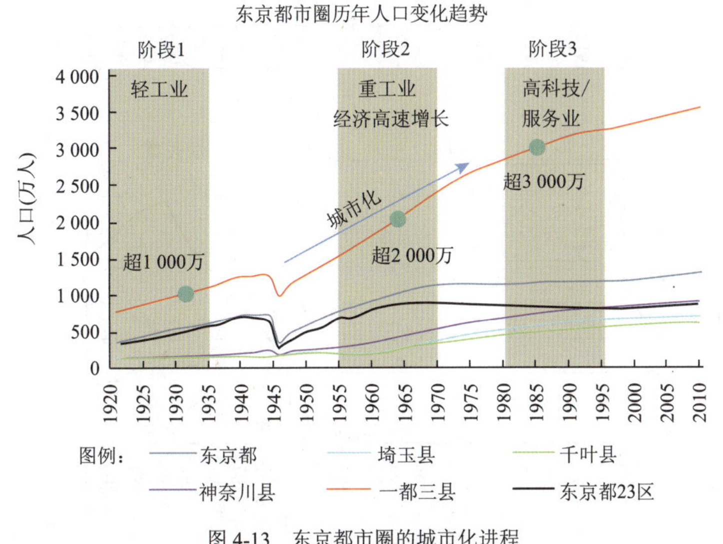

图 4-13　东京都市圈的城市化进程

从东京都市圈的轨道交通发展与城市化进程来看，第一次城市化及以前，东京都市圈的铁路网基本成形，当时主要用于货物运输或宗教参拜，以单线、非电气化的线路为主。而到了第二次城市化，则主要是进行既有铁路电气化和增强铁路线路的输送能力（如延长列车编组、缩短运行间隔、增线、客货分离等）。第三次城市化之后，持续修建环状铁路线路、接驳线路。

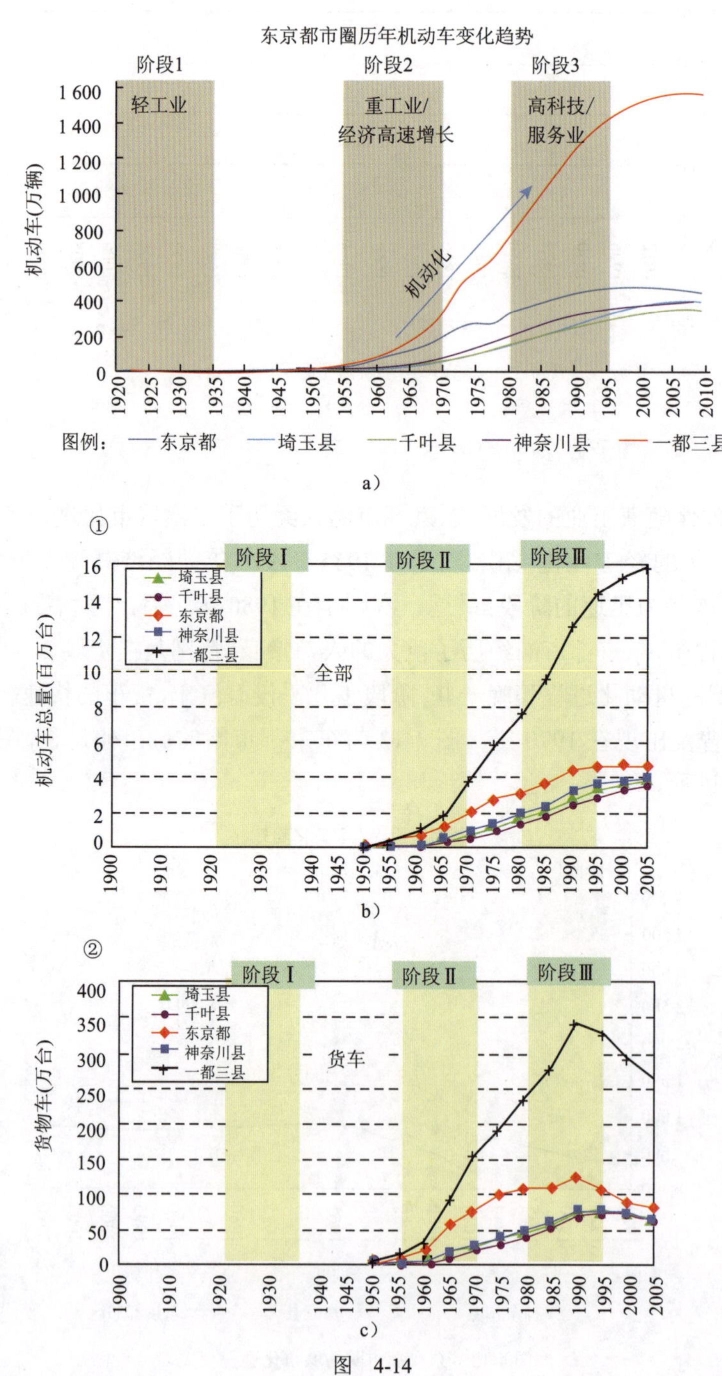

图 4-14

③

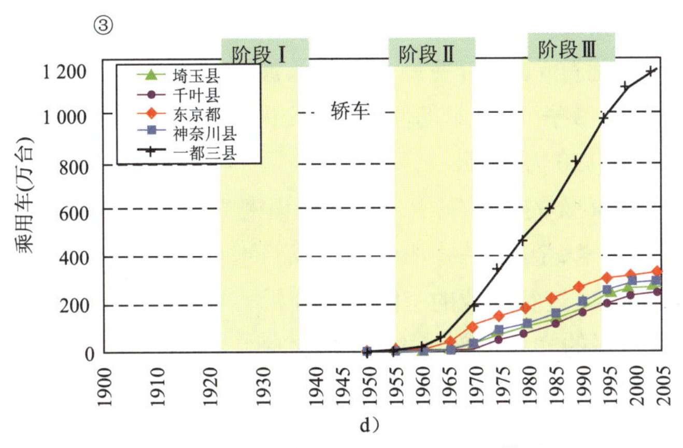

d）

图 4-14　东京都市圈的机动化进程 [5]

a）东京都市圈历年机动车变化趋势；b）机动车总量变化趋势；c）货物车变化趋势；d）乘用车变化趋势

4.3　美国东北部城市群交通一体化发展

4.3.1　基本情况

美国的东北海岸是美国最早发展的地区。这里商业兴盛的大城市云集，并早在 20 世纪 70 年代便已是世界公认的最成熟的城市连绵区之一。在这块占地不到美国国土面积 2%（134 524km^2）的土地上，居住着美国 1/6 的人口，聚集了全美国 1/5 的工作，并贡献了超过 21% 的 GDP。东北城市群地区每年的国民生产总值超过 3.6 万亿美元，如果按照独立经济体进行比较，该城市群的经济实力在 2014 年世界银行 GDP 的统计（图 4-15）排序中位居第五，略低于德国而高于法国。

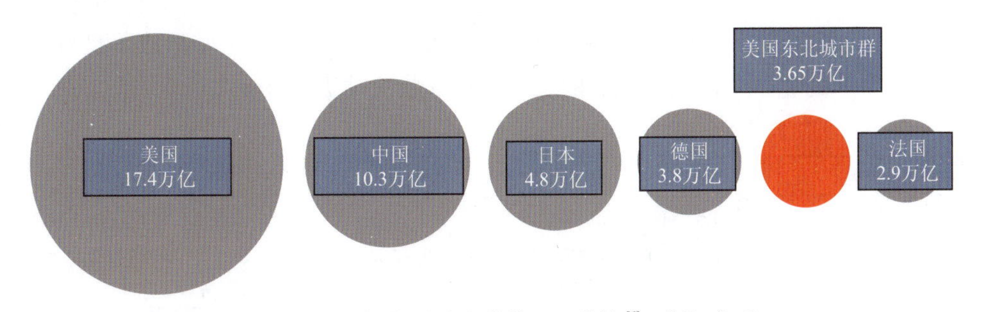

图 4-15　2014 年世界银行经济体 GDP 统计 [6]（单位：美元）

这片北起波士顿南至华盛顿，囊括了纽约、费城、巴尔的摩等重要城市的连绵区在空间上跨越了 12 个州和 1 个特区，南北跨度长达 800km，也被称为“波士华（Boswah）”城市群。整个美国东北部地区居住人口超过 5 100 万人，占美国总人口的 17%。其中大部分人口分布于以几个中心城市为核心的都市区范围之内。2012 年，纽约都市区居民达到 1900 万，是整个城市群中当之无愧的首位城市；费城、华盛顿、波士顿每个都市区都拥有 500 万左右的居民，是整个城市群的第二序列；巴尔的摩、普罗维登斯及哈特福德是整个城市群的第三序列，居住人口从 270 万到 120 万不等。

美国东北部城市群 46% 的工作岗位来自于知识密集产业，并对于人力资源有较高的要求，主要产业包括信息技术、金融、法律服务、管理咨询、建筑等。使用美国经济分析局的区位熵法（location quotients）进行产业的空间布局分析（图 4-16），可以看出，美国东北部城市群就业比例超过全国水平的产业全部集中于知识产业。图 4-16 中，横轴代表就业比例的相对比值（计算方法：以美国统计局发布的各产业的平均就业比例为基数，然后用美国东北城市群各产业就业比例除以该基数得到；各产业就业比例＝各产业就业人数 ÷ 就业总人数）。例如，图 4-16 中教育服务业对应的值为 1.56，说明美国东北城市群教育服务业的就业比例相当于全美教育服务业平均水平的 1.56 倍。

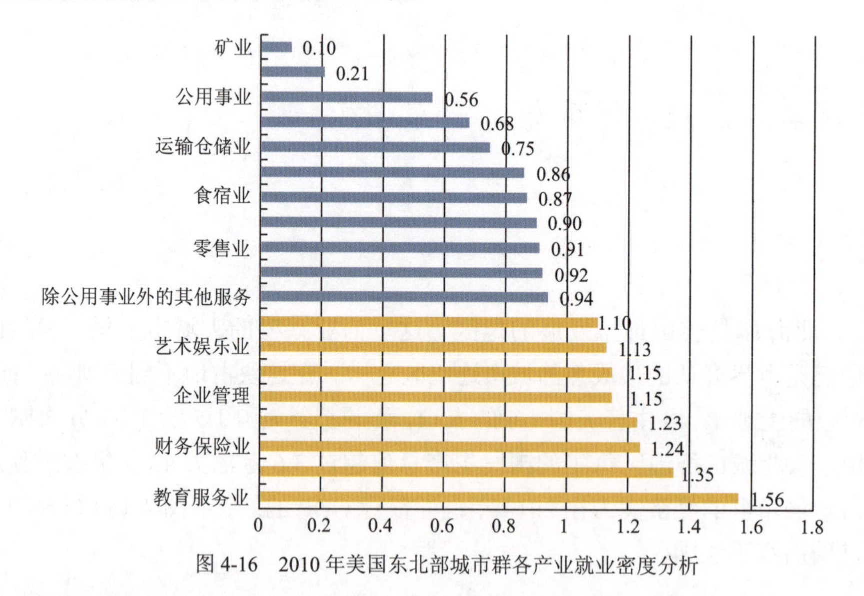

图 4-16　2010 年美国东北部城市群各产业就业密度分析

在长期的交流和竞争过程中，东北城市群的主要城市及都市圈之间形成了良好的工业分工合作，在全球的竞争中占据了优势的地位。具体状况请见表 4-4。

东北部城市群功能格局状况 [7]　　表 4-4

5 大都市区	主要产业	核心职能
纽约大都市区(圈)	金融、商贸、生产服务业	全美的金融中心、商贸中心
波士顿大都市区	高科技产业、金融、商业、教育、医疗服务、建筑、运输服务业	都市圈的科技中心，高科技产业和教育是特色产业，服务业发达
费城大都市区	清洁能源、制药业、制造业、教育服务、交通运输业	费城是都市圈的交通枢纽，同时也是全国重要的制造业中心
华盛顿大都市区	信息、金融、商业服务、健康和教育服务、休闲旅游业、生物科技、国际商务	全美政治中心
巴尔的摩大都市区	工业制造业、商贸、服务业	制造业和进出口贸易中心

4.3.2　美国东北城市群综合交通体系的发展

4.3.2.1　公路

美国东北部城市群高速公路分布如图 4-17 所示。

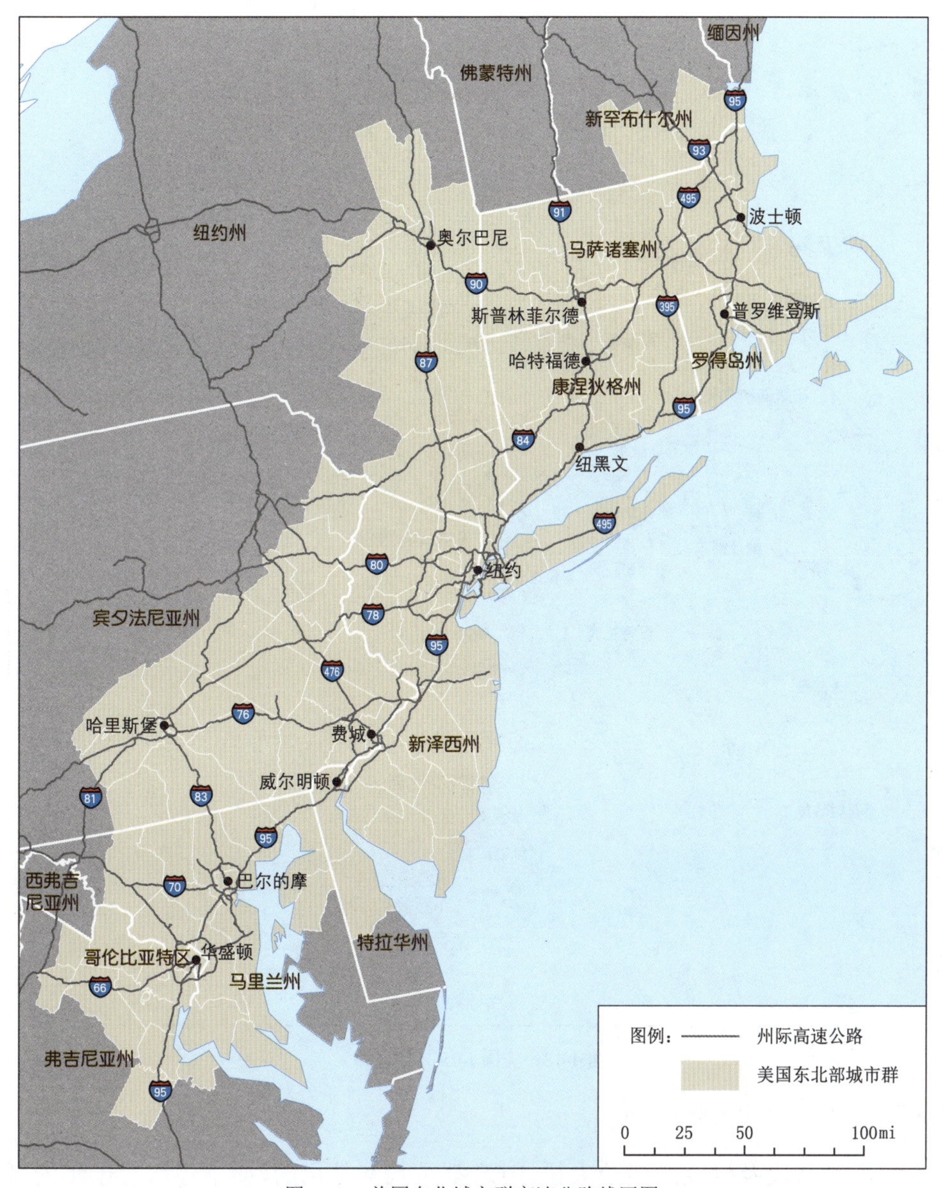

图 4-17　美国东北城市群高速公路线网图

东北部城市群最重要的南北高速公路通道是北起加拿大境内南至佛罗里达的州际 95 号高速公路（I-95）。公路全长 3 098km，穿越 15 个州，是美国穿越州数最多的公路。同时根据美国人口统计局的统计，I-95 全线通过的地区都高度城市化，仅有 5 个县为农业地区，穿行地区人口密度为美国平均人口密度的3倍，与西欧相当。I-95将波士顿都市圈、纽约都市圈、费城都市圈、巴尔的摩都市圈以及华盛顿都市圈纵向连接，并延伸至南部以迈阿密为中心的都市圈（图4-18）。

图4-18 美国I-95高速公路

资料来源：http://www.i95highway.com/。

I-95的部分路段及途经的多处大桥、隧道都是收费使用的，如下穿通行巴尔的摩港的麦克亨利堡隧道，连接新泽西和上曼哈顿的乔治·华盛顿大桥等。因为I-95日益严重的拥堵状况，很多途经的州和城市，如北卡罗来纳都在研究增设收费路段。同时，因为高速公路的拥堵路段多靠近经济和政治发达的中心城市，很多针对拥堵交叉口的工程改造也在进行中。整个东北城市群最严重拥堵的10处交通走廊中，有3处位于I-95高速公路上。其中，最严重拥堵的路段是华盛顿外一处 23.9mi（38.463km）的交通走廊。这段在自由通行状态下 45min 就可以通过的路段，在拥堵状态下需要近 2h（113min）的通行时间。

I-84 州际高速公路是美国东北走廊内非常重要的东西向交通要道，（东段）东起宾州邓莫尔（Dunmore）穿过纽约州、康涅狄格州通至马萨诸塞州的斯特布里奇（Sturbridge），全长 374km。I-84 在宾州境内通过的地域人口密度比较低，交通状况通畅。然而在通过特拉华州和南维辛克（Neversink）河进入纽约州后，因为途经港口和人口密集的城市，交通通行状况变得拥挤起来。I-84 穿过哈德逊河谷中部地区，是客运和货运的主要通道。I-84 是纽黑文市外的交通走廊，其拥挤程度也跻身整个东北走廊前 10 名。图 4-19 为 I-84（东段）地图。

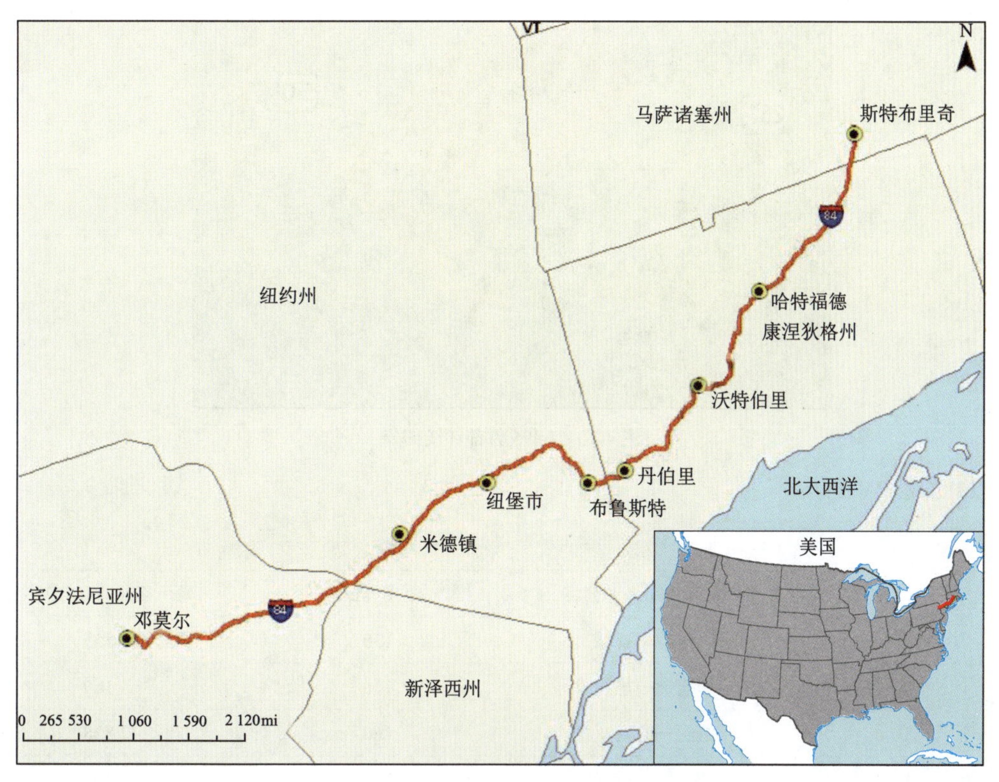

图 4-19　I-84（东段）地图

资料来源：http://www.mapsofworld.com/usa/highways/maps/us-interstate-84-east-map.jpg。

I-495 也是东北城市群非常重要的交通走廊。该高速公路从曼哈顿延伸至长岛的路段长 114.3km，其中拿骚县至萨福克县的路段也被称为长岛收费高速公路。这条高速公路是长岛郊区通勤至曼哈顿的主要通道，也是货运的主要通道，每日高峰时段的车流压力非常大。自 1994 年始，I-495 开始设置 HOV 车道以减少道路压力，并且促使通勤居民拼车出行。I-495 在华盛顿哥伦比亚特区附近，包括近郊区马里兰和弗吉尼亚部分区域在内，形成了一条 103km 的环线，这部分路段也被称为“首都环线”（capital beltway），如图 4-20 所示。因为在 1958 年之前，I-495 只是作为 I-95 的辅线，在部分路段两条高速公路是并行的。

从高速公路数据中还可以观察到的一个信息是，关键城市之间的高速公路出行需求无疑是巨大的，但是一旦两个城市之间的驾车出行时间超过 2.5h，则两个城市之间小汽车交换量就会显著下降。见表 4-5，在 2010 年统计中，对东北城市群城市之前高速公路交换量最高的 10 对城市的观察可知，两个城市之间的高速公路通行需求不仅受到城市间经济联系的影响，距离也是重要的因素。

图 4-20　I-495 首都环线部分

资料来源：维基百科。

2010 年东北城市群城市之前高速公路交换量最高的 10 对城市　　表 4-5

序　号	城市之间高速公路	距离(km)	每天客运量(人次)
1	纽约—费城	130	87 355
2	华盛顿—里士满	156	60 169
3	纽约—哈特福德	160	42 828
4	费城—华盛顿	199	37 492
5	纽约—波士顿	306	38 610
6	华盛顿—诺福克	240	33 865
7	纽约—布里奇波特	86	27 952
8	纽约—普罗维登斯	250	26 682
9	诺福克—里士满	130	21 990
10	纽约—华盛顿	330	17 674

然而，长途巴士服务显示的各个城市之间的交换量更多地受到了城市之间的经济联系的影响，与距离的联系较小。从表 4-6 统计可以看出，东北部城市群每日 2.5 万人次的长途巴士输送中，排名前六的路线显示起讫点中都有一个位于纽约市。

2012 年东北部城市群之间长途巴士客运量统计　　表 4-6

城　市　间	距离(km)	每天客运量(人次)
纽约—波士顿	306	8 000
纽约—费城	130	6 600
纽约—巴尔的摩	273	5 000
纽约—华盛顿	330	2 600
纽约—奥尔巴尼	215	1 350
纽约—哈特福德	160	>1 000
费城—华盛顿	199	850
波士顿—哈特福德	151	250 ～ 400
费城—波士顿	438	150

4.3.2.2　铁路

在美国东北城市群的都市圈范围之内，通勤铁路无疑是支持近郊区和远郊区居民上下班通勤等出行的重要选择。然而长途的、以商务和休闲为目的的跨城轨道出行则是依靠美国国有铁路网络。根据统计，全美国超过一半（54%）的跨城铁路出行量分布在东北部城市群范围之内，每日有超过 4.6 万名乘客使用国有铁路在城市群的城市间旅行，并且这个数字还在不断上升。

近 10 年以来，美国国有铁路的服务旅客量呈现稳定增加态势，这与东北部乘客量的增长紧密相连。布鲁金斯学会最近的一份报告显示，1997—2012 年美国东北部国有铁路的旅客量增加了 48%。东北地区完善的国有铁路网络有力地支持了国有铁路在全国范围内的增长，其中，东北部区域铁路和阿西乐特快服务的客运总量达到了全国的 1/3。

尽管使用国有铁路出行的绝对数量与世界上其他国家如中国、日本等相比相距甚远，但是美国东北部城市群国有铁路跟空运之间的协调关系也是非常值得其他国家的城市借鉴的。根据美国国有铁路的预计，纽约到华盛顿 75% 的空运旅客同时使用国有铁路服务，而纽约到波士顿的空运乘客中也有超过一半(54%)的乘客同时使用国有铁路服务。

4.3.2.3　航空

空运也是美国东北部城市群客运的重要组成部分。东北部城市群的机场每年接受旅客人次超过 2.4 亿，约占全美旅客量的 30%。尽管 2001 年“9·11”事件给航空业带来了严重的影响，但是近年来美国航空业旅客的最大增长也是从 2000 年开始的。从几个主要机场的统计数据来看，2000—2011 年间各个机场的年旅客吞吐量整体增长了 18%。以肯尼迪国际机场为例，该机场是地区当之无愧的国际和国内枢纽机场，其国内旅客量自 2002 年以来增长了 53%，国际旅客量增长了 35%。与肯尼迪国际机场毗邻的纽瓦克国际机场同时期内国内旅客量下降了 12%，但是国际旅客量增长了 54%。每日东北城市群之间的旅客交换量达到了 3.3 万人次，这些出行大多数是城市群北端和南端的旅客交换，并且一般出行距离超过 320km。美国东北部城市群之间的空运旅客交换如图 4-21 所示。

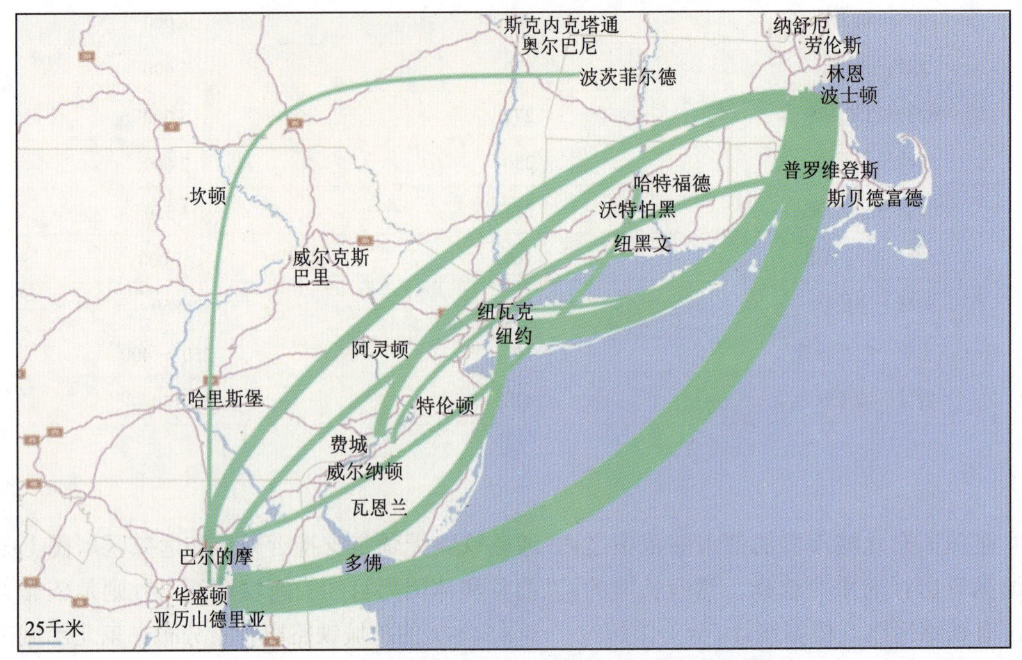

图 4-21　美国东北部城市群之间的空运旅客交换示意图

4.3.2.4　东北城市群的货运系统

东北部有着美国最为繁荣的机场、港口等国内国际物流枢纽，同时也聚集了优良的高速公路资源，货物运输活动频繁。其中运量最大的货物种类包括建材、废料、非金属矿石产品、食物和燃料等。根据 2010 年美国货物流通调查，东北部城市群内流通的货物总量大于 16 亿吨，因为内部流通需求大，49% 的货物在 121 个县镇之间转运输送。16% 的货物穿行而过，20% 的货物从外地输送而来，14% 的货物从东北城市群向外输送。

与美国其他地方相比，东北城市群的物流更加依赖卡车集装箱运输，按质量计 88% 的货物都依靠卡车进行输送，而在全美国的物流统计中，卡车的货运量是 86%。究其原因，东北城市群内部的货物价值较高，而且因为城镇密集货运距离较短，所以卡车集装箱运输更受青睐。沿海贯穿南北的 I-95 通道也是该地区最重要的物流通道，在某些物流繁忙路段，日通行的卡车量近 1.5 万辆。与 I-95 平行的高速公路通道，如 I-81 等因为同时兼具缓解 I-95 交通流量及联系附近城镇物流中心的功能，也呈现日益拥堵的状况。图 4-22 为东北部城市群繁忙的高速通道。

铁路货物运输是除高速公路外最重要的物流方式。因为运距较短，东北城市群只有 12% 运量的货物依靠铁路流通。在美国其他地方，铁路运量可占全部货物总量的 40%。东北部高等级的铁路运输网络集中在以纽约、新泽西北部和费城为中心的区域，主要为都市区的港口、运货商以及物流中心服务。在这些高等级货运铁路的周边，有很多低等级货运铁路的运营商提供货物在区域内仓库、生产中心、物流中心等地的本地连接。

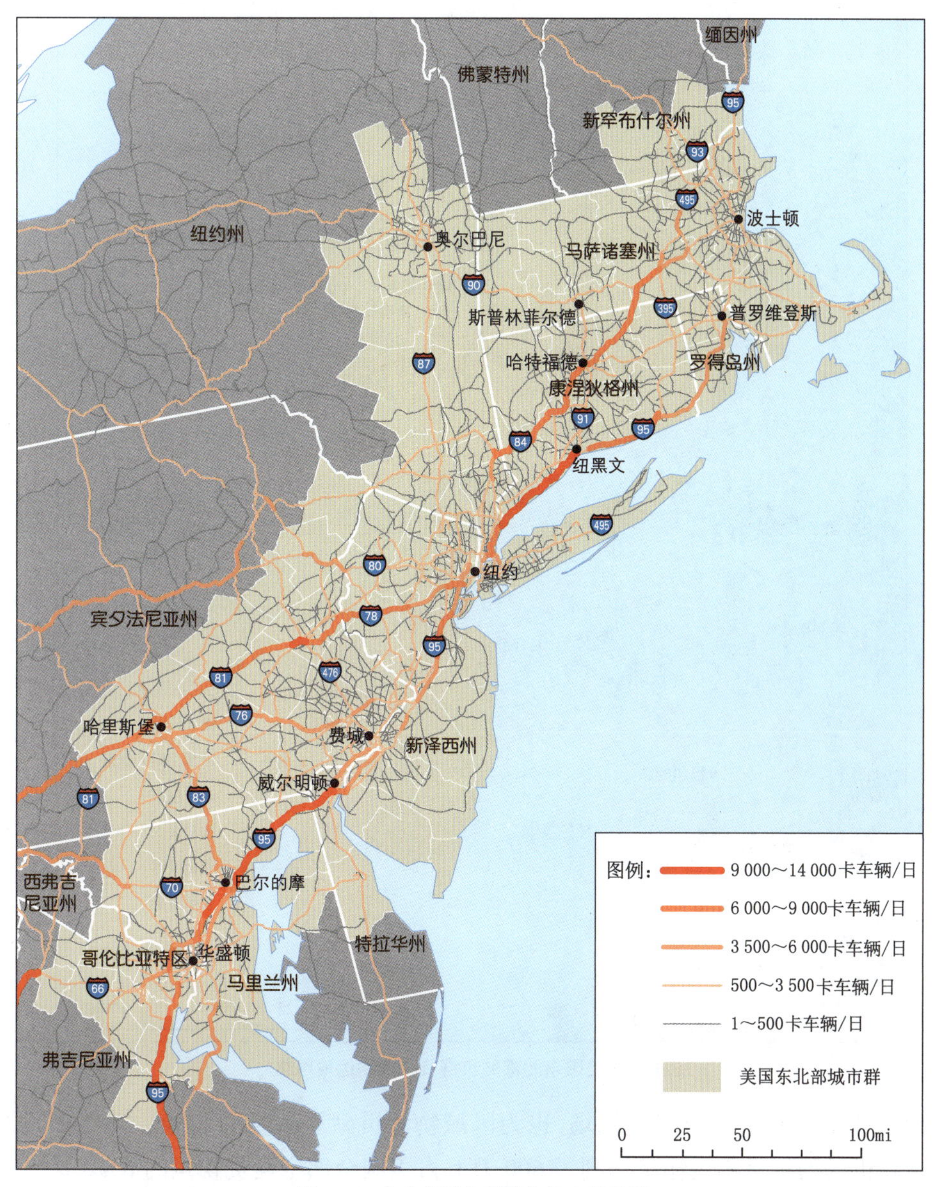

图 4-22　东北部城市群繁忙的高速通道

与高速公路不同，在本地的铁路运输中，货运的主要流向是东西向的，主要供应两个市场：一是将来自美国内部的日用品、食物燃料等货物及来自环太平洋区域的工业制品供应东北城市群内部消费；二是将美国内地的工业制品传输到主要的港口和机场进行出口。东北部沿海的几个港口也基本形成了较为稳定的地区市场及目标定位，如纽约港和新泽西港是区域内最大的集装箱进出口港口，而巴尔的摩港是国家级的进行工业制品（如汽车、拖拉机、农具以及煤炭等矿石燃料）的进出口港口。美国东北部城市群货物铁路运输网络如图 4-23 所示。

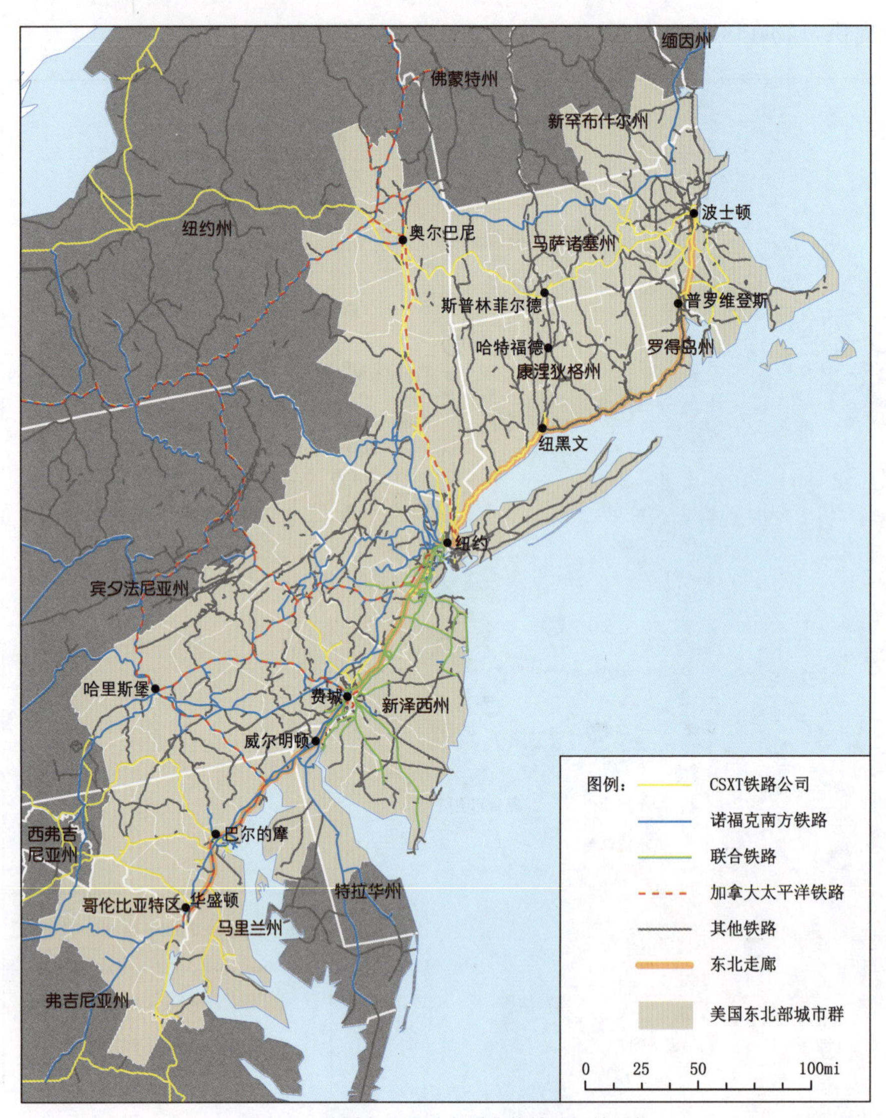

图 4-23　美国东北部城市群货物铁路运输网络

美国东北部还有为数众多的机场，也为区域物流贡献了重要的运能。2011 年，城市群内各个主要机场的年货物运输量达到了 600 万 t，占美国全部空运货物量的 6%。

4.3.2.5　城市群交通通道运行情况

因为东北城市群旺盛的经济活动以及频繁的商业往来，各种模式的客运和货运交通设施都非常繁忙且拥挤。美国超过 50% 最严重的高速公路瓶颈在东北城市群，各个中心城市外围的高速公路在每日上下班高峰期长期拥堵（图 4-24）。根据得克萨斯交通研究所（TTI）《2011 年拥堵走廊报告》，东北城市群的高速瓶颈造成的拥堵从 3mi（4.828km）到 40mi（64.374km）不等，而每周的拥堵时间（运行速度低于 50% 自由通行速度时间）至少 10h，并且拥堵也开始向午间及周末蔓延。

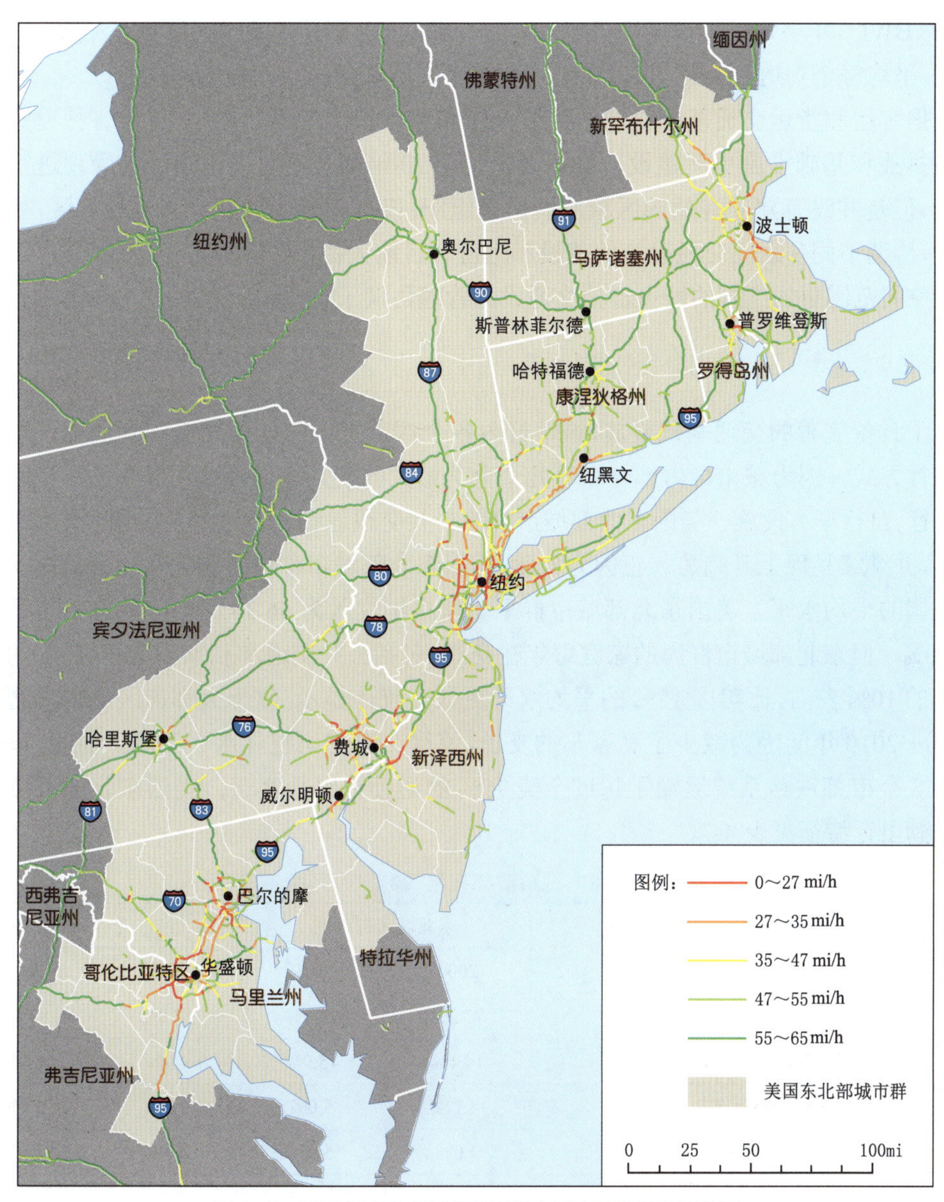

图 4-24　2012 年东北部城市群高峰小时高速公路拥堵状况

与其他的通行模式相比，轨道客运的出行时间和服务更加优秀。但是因为东北城市群轨道网络密集，并且在某些区域共同使用轨道设施，一旦某个轨道运营商的服务延迟，所有公用轨道的运营商的运输服务都会受到连锁影响。并且，在某些铁路末端，如长岛铁路，其基础设施严重老化落后，不能够支持反高峰流向（市中心到郊区）的服务，影响居住在中心区的市民的通勤出行。

2012 年美国延误最严重的机场统计中，14 个延误严重机场有 8 个位于东北城市群，包括波士顿—洛根国际机场（BOS）、纽约—肯尼迪国际机场（JFK），纽约—拉瓜迪亚国际机场（LGA），纽瓦克—自由国际机场（EWR），费城机场（PHL），巴尔的摩—华盛顿·瑟古德·马歇尔机场（BWI），华盛顿—里根国家机场（DCA），华盛顿—杜勒斯机场（IAD）。根据2009年的统计，平均每个到达LGA、JFK、PHL和BOS机场的延误都在60min左右。

根据客运和货运交通基础设施的简要介绍和运行状况的描述可知，目前各种设施都面临服务挑战和基础设施更新建设。虽然美国自1920年便开始对大都市区的管理进行探讨和改革，但是并没有建立有效的区域发展协调组织，仅有部分区域建立了交通专区，如纽新港务局，协调不同州之间交通设施的建设和运营。目前大都市区政府改革已经陷于停滞，更不要说空间范围更加广阔的城市群的交通设施管理协调了。

4.3.2.6 客货运输方式分担比例

由于具备完善的交通基础设施，城市群内各个都市区内的居民比美国其他地方享有更多的出行方式。因为城市群内部分布着几个全美最大的公共交通系统和完善的非机动化出行（步行、自行车）设施。美国东北部城市群的公共交通通勤出行水平是美国平均水平的3倍之多，并继续呈现上升趋势。正因为如此，美国东北部城市群内的家庭在交通上的支出也低于美国的平均水平。美国东北部城市群平均家庭年收入为66 343美元，超过美国平均水平的30%。但东北部城市群内的家庭每年在交通（包括公共交通和私家车购买等）上的支出占收入的10%左右，比美国12%的平均水平更低。统计显示，位于大都市区范围内的家庭在2000—2010年间因为减少了私家车的支出，使得交通支出整体水平下降。同时，该城市群还有8个市郊铁路系统运输了超过全美75%的通勤铁路乘客量。美国东北部城市群都市区通勤出行特征见表4-7。

美国东北部城市群都市区通勤出行特征　　表4-7

运输方式	东北城市群地区		美国	
	2000	2010	2000	2010
小汽车	77.2%	74.1%	87.9%	86.3%
公共交通（地面公交、轨道、渡船）	14.1%	15.9%	4.7%	5.0%
步行和自行车	4.7%	5.0%	3.3%	3.3%
其他（出租车、摩托车等）	4.0%	5.0%	4.1%	5.4%

从通勤出行的空间分布来看，在公共交通设施发达的城镇区，员工使用公共交通通勤的比例是全美国平均水平的8倍，而使用通勤铁路上班的比例则是全美国平均水平的10倍。整个东北城市群城镇区的公共交通通勤水平为42.3%，这个比例在波士顿、费城和华盛顿分别为35.8%、27.3%和36.8%。在曼哈顿公共交通的通行比例达到了近75%（49.5%地铁，11.6%公共汽车及11.6%通勤铁路）。而因为东北城市群的平均家庭收入远高于美国平均水平，在远郊区县内使用私家车出行的比例也是高于美国平均统计水平的，使用公共交通通勤的比例不及全美平均水平的1/3（见图4-25）。

从城市群的空间尺度上看，东北城市群内部中心城市之间的商务、休闲出行以及货物运输超过90%都是通过公路进行（如图4-26）。

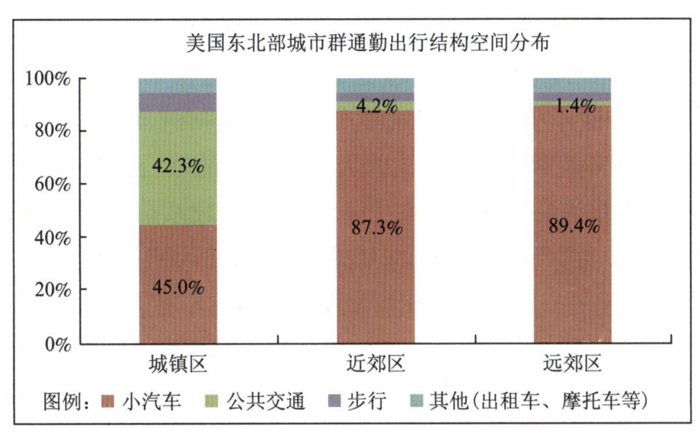

图 4-25　美国东北部城市群城镇区、近郊区和远郊区通勤出行特征

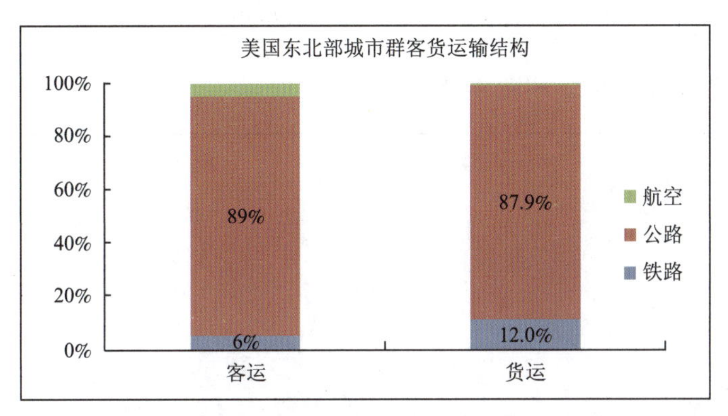

图 4-26　东北部城市群关键城市不同交通模式分担情况

4.3.3　纽约都市圈轨道交通发展

4.3.3.1　基本情况

纽约市位于纽约州东北部，包括曼哈顿区、布鲁克林区、布朗克斯区、奎司区和斯塔滕岛 5 个部分。自殖民地早期开始，这里就是北美地区商业、工业和文化的中心。

因为美国人口统计局和行政管理预算局对于都市区的统计标准跟随美国城市化的进程不断更新，以纽约为中心发展起来的都市区范围也几经更迭。1950 年第一次在人口统计中定义都市区，纽约市为中心的区域被定义为“纽约—新泽西东北”标准统计区（standard metropolitan areas），包括 17 个县，其中 9 个在纽约州（其中包括 4 个纽约市的自治县，分别为拿骚县，萨福克县，威彻斯特县，洛克兰县），8 个在新泽西州（卑尔根，哈德森，帕塞伊克，埃塞克斯，联合城，莫里斯，萨默塞特，米德塞科斯）。1960 年都市区统计概念进行了修订，“标准都市区统计区域”概念（standard metropolitan statistical areas）被启用，原都市区范围被拆分成 4 个“标准都市区统计区域”。1973 年，该概念被进一步修订，纽约附近都市区的统计标准再次修改。1983 年，联合都市区统计区域（consolidated metropolitan statistical area）

概念被提出，纽约附近的都市圈范围被进一步界定。2003年，美国行政管理及预算局定义了大都市区（MSA），即中心城市与周边超过25%就业交换率的县的联合区域，小都市区（micropolitan statistical area），及联合 / 广域都市区（combined statistical area）。广域都市区此处是指有一定通勤 / 就业交换率（15%）的大小都市区的联合。2013年，该统计范围再次出现变化，宾州和新泽西州等共计5个县被加入纽约的广域都市区统计范围之内。

根据最新的人口统计数据和标准，纽约大都市区，即纽约州—新泽西州—宾州大都市区（MSA）和纽约州—新泽西州—康州—宾州广域都市区（CSA）的统计数据见表4-8。

纽约都市圈范围界定　　表4-8

范　　围	面积（km^2）	2010人口普查（万人）
纽约州—新泽西州—宾州大都市区（MSA）	17 405	1 957
纽约州—新泽西州—康州—宾州广域都市区（CSA）	34 439	2 308

两地范围示意图如图4-27和图4-28所示。

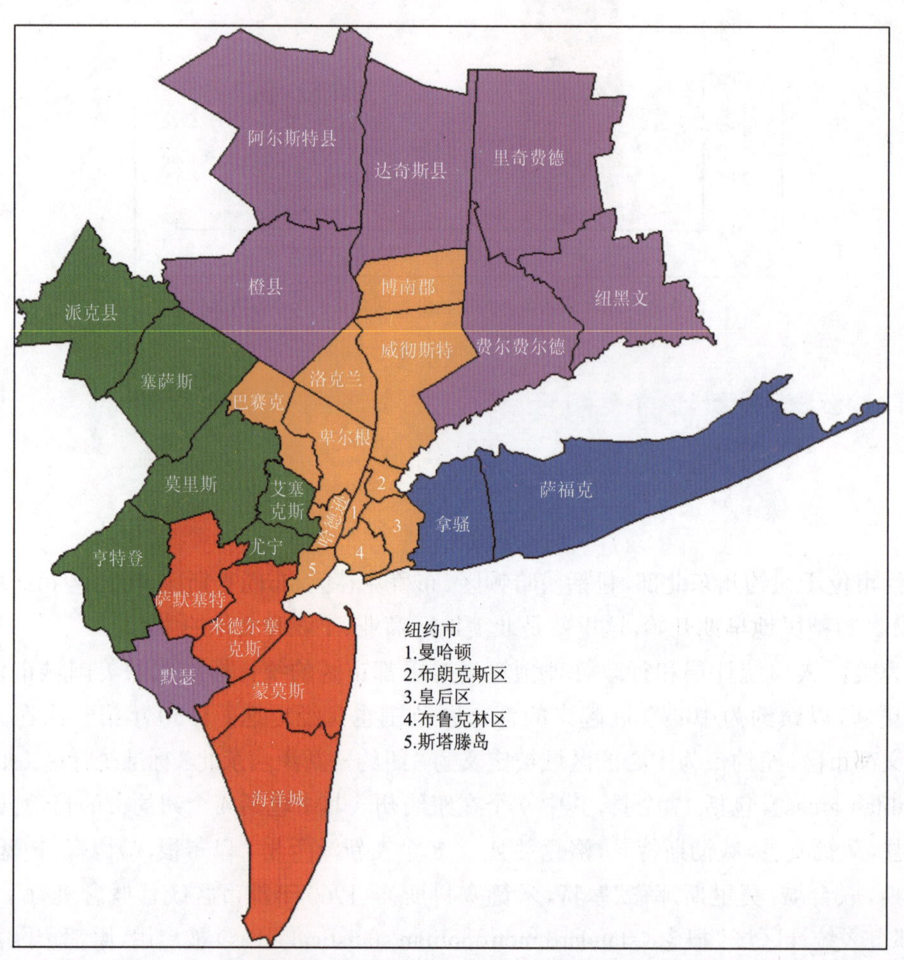

图4-27　纽约州—新泽西州—宾州大都市区

资料来源：http://en.wikipedia.org/wiki/New_York_metropolitan_area。

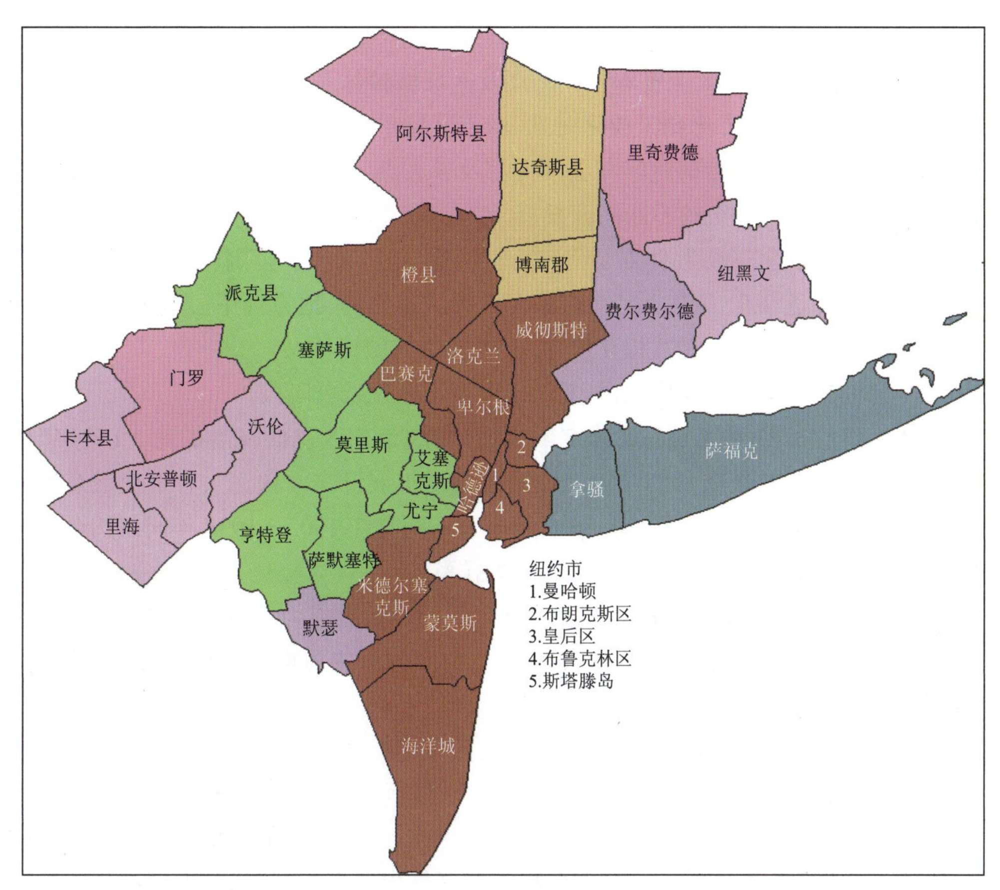

图 4-28　纽约州—新泽西州—康州—宾州广域都市区

资料来源：http://en.wikipedia.org/wiki/New_York_metropolitan_area。

纽约地区是美国最大的国际金融和商业中心，是毋庸置疑的世界城市。2012 年，纽约市被评为全球经济实力指数最高的城市。纽约市的金融、国际贸易、传媒、房地产、制造业、旅游业、生物技术及教育在整个地区均处于领先地位。2010 年，纽约地区的生产总值超过 1.28 万亿美元，仅次于东京地区，超过世界上许多国家的生产总值。

4.3.3.2　发展历程

（1）历史沿革

纽约因为优越的地理条件，是印第安人的聚居地。当地人利用水道发展农业、渔业和商业。

①1845 年以前：早期发展

18 世纪早期，在英国殖民统治下，纽约便是当时的商业中心和奴隶贸易中心。因为依托临近欧洲大陆和英国的门户区位以及优越的港口条件，诞生了一批以与欧洲大陆贸易活动为主的商业性城市。代表城市有纽约、波士顿、费城等。在独立战争后这些城市也是美国最早开始工业化进程的城市。

作为解放黑奴运动的中心，纽约聚集了大量自由黑人人口进行工业化建设。自 1790 年开始，纽约就超越费城成为美国最大的城市。

②1845—1895年：早期工业资本主义时期及区域城镇体系形成阶段

美国东北部大规模城市化和工业化时期，城市区域扩展。在1819年穿越纽约中心的伊利运河开通，使得纽约通过哈德逊河与美国内部及5大湖区的农业区相连。在1851年通车的运河沿线铁路的支撑下，纽约不断向西发展。

同一时期，美国东北部成为全美国经济发展的核心区，其辐射范围以纽约为中心呈扇形向美国大陆展开，并逐步形成由全国性的综合中央城市纽约，地方性中心城市费城、波士顿等大批中小型专业化城市构成的，相互依存、有机联系的城镇体系。

③1895—1945年：国家工业资本主义时期大城市区化发展阶段

在1898年纽约市四区化制正式确定下来后，纽约市郊区化的发展加速。1904年纽约市第一条地铁开通，并且在随后的几年地铁系统迅速扩展开来。快速大容量交通系统的发展促进城镇范围进一步向外扩张，人口进一步增长。同时在1905—1938年间纽约至多个城市的客运铁路实现电气化，加强了都市区之间的联系。

铁路交通网络的形成使纽约在20世纪20年代超越伦敦成为世界人口最为密集的都市区，在20世纪30年代早期纽约都市区人口超过1 000万，成为世界工业中心、商业中心和文化中心。

④1945年及以后：成熟的工业资本主义及大城市连绵区形成阶段

1950年纽约市人口到达顶峰后，市区人口开始显著下降，白人人口向郊区扩散。商业和工业从市中心向郊区及其他城市转移。1940年以来，纽约郊区的地域范围在原来基础上扩张了近55%。这一方面是由于市中心少数族裔聚集犯罪率上升；另一方面则是因为这一段时间的经济衰退，这是由于工业 / 制造业受到其他新兴工业地区 / 国家的冲击造成的。

同时，跨州高速公路也在《联邦资助道路建设法案》(1916)及《联邦资助高速公路法案》(1956)的优惠对接政策下，即联邦出资90%和地方出资10%建设高速公路系统，建立起来的。州际高速公路加快了社会要素的集聚和扩散在更大的尺度展开。并且伴随房地产热，大量的商业区、居住社区沿高速公路在城市边缘兴建起来，加快了郊区化发展。

自1976年开始，纽约客运铁路开始改造提速，纽约至华盛顿，纽约至波士顿铁路线路升级为阿西乐特快高速铁路，深受东北走廊的商务旅客及观光旅客青睐。

20世纪90年代，受到房地产经济、高科技行业、创造产业的带动，纽约市经济复苏，市中心再次发展。

(2)纽约市及纽约市区的城市化过程

从人口发展的历史数据来看，纽约市无疑是以曼哈顿岛为中心逐渐发展起来的。尤其是在1910年及以前，曼哈顿岛居民数量超过纽约市市民总数的一半。但于1920年左右达到顶峰后，曼哈顿区的人口开始缓慢下跌，并长期维持在1930年的人口规模(图4-29)。这与早期纽约商业城市的发展模式有关。因为优良的海港和河港优势，纽约早期的商业及殖民地经济发展全部集中在曼哈顿下城地区。在交通的限制下，工业革命扩大了曼哈顿与其他地方的发展差距，使得更多的商业和工作组织围绕着已经臻于成熟的港口区发展起来。

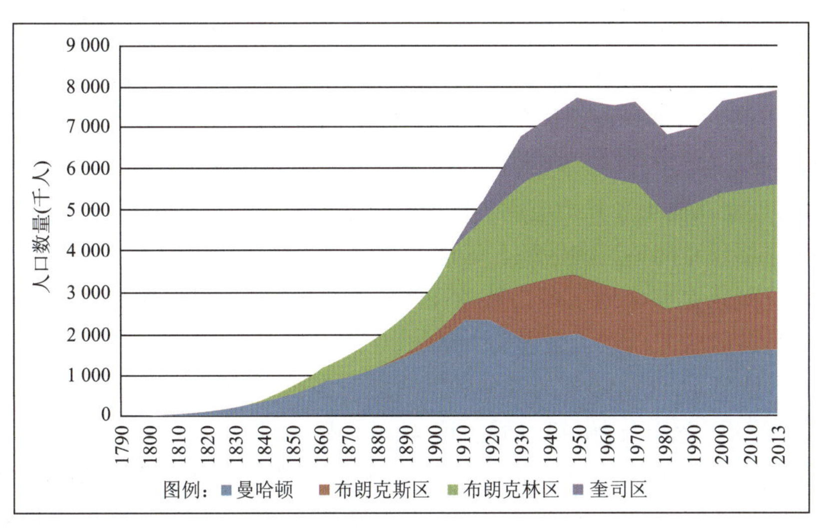

图 4-29　纽约市各区历史人口变化图

资料来源：根据美国人口普查局及纽约市规划城市规划部门统计数据绘制。

其中 1910—1920 年开始的快速地区人口下跌与纽约市快速轨道建设有关，集中在曼哈顿的人口随着轨道建设被疏散到相继开发的布鲁克林区、布朗克斯区和奎司区。在快速公交的帮助下，纽约市的人口居住区快速扩张，曼哈顿岛人口最稠密的部分居住区集中程度有所缓解，布鲁克林区和布朗克斯区人口快速增长，靠近曼哈顿岛的区域开发面积持续扩张。统计数据显示，1905—1920 年期间，曼哈顿在第 125 区以北地区的人口增长了 256%，在布朗克斯的人口增长了 156%。1910—1930 年间，住在曼哈顿范围之外的人口从城市总量的 51% 上升到 73%。

在这一过程中，还起到关键作用的是纽约从德国引进的“区划”系统。1916 年，纽约颁布了《区划条例》（1916 Zoning Resolution），主要内容包括建筑高度与建筑退缩控制，以及土地使用用途的相容性规定，如严格控制住宅和商业用地等。因为此次区划颁布的契机在于：1911 年，纽约第五大道的服装零售商不希望扩张的服装制造工厂和大量涌入的服装工人侵入高档街区，导致曼哈顿区现有房地产价值下降，而雇佣专家成立一个半官方的委员会来敦促城市展开行动。同时，初期区划专注于建筑的容积和体量。很多观察者都认为此条例的出台更多的是出于商业保护 1916 年正值萧条的纽约房地产市场。因而《区划条例》的颁布也是大量涌入的人口更多地选择曼哈顿岛外进行居住的主要原因。

布鲁克林区相比曼哈顿地理区位较差，但是有着更加广袤的土地，所以工业革命开始以后，布鲁克林区比其他区域更早集聚人口并发展其他。布鲁克林大桥的建成通行（1883 年），并辅以纽约市有轨电车的发展，使布鲁克林区较其他区域有了更强的发展优势。但总体来讲，除曼哈顿外的 4 个区域的发展的同期性比较强。1910 年以后，曼哈顿区人口增长趋缓并有所降低，同期其他 4 个区域的人口处于快速上升区间，并于 1940 年左右达到顶峰。1940—1950 年，因为二战的影响，各个区域的人口都没有显著增长，保持平缓。1950—1980 年，纽约市各区都经历了人口下降，这既是因为同期经济凋敝带来的城市衰落，也是美国《联邦资助高速公路法案》和快速私人机动化推动下纽约快速郊区化的必然结果。

因为较为宽松的移民政策、成功的产业转型，纽约市经济开始复苏，市中心人口再次快速增长。纽约市的人口水平逐渐恢复到1970年水平，并且略有超过。与1970年的人口分布相比，2000年左右的人口分布更加合理，曼哈顿岛的人口保持稳定，并没有在人口复苏中再次集聚人口，而其他4区开始出现类似曼哈顿区的高密度住宅小区，但是这些小区并不位于距离曼哈顿物理距离最近的区域。这样的人口分布特征与纽约市其他各区经济发展有关。曼哈顿区无疑还是整个地区最为繁荣和岗位密集的中心，但是现代制造业和创意产业的扩散使得其他各区的人口吸引力也大大增加。

表4-9清晰地显示，曼哈顿外的其他各区有超过40%居住在本地的职员同时在本地工作，同时联合比较两个统计比例，可以看出这4个区域还对居住在外地的职员有很大的吸引力。曼哈顿远高于其他地区的统计数字表明，这里还是整个纽约市乃至都市区的就业和发展引擎。同时高达2.81的职住比在一定程度上也显示出曼哈顿区巨大的通勤交通压力。

2006—2010年美国社区调查　　表4-9

区　　域	工作且居住在本地的职工：居住在本地职工	工作在本地的职工：居住在本地的职工（职住比）
布朗克斯	43.6%	0.69
布鲁克林	50.3%	0.72
曼哈顿	84.2%	2.81
奎司	41.7%	0.66
斯塔滕岛	46.9%	0.60

图4-30可以清楚地看出纽约市及纽约大都市区公共交通外低内高的特征。曼哈顿区居住人口126万人，但是工作日通勤带来的人流使得这个狭小的岛屿人口激增至300万人，即高于5万人/km^2。在这样的密度下，还采取小汽车为主的机动化出行方式的话，会导致整个区域的交通瘫痪。曼哈顿良好的公共交通基础和强力的道桥及停车收费政策，使这里形成了不同于美国其他城市的以公共交通和绿色出行（如自行车、步行等）为主导的交通出行方式。但是这样的交通结构仅形成和保持在纽约市范围之内。在都市圈的外围地区，因为公共交通设施的缺乏，通勤出行还是以小汽车出行为主。

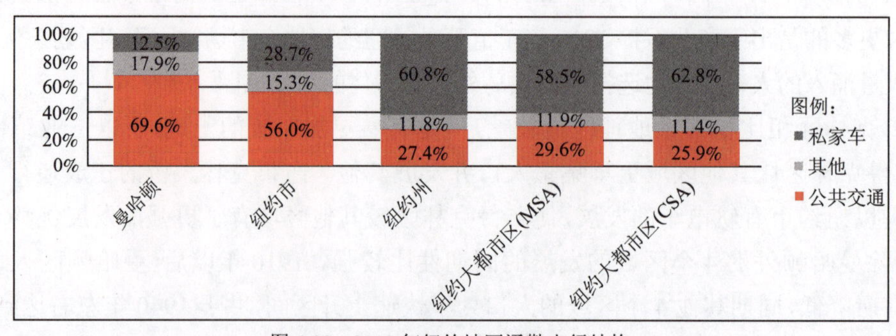

图4-30　2010年纽约地区通勤出行结构

资料来源：根据美国2010年交通规划普查（CTPP）调查数据绘制。

图 4-31 是根据 2006—2010 年美国社区人口调查数据统计的纽约地区不同范围内的家庭拥车量，清楚地显示，离曼哈顿越远的区域，家庭拥车量越高。可以推测，距离都市圈核心越远的地方，家庭出行的个体机动化水平越高。即使在纽约市内，因为公共交通设施分布的不均匀，曼哈顿外的其他区域机动化出行水平也比较高。尤其是斯塔滕岛，平均每户家庭保有 1.38 辆私家车，远超纽约市内其他区域。曼哈顿及纽约市的例子显示，如果提供良好的公共交通基础设施并辅以其他激励措施，即使是平均收入非常高的地方，居民也会形成公共交通为主导的出行方式。

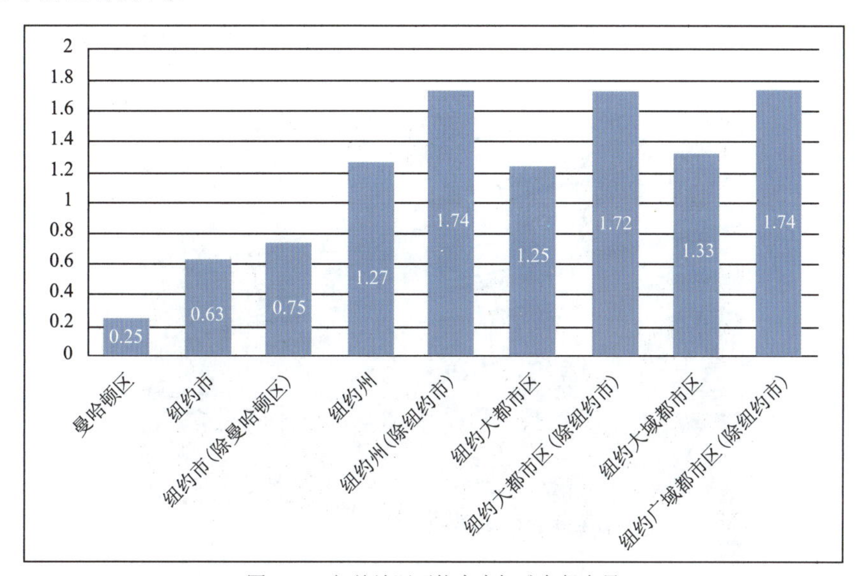

图 4-31　纽约地区平均家庭机动车保有量

资料来源：根据 2006—2010 年美国社区调查（ACS）数据绘制。

4.3.3.3　纽约地铁的发展

纽约拥有全美最庞大的快速公交系统，仅在纽约都市区交通委员会管辖下的轨道总长便超过 3 200km（2 047mi），还有近 736 个车站和近 9 000 辆（8 778 辆）铁路和地铁车辆。此外如加上新泽西州公交公司及纽新港务局等其他机构在纽约都市区范围内运营的轨道，轨道总里程近 3 500km。

纽约轨道系统的发展是在快速的工业化和城镇化的过程中完成的，在人口压力的推动下，纽约庞大的轨道系统从 1840 年开始建设并于 1940 年左右形成主要架构。这个阶段是纽约市人口急剧增长的过程，在这个过程中每一段轨道的建设都对于中心区人口疏散和新人口聚集区的开辟打下基础。

纽约市及周边的通勤铁路系统主要来自于 1850 年左右开始兴起的私人铁路建设。通勤铁路极大地扩展了纽约市的 23km^2 CBD 的经济辐射范围，根据 1900 年人口普查数据，每日进入曼哈顿区工作人群的 73%（148 万）使用公共交通工具，其中 17%（249 907 人）使用通勤铁路。通勤铁路的发展将在下节详细论述。

纽约都市区的轨道发展大致经历了 4 个阶段：① 1840—1890 年，小区域各自发展时期；② 1890—1908 年，第一条地铁建设阶段；③ 1902—1930 年，"双系统"时期；④ 1920—1940 年，"单系统"时期。除了第①阶段，其他阶段快速公交系统发展的资金主体都是纽约市政府。阶段②和阶段③的时期地铁线路被租赁给两家私营机构运营，但是随后因为服务质量下降，政府将运营权也收回。

在 1840 年前，纽约都还是一个步行城市，但是因为欧洲移民和本土其他州民众在纽约的聚集，市区（曼哈顿地区）变得拥挤不堪。纽约在 1920 年开通了第一条马车公交线路，并且在 1840 年在曼哈顿岛形成了密集的马车轨道网络。纽约早期的马车轨道公共交通如图 4-32 所示。

图 4-32　纽约早期的马车轨道公共交通

资料来源：http://culture.ycwb.com/2013-04/08/content_4404596.htm。

但是马车交通的速度很慢，无法进一步开拓曼哈顿居民的居住范围，最长的通勤范围只能到中城（是位于纽约曼哈顿的一个区域，是曼哈顿岛最拥挤，最繁华的地区，也是世界上摩天大楼密度最高地区之一）（34 ～ 59 街）。根据 1860 年人口调查，曼哈顿岛居住人口高达 814 000 人，则那时岛上的人口密度近 3 万人 /km^2。

地面交通的过于拥挤，经济受到桎梏，纽约迫切需要新的交通方式来疏散人口，开拓新的居住区域。在伦敦 1863 年开通第一条地铁线后，纽约紧随其后开通了第一条有轨电车。新的交通方式取得了很大成功，伴随新技术如蒸汽发动机等的使用及私人公司的大力投资下，有轨电车系统在曼哈顿岛发展起来，并最终通过布鲁克林桥将曼哈顿和布鲁克林联系了起来。根据调查，1901 年在曼哈顿和布鲁克林区域使用有轨电车的人次超过 2.53 亿。

虽然有轨电车系统的发展很好地支持了纽约的发展，但是纽约的人口增长速度过快，地面交通系统再次紧张。1894 年，纽约通过公众投票，决定开始修建地铁线路。该系统于 1904 年部分开通，1908 年布鲁克林段开通，取得了很大的成功。但是纽约人口以每年 10

万人的速度在增长，在线路修好后，地铁沿线修建的 5 ～ 6 层住宅从一开始就拥挤不堪。市民要求修建更多的地铁线路，但是私人投资者因为政府对于地铁无论运行距离票价一律 5 美分、地铁建设和运营成本自负的政策及第一条线在 Bronx 段的亏损而犹豫不决。但是纽约市政府因为财政拨款限制无法独立承担地铁建设成本。最后市政府和私人轨道运营商达成协议，建立“双系统”运营模式，即政府向轨道运营商支付固定比例的利润，鼓励运营商向外围建设的地铁系统。这些系统由政府拥有，但是租赁给运营公司 49 年。这个计划取得了巨大的成功，纽约的轨道运营里程翻倍。现在纽约地铁系统的主体即来自于这个计划。

在“双系统”支持下的线路多数于 1915—1920 年间开通，并且通向距离 CBD 6.5 ～ 19km 的范围内的郊区。这些轨道设施保证通勤者能够在 50min 内到达 CBD。1913 年，纽约轨道的客运量超过 8 亿人次；20 年后，该数字达到 20.49 亿人次。

因为市民对于私人轨道运营者的不满，纽约市政府建立了政府全资且运营的“单系统”轨道线路。因为线路建设与私人轨道运营者产生了竞争，两套系统之间没有设置换乘。同时，因为私人小汽车的普及和轨道的运营恶化，1940 年纽约市买下了私人轨道公司的运营权，并在 1953 年将运营权交给了纽约市公交署(纽约大都市区交通局前身)。

1940 年在全部地铁及市内轨道都收归国有之后，纽约公交系统的客运总量在下降，整个公交系统逐渐衰落。1947 年，纽约地铁的年客运量超过 20 亿人次。20 世纪 50 年代，纽约市的郊区化发展，疏散了人口集聚，限制了纽约市轨道的进一步发展。到 1977 年，纽约地铁的年客运量降至少于 10 亿人次。纽约轨道系统需要大量资金维护运行，1980 年整个系统预计的维护费用为 10 亿美元，但是政府提供的资金仅 3 亿美元。毋庸置疑，纽约仍是全美公共交通系统最为发达的城市，但是这个系统的运营和发展已经受到了严重的威胁。在城市再集聚及精明增长的观念推广后，纽约轨道的维护和运营再次提升。

2014 年，纽约地铁拥有 24 条线路共 468 个车站和总长 373km 运营线路里程，平均工作日客运量近 560 万人次，年客运量略超 17.5 亿人次。

注：数据来自纽约大都市区交通局 2014 年经济年度综合报告。

4.3.3.4　纽约都市区通勤铁路的发展

纽约处于全美人口最稠密、经济最活跃的东北走廊的中心位置，北连波士顿、南接费城和华盛顿，通勤铁路系统非常发达。纽约地区主要有 4 条通勤铁路，纽新港务局经营的 PATH 铁路，大都市交通局管辖下的北方铁路和长岛铁路，以及新泽西公交(铁路)。

这 4 条铁路中，除了 PATH 铁路，都部分使用美国的东北部客运走廊(图 4-33)。美国东北部客运走廊是一条北起波士顿南至华盛顿的客运大通道。因为部分路段需要几个市郊铁路运营公司分时间(分段)共同使用，故公司的运能和运力在一定程度上受到限制。

从图 4-33 中可以看出北方铁路、长岛铁路和新泽西公交的部分线路都使用东北走廊。从表 4-10 统计可知，长岛铁路和新泽西公交铁路运营公司，其线路运营超过半数与其他公司共同使用东北走廊设施，同时，有近 8 成的客流集中于东北走廊设施路段。

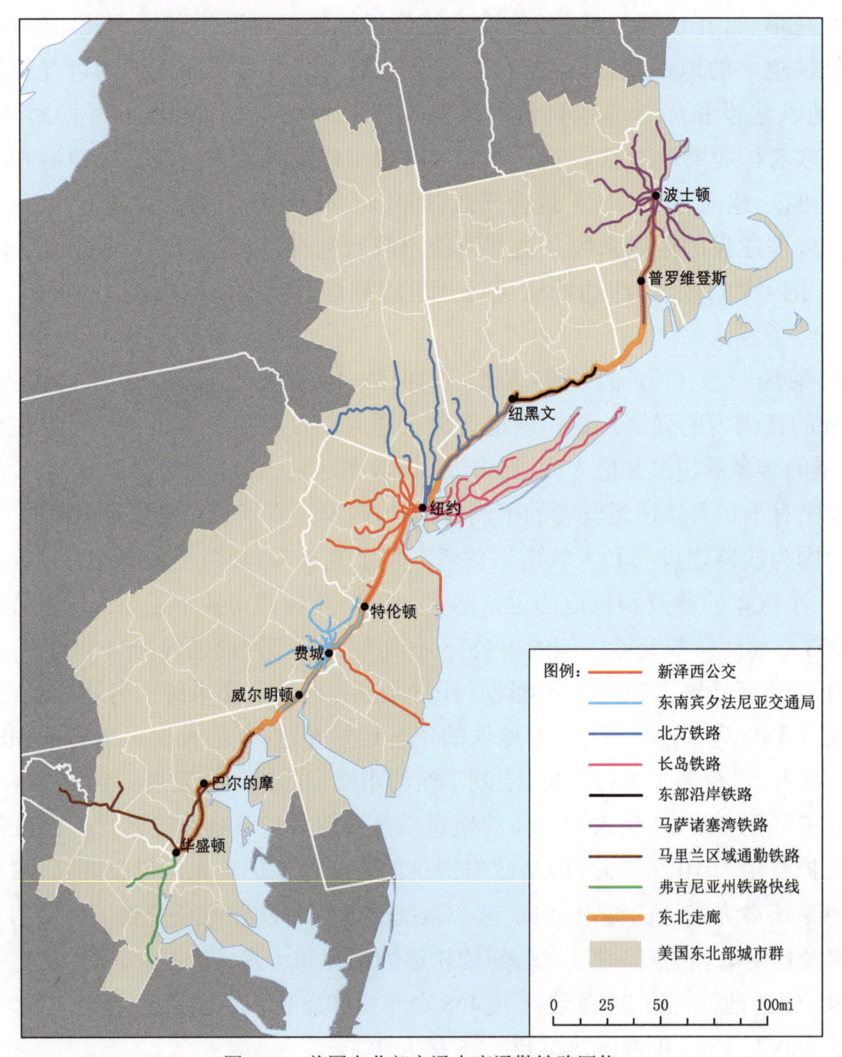

图 4-33 美国东北部交通走廊通勤铁路网络

使用东北走廊的通勤铁路 表 4-10

通勤铁路	每日发车数量（辆）	东北走廊部分数量（辆）	东北走廊比例（%）	全系统每日客运量（人次）	东北走廊每日客运量（人次）	东北走廊客运量比例（%）
北方铁路	729	285	39	28.1 万	11.2 万	40
长岛铁路	728	473	65	28.5 万	23 万	81
新泽西公交	667	410	62	27.5 万	21.4 万	78

PATH 通勤铁路：重轨客运铁路，5 条线路 13 个站点，运营里程 44.7km（图 4-34）。该铁路原名哈德逊和曼哈顿铁路，顾名思义是跨越哈德逊河连接新泽西州海岸沿线及曼哈顿区的重要客运铁路之一。私人公司在 1909 年开通该线路，取得了很好的运营效益，但是在荷兰隧道、林肯隧道和乔治•华盛顿大桥开通后，新泽西和纽约市的交通状况改善，乘客人数大幅下降。纽新港务局（the port authority of New York and New Jersey）于 1962 年买下其所

有权和运营权，并且对于运营车辆和轨道线路进行了不断地改善，客流量开始回升。2013 年，PATH 铁路年客运量 728 万人次，平均每工作日客运量 24.4 万人次。

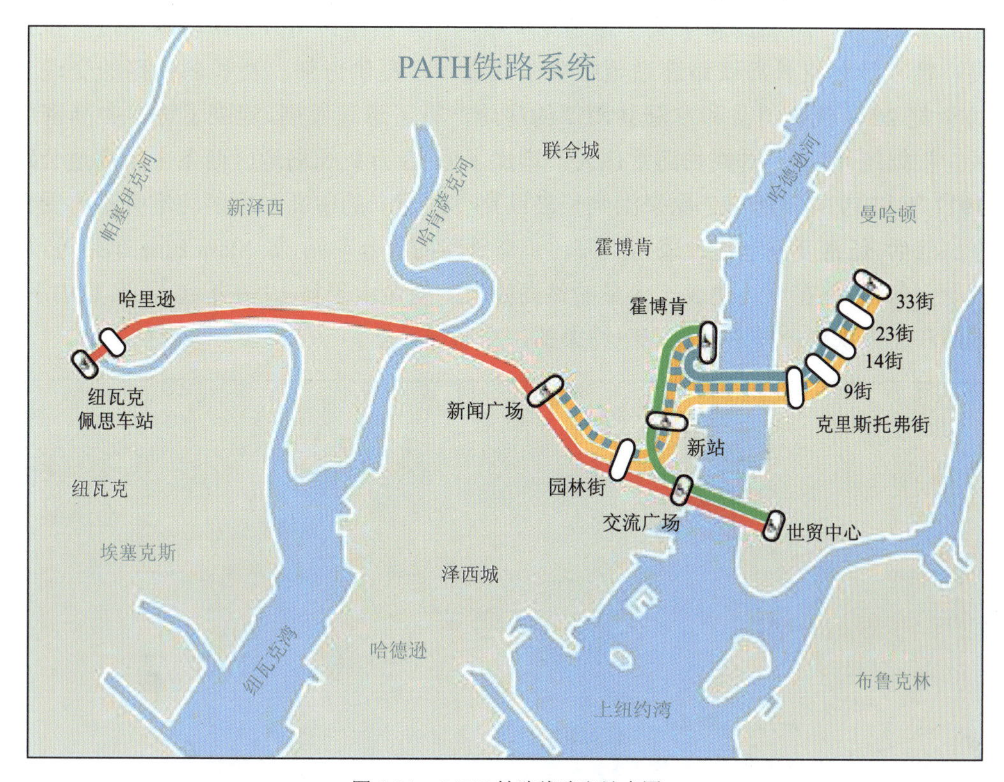

图 4-34　PATH 铁路线路和站点图

资料来源：http://www.panynj.gov。

长岛铁路：自 1834 年开始，已有 180 余年的历史。目前拥有 11 条支线和 124 个站，平均每个工作日有 735 趟车次，服务 30.1 万人次（图 4-35）。目前雇佣 6 414 名员工，2014 年的运行预算是 18 亿美元。2010—2014 年间的建设资金超过 23 亿美元。长岛铁路线路大多为私人建立，起初用于纽约和波士顿之间的快速货物运输[1]。客运最初只是对于货运空余空间的利用。铁路运营商对于在郊区居住的市民（多数为高收入者）提供比较优惠的价钱，吸引他们使用铁路进入近郊市区。但是在 1849 年纽约至波士顿的直通铁路建成后，长岛铁路失去作为纽约和波士顿之间快速货运走廊的地位，功能主要为向纽约市输送农产品和海产品，以及为纽约市居民的度假休闲提供服务。长岛铁路开始建设通往社区的支路，进行通勤业务的拓展以支持运营。并且在激烈的竞争中，铁路公司不断的合并重组，长岛铁路公司逐渐形成规模[2]。1901 年，宾夕法尼亚铁路公司买下长岛铁路后，为连接两个铁路网络建立了位于曼哈顿的宾夕法尼亚车站（1910 年），曼哈顿直通新泽西和长岛成为可能。1895 年，

---

❶ 地理原因和 1840 年技术限制，无法建立从纽约直通波士顿的陆路货运轨道。所以货物从纽约出发，走长岛铁路，随后乘货轮，再上岸绕过山脉走铁路至波士顿。

❷ 长岛铁路公司的名字被保留，但是铁路的实际操控者在 1876 年、1879 年和 1901 年三次更换。

长岛铁路延伸到华盛顿港，1910年宾州车站的建设以及东河隧道的通车使长岛铁路的与纽约市中心区的联系有了极大提高。长岛铁路随之开通了很多支线服务进入市中心的客流和货运需求。1913年，纽约新中央车站建立（纽约中央铁路公司），为市域换乘进一步提供了方便。曾有计划将长岛铁路连通至中央车站进一步提供方便。在长岛铁路的交通支撑下，20世纪20年代奎司县和拿骚县西部的房地产有了迅速发展，建立了许多中高密度的居住区。根据统计，这一时期长岛常住人口增加了近13万。长岛地区两条主要高速公路分别于1927年和1934年通车。原来围绕长岛铁路车站建立的中高密度的住宅并不再受到欢迎。在二战后，低密度住宅建设成为主流。长岛铁路的部分车站，如Main Line车站等，从市中心改址到郊区，并在周边建设了大量的路面停车。但是由于自1930年起，乘客数的下降，长岛铁路和北方铁路一样逐渐收归纽约大都市交通局管辖。

图4-35　长岛铁路运营线路和站点图

资料来源：纽约都市区交通委员会。

自2000年始，精明增长等概念的流行，使得围绕车站进行中高密度开发再次成为可能，长岛铁路开始研究移除车站周边的大量路面停车并辅以住宅建设。根据统计，2011年长岛居民25%的收入来自在纽约市的工作所得，总计260亿美元。而在纽约工作的长岛市民有1/3使用长岛铁路通勤，这一部分的运量转化为私家车出行的话，还要再建设10条高速公路车道才能满足需求。长岛铁路是连接拿骚县（Nassau）和萨福克县（Suffolk）等通勤社区与曼哈顿的主要通道。

因为轨道的老化，高峰时期通勤反向客流的出行无法满足，导致与其他同区位的纽约市郊区地区相比，长岛的经济增长受到了限制。

如图4-36所示，受于运营资金闲置，长岛铁路目前仍有线路是单轨并且没有电气化，并且部分线路仍然是单轨，运力受到很大限制。同时根据2006年的统计数据，长岛铁路18个最繁忙的车站中只有3个位于萨福克县，即纽约市的远郊地区。其中，人数最多的隆康科马车站平均每个工作日接待仅 1.7 万个乘客，而巴比伦车站平均工作日接待量仅为 6 586 人。目前萨福克县正在研究将法明代尔和隆康科马车站间的轨道改为并行轨道，并且在轨道周边进行 TOD 开发，促进长岛地区的公共交通服务改善和与纽约市中心区域的连接。

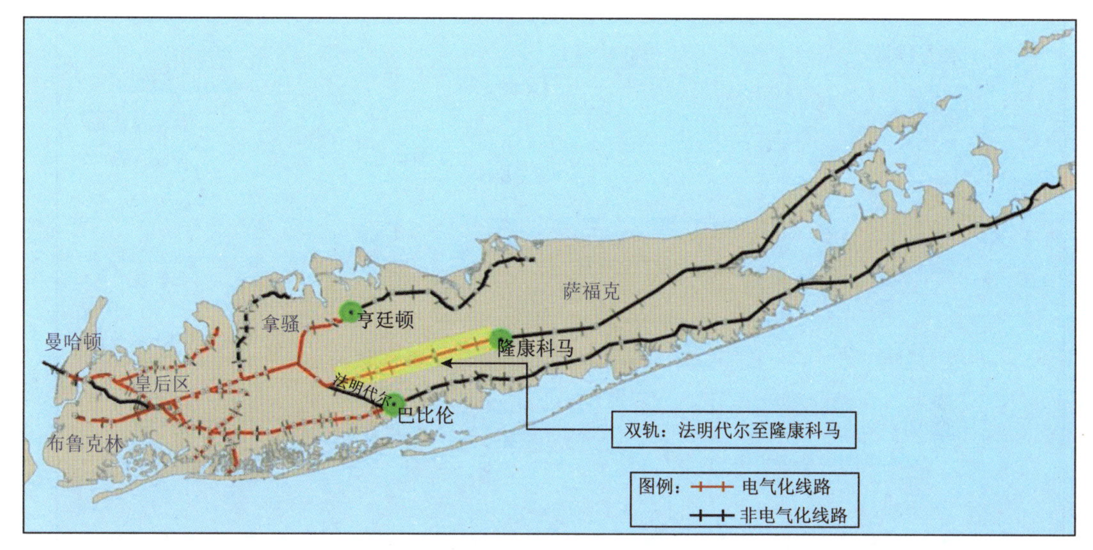

图 4-36　长岛铁路设施现状

资料来源：纽约都市区交通委员会。

北方铁路：在 1983 年，纽约大都区交通局取得北方铁路的运营和拥有权限之前，北方铁路的历史可以追溯到 1832 年纽约和哈莱姆铁路公司在下曼哈顿区建立的马车轨道系统。目前这个历史悠久的铁路公司已经拥有了超过 1 240km 长的轨道系统，经营着 121 个车站，为纽约州的 7 个县以及康涅狄格州的 2 个县提供通勤铁路服务（图 4-37）。北方铁路每日的运营时间从早晨 4:00 到次日凌晨 3:40，服务的频次随着时间变化，平均工作日高峰时段哈德逊的过河车辆间隔为 20 ～ 30min，非高峰时段的频次从 30 ～ 60min 不等。2013 年，北方铁路的年客运量达到了 834 万人次。虽然北方铁路的轨道线路很长，且站点众多，但是从其设施的规模和服务人群的对比可见，通勤铁路并不是进入连接郊区县镇和曼哈顿中心区的主流方式。

纽约大都区交通局（MTA）是北方铁路和长岛铁路的管理和运营机构，在汽油税等原来交通部门主要税种的资金筹集能力的逐年下降，以及设施老化带来的运营成本的逐渐提升等种种不利因素下，纽约大都市地区的通勤铁路面临很大困境。为了提升公共交通的服务水平，且促进城市间轨道交通发展，1970 年国会通过法案建立国铁系统（Amtrak）。该系统收购私人铁路统一运营，建立跨地区的轨道交通服务。但是东北部走廊途经纽约都市区段还是由纽约大都市区交通局运营，而其他段则是归国铁所有，其他公司需与国铁协调共同使用轨道。

国铁不仅自己运营轨道服务，还与州交通局（如纽约州）合作共同出资建设和运营关键走廊的轨道交通，拓展非长途的轨道客运服务。纽约州建立了从纽约市直通蒙特利尔长度超过 600km 的铁路(Adirondack)。

图 4-37　北方铁路站点和运营线路图

资料来源:纽约都市区交通委员会。

2008 年,在联邦《轨道客运投资和改善法案(2008)》的支持下,纽约州和联邦在 5 年内(2008—2013 年)共同出资维护和改善国铁走廊的轨道服务。这项措施将会对所有使用东北部交通走廊的通勤铁路、货运铁路运营商产生影响。

4.4 欧洲西北部城市群交通一体化发展

4.4.1 基本情况

欧洲西北部城市群主要由 4 个国家组成:法国、比利时、荷兰和德国。欧洲西北部城市群就是由位于这 4 个主要国家的 3 个都市圈组成：大巴黎都市圈，荷兰—比利时都市圈和莱茵—鲁尔都市圈。这 3 个都市圈组成了一个以阿姆斯特丹为顶端的“人字形”发展轴，以阿姆斯特丹为最北的城市，向东南方向的科隆（距离约 260km）和西南方向的巴黎（距离约 500km）延伸，总面积约为 14.5 万 km^2。欧洲西北部城市群内的主要城市包括巴黎、阿姆斯特丹、鹿特丹、海牙、安特卫普、布鲁塞尔、科隆等。这个城市带 10 万人口以上的城市有 40 座，总面积 14.5 万 km^2，总人口 4 600 多万 [2]。图 4-38 为欧洲西北部大城市群示意图。

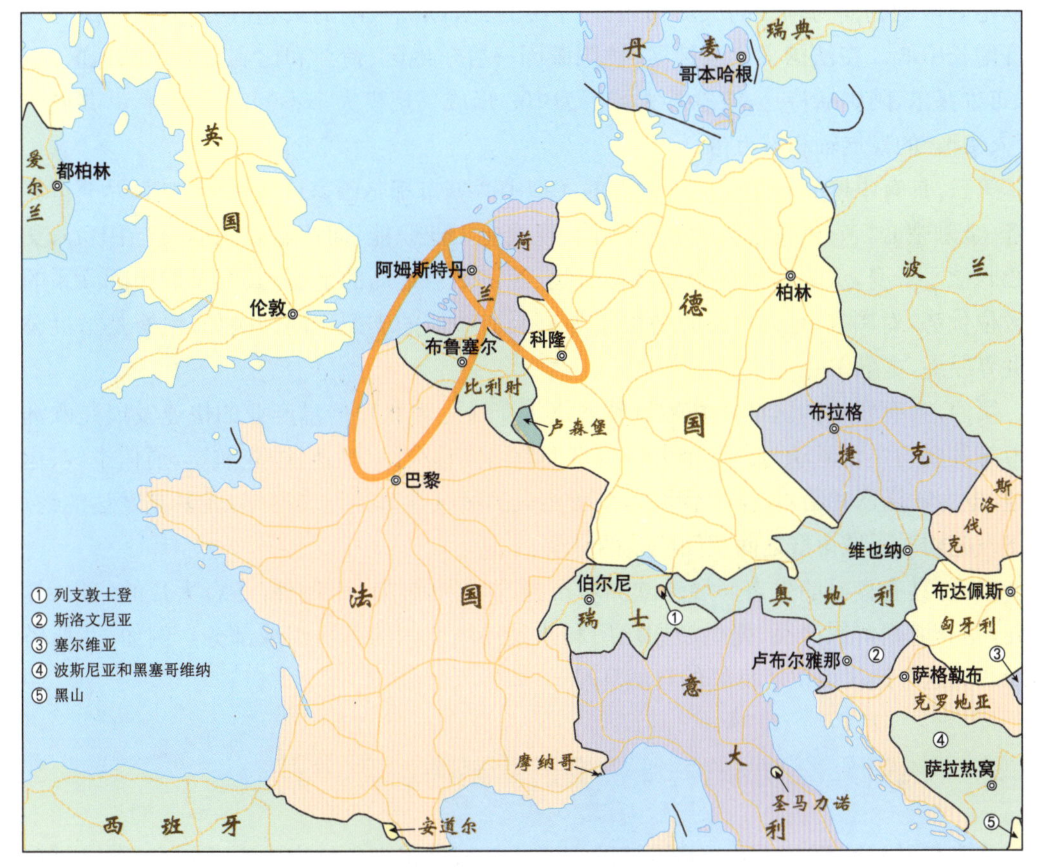

图 4-38　欧洲西北部大城市带示意图

4.4.2　区位条件与发展背景

欧洲西北部城市群的形成和发展具有良好的区位条件与政治经济历史背景。

首先，具有良好的地理位置和自然条件。欧洲城市群位于适宜人类居住的中纬度地带和平原地区。平原地区便于农业耕作、居住和交通联系。因为人口总是向平原集中，导致城市也向平原集中。比如巴黎依靠塞纳河同英吉利海峡相连，兰斯塔德由于地处欧洲大陆多条大河（包括莱茵河）汇集的三角洲地区，莱茵—鲁尔城市群主要位于莱茵河沿岸，以及莱茵河—鲁尔河的交汇点。有利的地理位置和日趋完善的运河基础设施，使它成为欧洲重要的贸易和经济中心。

第二，具有发达的工业基础。由于地理位置的接近，18世纪开始的英国工业革命首先在19世纪扩散到欧洲大陆，使得欧洲，尤其是西欧，成为全球最发达的地区。随着资本、工业、人口向城市的迅速集中，在德国的鲁尔地区、法国北部地区等煤田和沿海地区，都在工业革命中形成城市密集地区，出现了城市群现象。城市群的发展还与世界经济重心的转移密切相关。18世纪以后，工业革命使英国成为世界经济增长中心，伦敦和英格兰中部地区形成以伦敦至利物浦为轴线的大城市带。到19世纪，欧洲大陆的兴起，使西欧地区成为世界经济增长中心。在法国大巴黎地区、德国莱因—鲁尔地区、荷兰和比利时的中部地区，以巴黎、布鲁塞尔、阿姆斯特丹、波恩等大城市为中心形成了规模大小不等的城市群，并共同组成了“人字形”的发展轴和城市带。

第三，具有中枢的支配地位。欧洲的大型中心城市都是国家或国际的中枢，乃至世界的经济、金融中心。它常常集外贸门户职能、现代化工业职能、商业金融职能、政治中心、文化中心职能于一身，成为国家社会经济最发达、经济效益最高的地区，具有发展国际联系的最佳区位优势，对国家、地区乃至世界经济发展具有中枢的支配作用。例如，巴黎是举世公认的世界经济、金融中心。

第四，具有发达的区域性基础设施网络。交通运输业和信息产业的快速发展是欧洲大城市带发展的主要驱动力。这个大城市带拥有由高速公路、高速铁路、航道、通信干线、运输管道、电力输送网和给水、排水管网体系所构成的区域性基础设施网络，尤其是发达的铁路、公路设施构成了城市群之间空间联系的骨架。

第五，具有良好的生态环境。欧洲城市群区域内除城市用地外，还有大片的农田、林地相连，是获取新鲜农产品、提供游憩场所和改善环境空间的有机组成部分。例如，兰斯塔德的绿心为这个地区提供了良好的自然环境。

4.4.3 欧洲西北部城市群综合交通体系的发展

公路交通和铁路交通无疑是连接欧洲西北部城市带内各城市的主要综合运输通道，尤其是高速公路和高速铁路。

4.4.3.1 公路

欧洲高速公路是欧洲国家的国际道路网，也被称作欧洲道路或者国际E-公路（E-roads）网络，全长150 000km。

法国的高速公路始建于20世纪60年代初，目前全长11 392km（2010年）。从图4-39可以看出，法国高速公路完全是以巴黎为中心来分布的。

2010年，荷兰高速公路全长2 651km，比利时的高速公路全长为1 763km，将布鲁塞尔、安特卫普等城市连接起来。

图 4-39　法国高速公路图

资料来源：维基百科。

世界上修建高速公路最早的国家是德国，早在 1928—1932 年就建成了从科隆至波恩的第一条高速公路。2010 年，德国高速公路总里程达 12 819km。德国高速公路图如图 4-40 所示。德国高速公路传统上是全线没有速度限制的，但是随着车辆的增加，许多经过城镇的路段(大约占 50%)都先后设立了限速。

4.4.3.2　铁路

(1)法国高铁

法国高速列车，通称 TGV，是由阿尔斯通公司和法国国家铁路公司设计建造并由后者负责运营的高速铁路系统。1981 年，TGV 在巴黎与里昂之间开通，如今已形成以巴黎为中心、辐射法国各城市及周边国家的铁路网络，全长 2 036km 的高速路网(2012 年)。

TGV 最初的成功促进了铁路网络的扩张，多条新线路在法国南部、西部和东北部建成。随着 TGV 的成功，法国的邻国例如比利时、意大利、西班牙和德国也纷纷效仿，分别建立起了各自的高速铁路系统。TGV 通过法国铁路网络与瑞士相连，通过西北高速列车铁路网络与比利时、德国和荷兰相连，通过欧洲之星铁路网络与英国相连。法国高铁现在和未来线路图、法国高铁北欧线路图如图 4-41 所示。由此可见，法国高速铁路是连接欧洲西北部大城

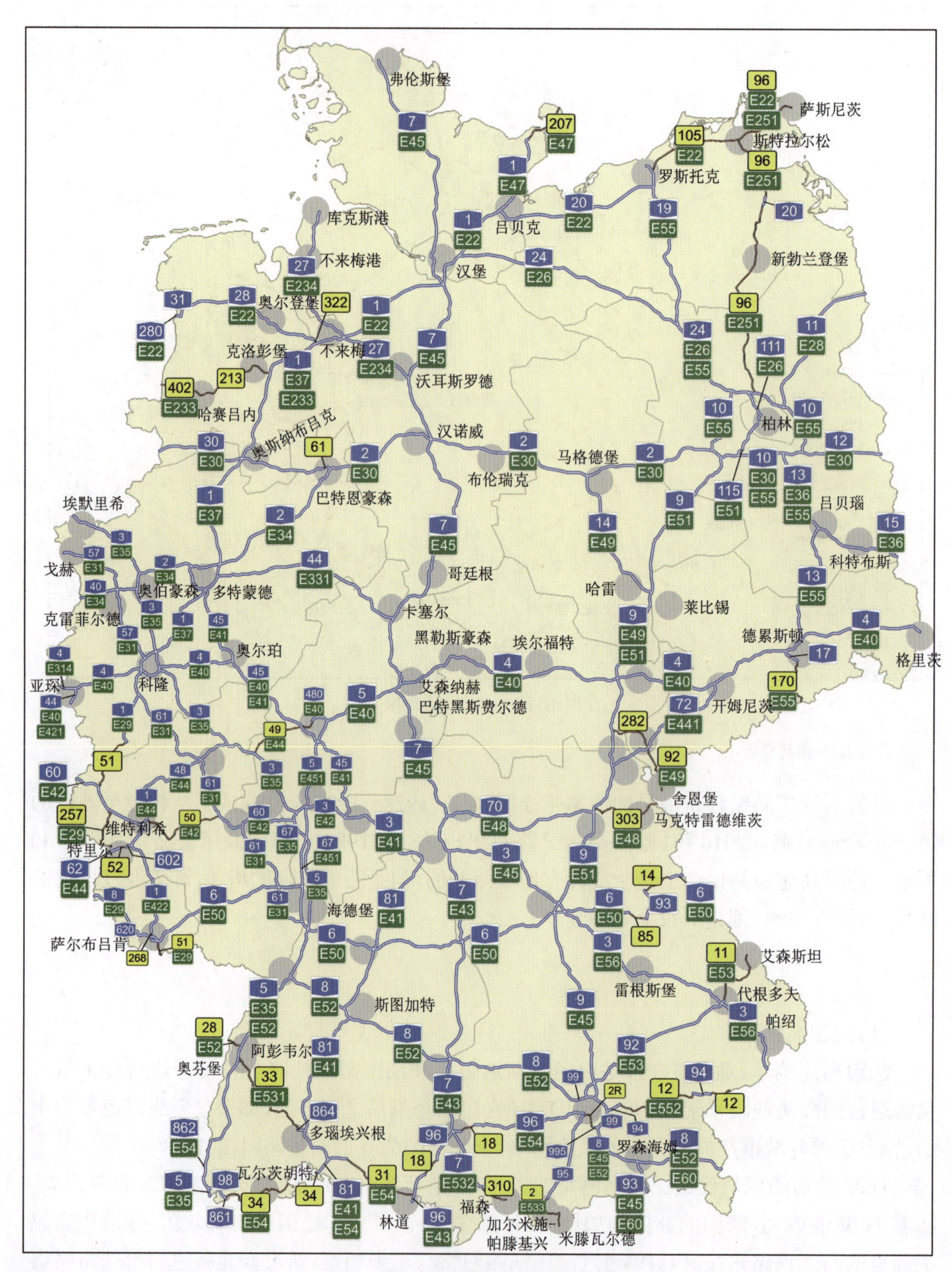

图 4-40　德国高速公路图

资料来源：维基百科。

市群的主要综合运输通道，详见表 4-11。

a）

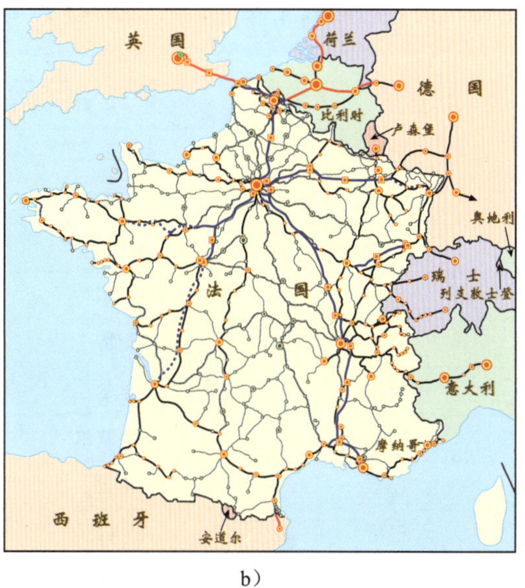

b）

图 4-41　法国高铁现在与未来线路图、法国高铁北欧线路图

a）法国高铁现在与未来线路图；b）法国高铁北欧线路图

资料来源：维基百科。

法国高速铁路路线（资料来源：维基百科）　　表 4-11

线　路	允许速度（km/h）	开始运营年份	开 行 列 车
法国高铁巴黎东南线（巴黎—里昂）	270	1981/1983 年（分阶段）	TGV 东南，TGVD，TGV-R，欧洲之星
法国高铁巴黎东南线（里昂—瓦朗斯）	270	1992 年	TGV 东南，TGV-D，TGV-R
法国高铁大西洋线（巴黎—勒芒 / 图尔）	300	1989/1990 年	TGV-A，TGV-R
里昂迂回线	270	1992 年	TGV 东南，TGVD，TGVR
法国高铁北欧线（巴黎—里尔—加莱 / 比利时边境）	300	1993 年	TGV-R，TGV-D，大力士，欧洲之星
巴黎迂回线	—	1995 年	—
法国高铁地中海线	300	2001 年	—
法国高铁东线（巴黎—斯特拉斯堡）	—	2007 年	—

法国高铁系统的形成对欧洲西北部的城际出行产生了积极的影响，时间大为节省。例如，巴黎至里昂的旅行时间由原来的 3h50min 缩短到 2h，运营时间缩短和服务水平提高对客运分担率产生了重要的影响，如图 4-42 所示。这条走廊的铁路乘客量从 1980 年的

125 万人增加到 1992 年的 2 290 万人，其中 1 890 万人为法国高铁乘客。法国高铁系统的运营距离和时间表见表 4-12。图 4-43 为 2007 年从巴黎到欧洲各地的（铁路）交通时间。

法国高铁的运营距离和时间表　　表 4-12

起　点	终　点	距离(km)	时间(h:min)
巴黎	里昂	427	1:55
巴黎	马赛	749	3:00
巴黎	波尔多	569	2:59
巴黎	杜尔	223	0:58
巴黎	南特	387	1:59
巴黎	里尔	226	0:59
巴黎	布鲁塞尔	314	1:25
巴黎	伦敦	498	2:40
巴黎	日内瓦	540	3:30
巴黎	阿姆斯特丹	494	4:10
巴黎	科隆	541	4:00
伦敦	布鲁塞尔	360	2:20
布鲁塞尔	科隆	227	2:20

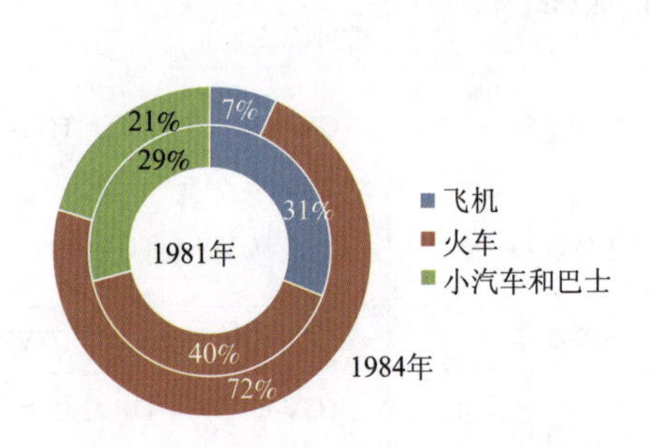

图 4-42　法国高铁巴黎—里昂线对客运分担率的影响

资料来源：国际大城市带综合交通体系研究。

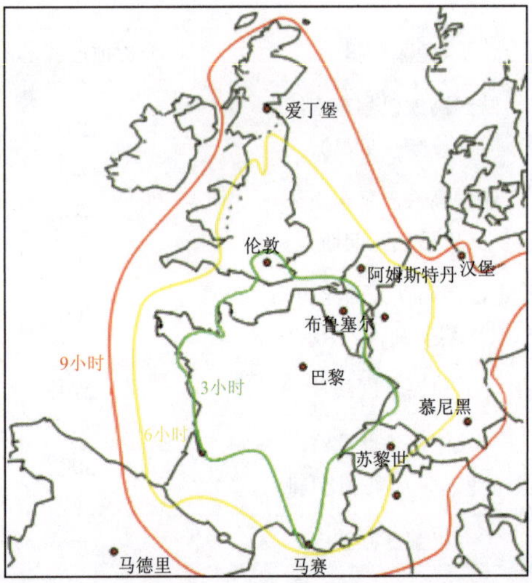

图 4-43　2007 年从巴黎到欧洲各地的（铁路）交通时间

资料来源：维基百科。

（2）德国高铁

德国现有的高速铁路线共有 5 条，2012 年达到了 1 334km，它们分别是 1991 年开始运营的 H—WUE 线（汉诺威—维尔茨堡）、MA—S 线（曼海姆—斯图加特）；1998 年通车的 H—

B 线（汉诺威一柏林）；2002 年通车的 K—F 线（科隆—法兰克福）以及 2006 年通车的 N—IN 线（纽伦堡—因戈尔斯塔特）。表 4-13 为德国运营中的高速铁路，德国高铁历年的乘客量一直在稳定上升中。德国高速铁路乘客周转量如图 4-44 所示。

德国运营中的高速铁路　　表 4-13

线　　路	允许速度（km/h）	开始运营时间	开 行 列 车
汉诺威—维尔茨堡	280	1991 年 6 月	ICE1，ICE2
曼海姆—斯图加特	280	1991 年 6 月	ICE1
汉诺威—柏林	280	1998 年 9 月	ICE1，ICE2
科隆—莱茵 / 美因（法兰克福）	330	2002 年 8 月	ICE3
纽伦堡—因戈尔斯塔特	300	2006 年 5 月	ICE3

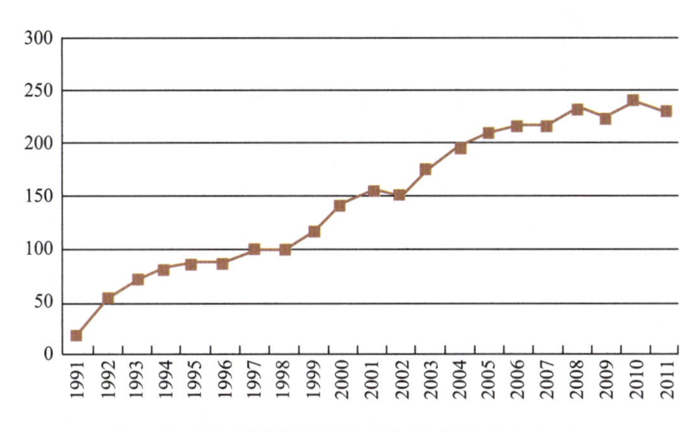

图 4-44　德国高速铁路乘客周转量（单位：亿人 /km）

德国高速铁路网络未来还将进一步得到发展和延伸，作为西北欧高速铁路网（巴黎—布鲁塞尔—阿姆斯特丹—科隆）的一部分，科隆—亚琛区间也由德国高铁负责建造和维护，并且构造时速达到 250km/h。其近期的目标为：在包括比利时和英国境内的线路改造完成后，科隆至巴黎和伦敦的旅行时间分别缩短为 3h45min 和 4h15min。在南部德国，法—德高铁的德国部分直至边境城市萨尔布吕肯的线路已经在修建，而卡尔斯鲁厄—瑞士巴塞尔高铁也有部分线路开始动工。在德国东部，计划优先建造柏林—哈勒 / 莱比锡高铁和莱比锡—德累斯顿高铁，设计速度为 230km/h。

（3）欧洲国际高铁

欧洲西北部最著名的国际高铁是欧洲之星以及大力士高速列车。这两条高速铁路的基本情况介绍如下。

①欧洲之星高速列车

英法合作的欧洲之星高速列车是欧洲首列国际列车，图 4-45 为欧洲之星线路图。欧洲之星国际有限公司（ Eurostar International Limited）负责欧洲之星在伦敦、巴黎和布鲁塞尔之间的运营。它成立于 2010 年 9 月 1 日，控股公司为英国的伦敦大陆铁路公司（London and Continental Railways，40% ），比利时的比利时国家铁路（NMBS/SNCB，5% ），以及法国的法国国营铁路(SNCF，55%)。

图 4-45　欧洲之星线路图

资料来源：http://cn.eurail.com/europe-by-train/high-speed-trains/eurostar#routes。

欧洲之星高速列车穿越英吉利海底隧道，把伦敦、巴黎和布鲁塞尔 3 个首都连接起来，这对于欧洲西北部大城市带的整合和发展起到十分重要的作用。

在比、法境内，欧洲之星列车与法国高速铁路和大力士高速列车使用相同的轨道，在英国境内则行走一段符合高速铁路标准的新轨道。

自从第一班欧洲之星列车 1994 年 11 月正式运营以后，它迅速成为伦敦至巴黎铁路路线之间最受欢迎的列车。2004 年 11 月，欧洲之星占据了伦敦至巴黎路线 68% 的市场占有率。至于伦敦至布鲁塞尔路线则占据了 63%。2002 年的乘客量为 770 万人，2003 年开始盈利。从 2003 年开始，从伦敦出发至巴黎缩短至 2h20min。另外，由伦敦出发至布鲁塞尔也缩短至 2h35min。

②大力士高速列车

大力士高速列车(亦译作西北高速列车)是由布鲁塞尔—巴黎的 HSL1 线发展而来的一条高速铁路线。它由荷兰铁路、比利时国家铁路公司、法国国营铁路公司和德国铁路共同开发。

大力士高速列车穿越法国、比利时、德国与荷兰这 4 个国家。它的主要目的地为巴黎、布鲁塞尔、科隆、阿姆斯特丹、史基普国际机场、布鲁日、安特卫普等地。在巴黎与布鲁塞尔之间有高达 25 次的发车数，行驶速度高达 300km/h，运营时间为 1h22min。每天从巴黎北站到布鲁塞尔，巴黎到阿姆斯特丹分别有 8 班车，车行时间为 4h13min；巴黎—科隆的发车为每日 6 次，车行时间为 3h50min。布鲁塞尔—阿姆斯特丹的车行时间仅为 2h44min。表 4-14 为比利时、德国、法国、荷兰高速公路及铁路里程对比。

比利时、德国、法国、荷兰高速公路及铁路里程对比　表 4-14

国　家	高速公路里程（km）	铁路里程（km）	面积（km^2）	高速公路密度（$100km/km^2$）	铁路网密度（$100km/km^2$）
比利时	1 763	3 582	30 528	5.78	11.73
德国	12 819	33 707	357 021	3.59	9.44
法国	11 392	29 871	551 695	2.06	5.41
荷兰	2 651	3 016	41 526	6.38	7.26
总计	28 625	71 034	980 770	2.92	7.16

4.4.3.3　航空

表 4-15 为 2011 年欧洲十大机场排行榜，其中 5 个机场位于欧洲西北部城市带所在的国家，即法国、德国和荷兰。表 4-16 为 2011 年欧洲西北部 4 个国家航空乘客量。

2011 年欧洲十大机场排行榜　表 4-15

排　　名	国　　家	机　　场	乘客量（百万）
1	英国	伦敦希思罗	69.39
2	法国	巴黎戴高乐	60.74
3	德国	法兰克福	56.28
4	荷兰	阿姆斯特丹	49.69
5	西班牙	马德里	49.53
6	德国	慕尼黑	37.59
7	意大利	罗马	37.40
8	西班牙	巴塞罗那	34.31
9	英国	伦敦盖特威克机场	33.64
10	法国	巴黎奥利机场	27.10

资料来源：欧盟统计局。

2011 年欧洲西北部 4 个国家航空乘客量（单位：1 000 个乘客）　表 4-16

终点＼起点	比利时	德国	法国	荷兰
比利时	47.4	1 510.4	1 543.1	191.6
德国	1 502.2	24 418.4	7 110.1	3 301.5
法国	1 514.5	8 210.3	27 718.7	2 596.2
荷兰	188.3	3 322.3	2 619.4	0.8

资料来源：欧盟统计局。

4.4.4　巴黎都市圈轨道交通发展

巴黎都市圈（也叫大巴黎地区），位于法国北部，由巴黎市、近郊三省（上塞纳省、塞纳—

圣旦尼省、瓦勒德马恩省)、远郊四省(塞纳—马恩省、伊芙林省、埃松省、瓦勒德瓦兹省)组成,总面积 12 012 km^2,人口 1 191.5 万人。该区域聚集了法国 18.2% 的人口、31% 的国内生产总值和 23% 的就业岗位。大巴黎地区行政区划如图 4-46 所示。

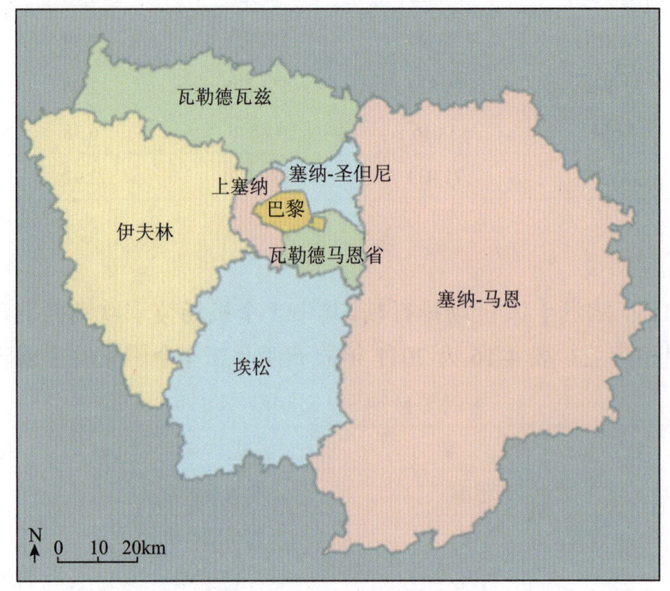

图 4-46 大巴黎地区行政区划

资料来源:维基百科。

大巴黎地区的人口分布主要集中于半径约 30km 的巴黎聚集区内,人口密度由中央向外逐步减少。表 4-17 为大巴黎地区人口、面积及密度分布(2012),巴黎市聚集了最多的人口,人口密度也是最大的。其次近郊三省面积和人口大致相同,对于巴黎远郊的四个省而言,它们的面积最大,但人口相对较少,这也导致人口密度急剧下降。

大巴黎地区人口、面积及密度分布(2012) 表 4-17

范 围	区 域	人口(万)	面积(km^2)	人口密度(人/km^2)
中心区	巴黎	227	105	21 347
近郊	上塞纳省	159	176	8 987
	塞纳—圣但尼省	154	236	6 483
	瓦勒德马恩省	134	245	5 444
远郊	塞纳—马恩	133	5 915	226
	伊芙林省	142	2 284	617
	埃松省	123	1 804	674
	瓦勒德瓦兹	118	1 246	947
大巴黎地区		1 191	12 012	991

资料来源:巴黎统计年报。

从大巴黎地区的经济分布来看，经济最发达的地方为巴黎市和上塞纳省，国内生产总值占整个大巴黎地区的 57%。大巴黎地区的现代服务业发达，并且在空间布局上形成了“一主两辅”的布局形式，即以巴黎市区为中心，拉德芳斯和马恩拉瓦莱地区为辅：巴黎市区以金融机构、企业服务业和商业为主，包含了巴黎的 70% 的金融机构、60% 以上的企业服务业、15% 的商业中心；拉德芳斯则以企业集聚区和商务中心区为主，共有 1 600 多家企业，其中包括法国最大的 20 个财团和 8 家世界 500 强企业；马恩拉瓦莱地区则是以研发服务以及商业服务企业为主，同时也是休闲产业的集聚区。大巴黎地区 GDP 比重如图 4-47 所示。

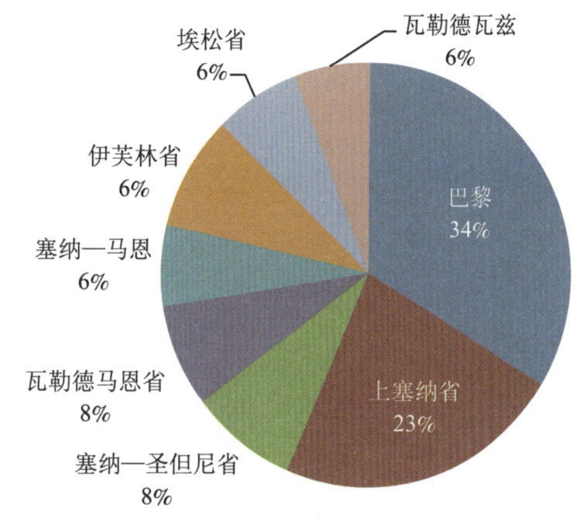

图 4-47　大巴黎地区 GDP 比重

资料来源：巴黎统计年报。

4.4.4.1　地铁

1845 年，巴黎市政府与各家铁路公司讨论兴建巴黎地铁的可行性时，对于整体路网的形式有歧见：巴黎市政府主张兴建异于其他轨道系统的地铁，将地铁路网限制于巴黎市区内；铁路公司主张通过将郊区路线延长穿过市区，作为兴建巴黎地铁的基础。当时，巴黎市区的铁路线止于各大火车站，各大火车站之间依靠巴黎环城铁路相互连接。而法国议会对此也表示支持。在当时，巴黎市政府由左派掌权，而法国政府长时间由右派当政，执政理念上的不同使得双方对巴黎地铁计划的分歧进一步加深。关于巴黎地铁的方案计划被讨论了数十年之久而迟迟未有实质性进展。随着伦敦、纽约等城市地铁建成通车以及电力革命带来的技术革新，法国政局的更迭，加之巴黎人口增多、交通问题层出不穷，暨 1900 年巴黎世博会临近，修建地铁系统已是迫在眉睫，最终根据巴黎市政府的构想，兴建主要行走于地下的铁路系统。第二次世界大战后，法国人口增长速度加快，大量人口涌入城市，近郊区的城市化速度逐步加快，地铁网络也开始向外延伸。

2012 年巴黎的地铁系统共有 16 条线（14 条主线和 2 条支线），线路里程达 219km，年客流量达 15.41 亿，线路全部由巴黎运输公司（RATP）运营。巴黎的地铁系统可分为两层：即半径 5km 的巴黎市，80% 的地铁覆盖全市；半径约 10km 的近郊城市化集聚区，有 20% 的地铁线路延伸至该区域，站间距较大。巴黎地铁线路特征见表 4-18，巴黎地铁 2000—2013 年客运量如图 4-48 所示。

巴黎地铁线路特征（2012 年）　　表 4-18

线路	开通日期	线路长度（km）	车站数	平均站距（km）
1	1900	16	25	0.64
2	1900	12	25	0.48

续上表

线路	开通日期	线路长度(km)	车站数	平均站距(km)
3	1904	12	25	0.48
3bis	1921	1	4	0.25
4	1908	11	26	0.42
5	1906	15	22	0.68
6	1907	14	28	0.50
7	1910	19	38	0.50
7bis	1911	3	8	0.38
8	1913	23	38	0.61
9	1922	20	37	0.54
10	1913	12	23	0.52
11	1935	6	13	0.46
12	1910	15	29	0.52
13	1911	17	32	0.53
14	1998	9	9	1.00
总计		219	301	0.73

资料来源:巴黎大区交通委员会。

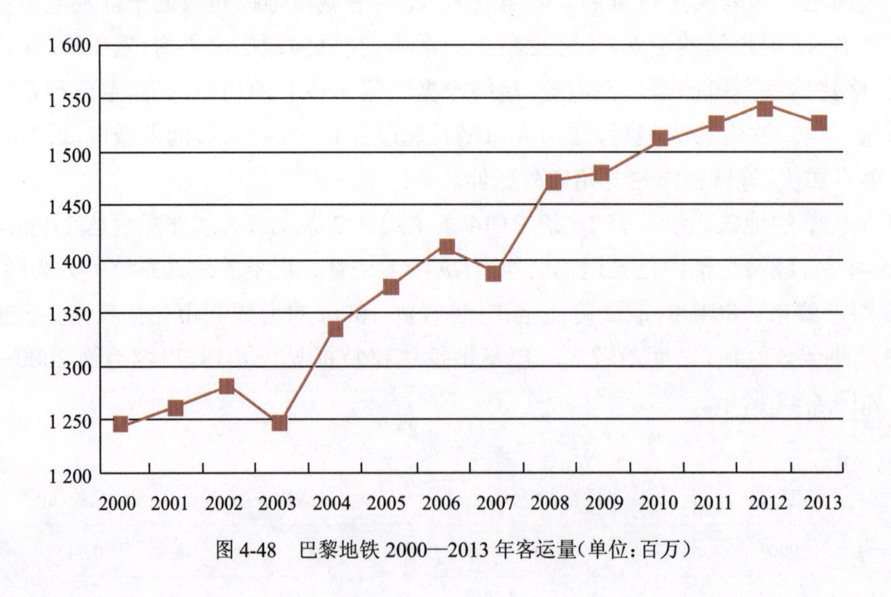

图 4-48　巴黎地铁 2000—2013 年客运量(单位:百万)

资料来源:巴黎大区交通委员会。

4.4.4.2　市郊铁路

大巴黎地区的铁路建设始于 19 世纪中叶，第一条线路——巴黎圣日耳曼线于 1837 年 8 月通车，是法国的第三条铁路。从法国铁路建设伊始，就形成了区域客运的理念。大部分线路一开始是作为干线铁路修建的，只是利用线路的富余能力开行郊区列车。

到 1880 年，城市空间不足和租金压力开始迫使一些行业向郊区转移，部分劳动人口也随之外迁。外迁的工人需要便宜的交通方式。19 世纪 80 年代初期，主管市政工程的部长戴维 • 雷纳尔（David Raynal）对各干线铁路公司频频施压，在这种情况下，各干线铁路公司才同意为工人们提供便宜的往返票和周票，但这两类车票仅限于指定的列车。这一措施于 1884—1885 年陆续实施。第一年，只有 940 494 人次使用这些车票，但 10 年后人数就增加到近 600 万，1900 年再次翻倍，每天约 10 万人持月票乘车从郊区前往市中心。此时郊区交通时代才真正开始。在此期间，各干线铁路公司开始大规模新建专门用于郊区运输的线路，并想方设法突破管理障碍和利益障碍，将线路延伸至城市中心区。在此过程中，他们遭到了主张发展本地线网的市议会的抵制，但是在 1900 年，巴黎奥尔良铁路公司和西方铁路公司最终成功实现了其目标，因此 1900 年被视为巴黎交通运输史上具有重大意义的一年。

第一次世界大战后（1918 年），向郊区迁移的人数显著增多。巴黎的各条铁路线均受到影响，尤其是国家铁路公司的线路承担了圣拉扎尔、荣军院及蒙帕纳斯的大量运输任务，其中来自圣拉扎尔的客流尤为突出。1913 年，国家铁路公司郊区线路的年客流量为 6 900 万人次，1921 年就增加到 8 500 万人次。尽管 1931 年经济危机期间乘客数量有所回落，但到 1936 年又增加到 12 660 万人次。上述线路的运营亏损则从 1913 年的 1 000 万法郎增加到 1936 年的 12 200 万法郎。1936 年，郊区乘客的总数为 27 200 万，其中近一半的运量由国家铁路公司承担，剩下 15 000 万人次的运量则由其他 4 家公司承担，其分配比例各不相同。

在经历了第二次世界大战的剧变后（1945 年），向郊区迁移的人数持续上升。1959 年郊区乘客的数量达到 31 600 万，1972 年增加到 40 400 万，而 1998 年则达到 52 780 万。到 20 世纪 50 年代末，郊区的大规模无序开发给法国国营铁路公司造成了困扰，同时引发了不少社会问题。随着战后巴黎城市规模的进一步扩大和客流量的上升，以及地铁和地面公交系统在巴黎中心区的快速发展，原有的郊区铁路运输越来越不适应市场竞争。如何将郊区线路互联互通并将其深入城市中心区，如何实现郊区线路与地铁和公交的方便换乘，成为提升郊区线路的竞争力和解决城市交通拥堵的关键问题 [8]。

1964 年，巴黎都市圈政府成立。1965 年，法兰西第五共和国政府颁布了首个大巴黎地区整治规划指导方案《巴黎都市圈国土开发与城市规划指导纲要（1965—2000）》出台，提出了城市发展轴线、新城和多中心的区域等概念的重大转变，规划沿 4 条轴线布置 8 座 30 万～ 100 万人口的新城，并促成了今天巴黎区域快线(RER)的发展。

2012 年，大巴黎地区的郊区轨道线路共有 13 条线(不含有轨电车)：5 条 RER（601

km)，8 条市郊铁路(884km)，共 1 485km，年客运量共计 11.96 亿人次。表 4-19 为巴黎 RER 线路特征（2012 年）。大巴黎 RER 和市郊铁路 2000—2013 年客运量如图 4-49 所示。

巴黎 RER 线路特征(2012 年)　　表 4-19

线　　路	开通年份(年)	车站总数	线路全长(km)	平均站间距(km)
RER A	1969	46	109	2.37
RER B	1977	47	80	1.70
RER C	1979	84	187	2.23
RER D	1987	54	172	3.19
RER E	1999	21	52	2.48
总计		242	600	2.48

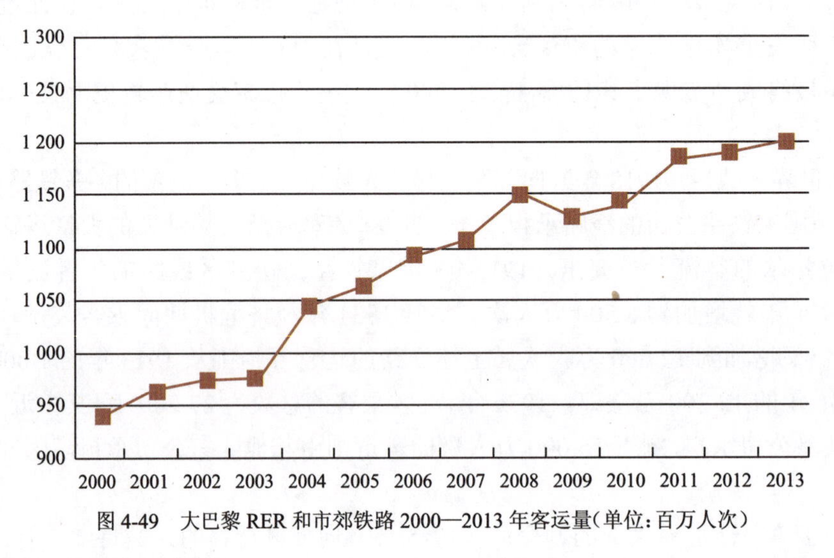

图 4-49　大巴黎 RER 和市郊铁路 2000—2013 年客运量(单位:百万人次)

资料来源:巴黎大区交通委员会。

(1)管理机构

郊区铁路（RER）的路线分为两家机构管理:RER A 线的 A1、A2 和 A4 分支以及 RER B 线在巴黎北站以南的线路由巴黎大众运输公司(RATP)营运;其余的线路则由法国国家铁路公司(SNCF)管理。市郊铁路线路由法国国家铁路公司管理。

(2)服务范围

RER 和市郊铁路共同将通勤范围拓展至巴黎都市圈 60 ~ 70km 半径,其中 RER 集中服务于半径 30km,联系主要新城。市郊铁路覆盖整个巴黎都市圈,服务半径 60 ~ 70km。大巴黎地区市郊铁路和 RER 分布如图 4-50 所示。

(3)线路布局

从线路规划和布局来看，RER 线以法国国营铁路公司的既有铁路为基础,在中心城区通过普通地铁的下方修建新线，并通过若干换乘枢纽与地铁网接驳，然后分别沿不同方向贯穿巴黎城区（图 4-51）；出市区后从地下走上地面，各自分成若干岔道，并与多条市郊铁路相连，通向巴黎郊区的新城和市镇，成为在郊区延伸的放射线。此外，RER 还适当增加一些支线（如 RER—B 线和 RER—C 线均有相应的支线），扩大覆盖面。RER 线布局特点是：从郊区进入巴黎市中心后没有终止，而是从地下穿过城市中心区。这样可以不干扰市区交通，并能起到输送市郊—市郊、市中心—市郊的旅客的功能。市郊铁路一般终止于巴黎市区的铁路客运站，不穿过市区中心[9]。

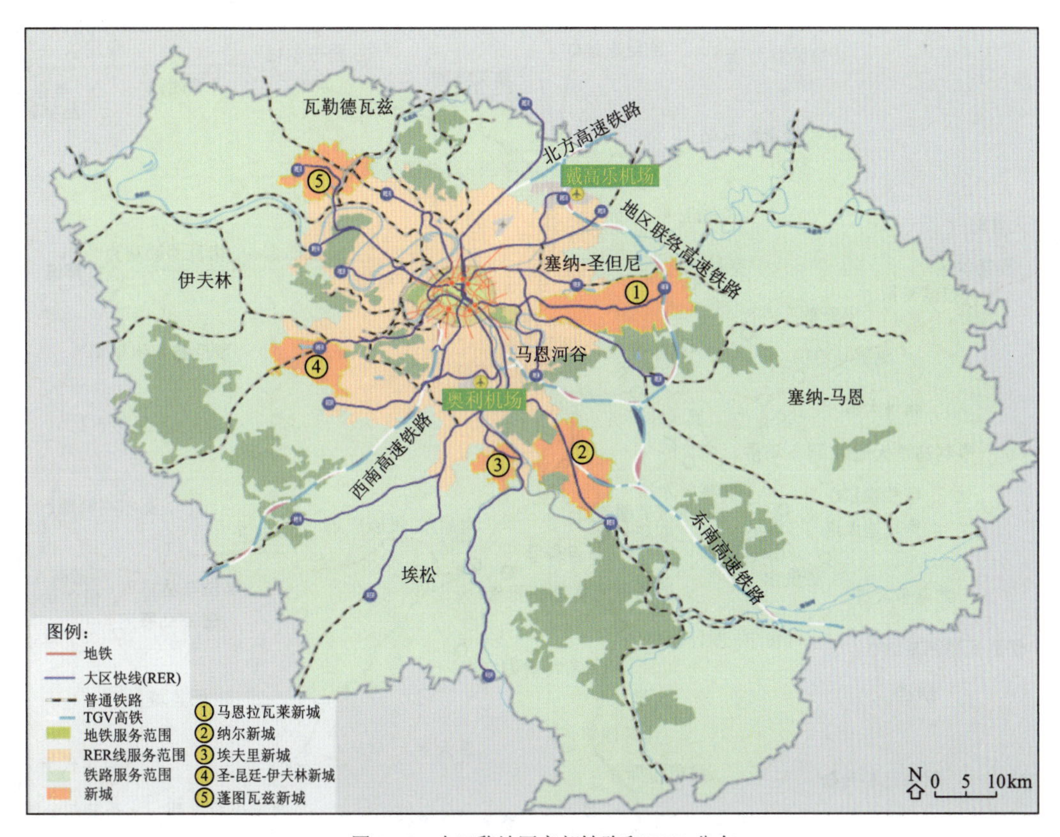

图 4-50　大巴黎地区市郊铁路和 RER 分布

资料来源：巴黎大区交通委员会。

（4）体制机制

经过早期的合并之后，法国的铁路主要由 6 家公司经营。其中只有 1 家没有介入巴黎地区的业务，其余 5 家分别是北方铁路公司、东方铁路公司、西方铁路公司、巴黎奥尔良铁路公司和巴黎 - 里昂 - 地中海铁路公司。西方铁路公司由于未对郊区运营采取有效措施，从而连年陷入财政困境之中，于 1908 年被政府接管后改称为国家铁路公司。1938 年 1 月 1 日，铁路实现国有化，又改称为法国国营铁路公司。

1948 年 3 月 21 日，通过立法组建了巴黎大众运输公司负责公交车（后来也包括有轨电车）及城市地铁的运营管理，并设立了巴黎区域交通办公室负责协调所有运营服务项目（包括法国国营铁路公司的相关业务），确定运费和制定远景规划。但实际上，巴黎区域交通办公室对地面交通和地下交通的作用并不大。整个 20 世纪 50 年代，巴黎郊区线网都处于停滞不前的状态。人们原本期望巴黎公交公司既能提供公共服务又能维持预算平衡，但是从 1951 年 8 月至 1958 年 2 月，在法兰西第四共和国频繁更迭的历届政府的压力下，巴黎区域交通办公室始终禁止提高运费，因此到 1957 年，郊区线网亏损额已达 164 亿（旧）法郎（按照当时的汇率约合 1 640 万英镑），如此经营难以为继。

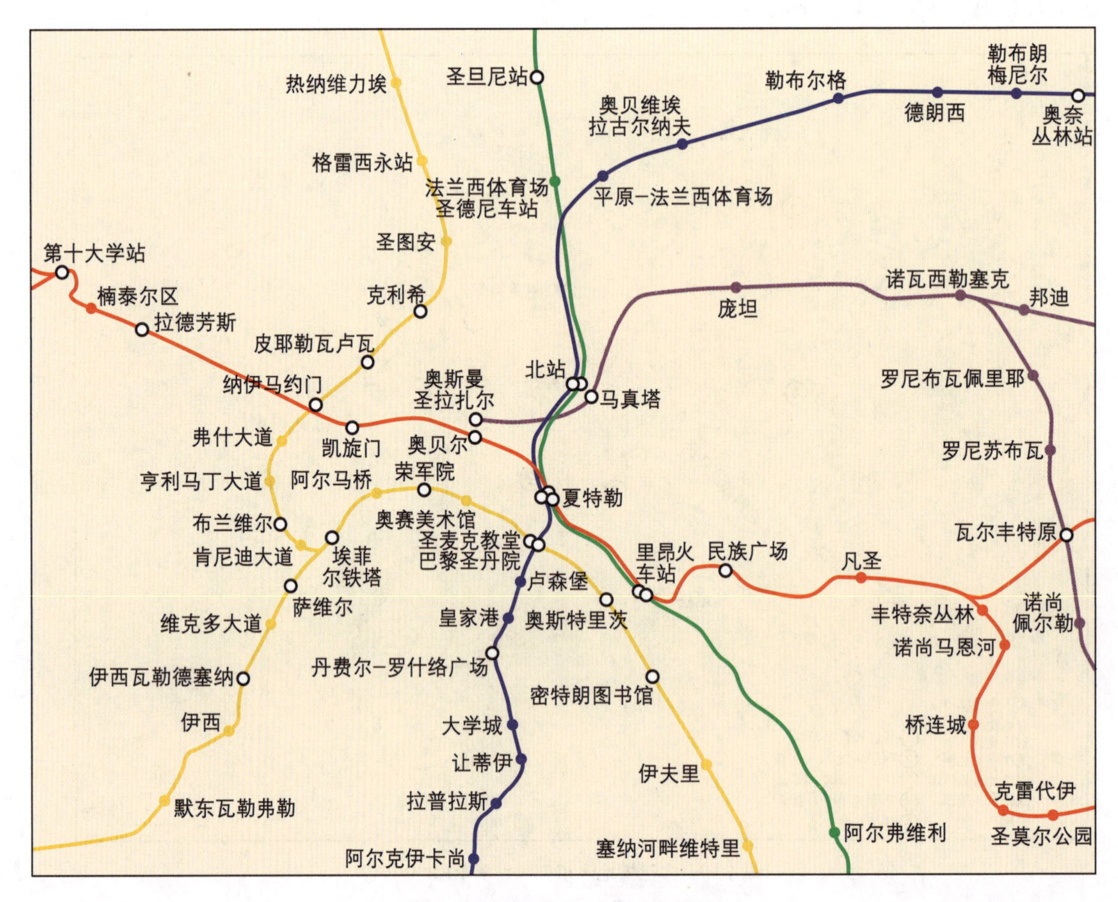

图 4-51　巴黎市中心 RER 布局图

资料来源：巴黎大区交通委员会。

1959 年，法兰西第五共和国新政府颁布法令，撤销巴黎区域交通办公室，成立了巴黎都市圈交通委员会（STIF），巴黎都市圈交通委员会是国家级公共管理机构，担负着管理巴黎地区公共交通的责任，其委员会成员包括 17 位政府代表、5 位大区代表和 12 位行政区代表。其主要职责是：规划交通线路；确定服务形式及选定运营商，并与运营商签订合同；协调运营企业在巴黎都市圈提供公共交通服务，包括 2 个国有公司和 89 个其他运营商；管理交通税；协调及审批主要基础设施项目；进行公共交通系统使用的市场调查；鼓励提高服务质量活动；投资并开展公共交通实验等。

（5）投融资

RER 与市郊铁路均定位为城市公交系统，因此在建设资金和运营上均得到补贴。

早期的 RER 线及市郊铁路建设资金主要由国家和地方政府承担，建设主体是巴黎公交公司和法国国家铁路公司。从 1971 年起，法国铁路基建投资贷款中有一项专用资金用于市郊铁路建设，极大激发了地方主管部门与企业建设市郊铁路的热情，投资主体多元化。基础设施维修及运营成本费用等则由票款收入和企、事业单位缴纳的特别交通税（巴黎所有拥有 9 名以上职工且设在城市公共交通服务区域之内的企、事业单位，均要缴纳特别交通税，并与雇主的工资总额成比例扣收。税率由交通组织机构决定。巴黎都市圈征收的税率是法国最高的，税收将专项用于城市交通设施的建设维修，以及融资成本的支付）来支付，差额部分由政府（地方和国家）补贴 [10]。

如图 4-52 所示，2008 年大巴黎地区公共交通收入所占比例大部分来源于向企业收取的交通款（69.15%），25% 来源于地方政府机构，3.03% 来源于国家补贴，2.8% 来源于大区补贴，0.02% 来源于其他收入。

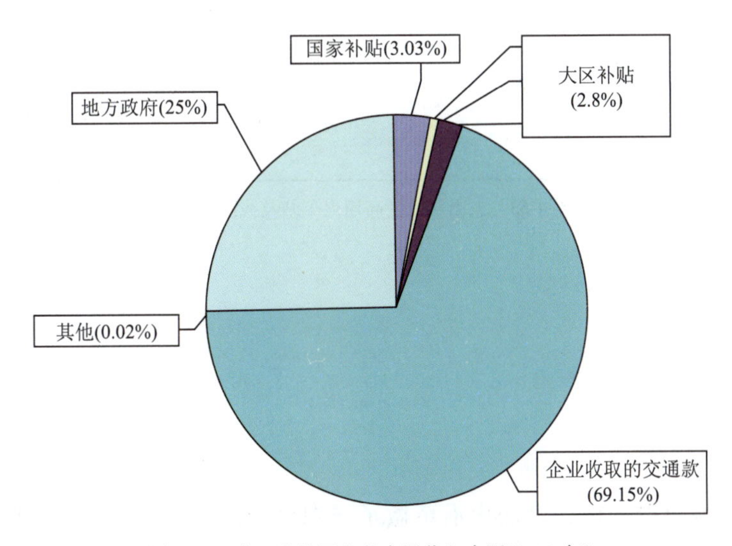

图 4-52　大巴黎地区公共交通收入来源（2008 年）

资料来源：巴黎大区交通委员会。

4.4.4.3　高速铁路

为适应巴黎城市发展的需要，需要健全巴黎大都市区通往国内其他地区和欧洲其他国家的铁路线路。1981 年，TGV 在巴黎与里昂之间开通，如今已形成以巴黎为中心、辐射法国各城市及周边国家的铁路网络。

目前大巴黎地区共有 7 个高速火车（TGV）站：戴高乐机场第二航站楼、巴黎里昂火车站、马恩河谷—雪西站、马西 TGV 站、巴黎东站、巴黎蒙帕纳斯火车站和巴黎北站。高速铁路线共计 1 811km（2012），2011 年从巴黎都市圈乘坐高速火车前往欧洲各地的乘客共计 1 800 万人次。大巴黎地区高速火车站及线网分布如图 4-53 所示。

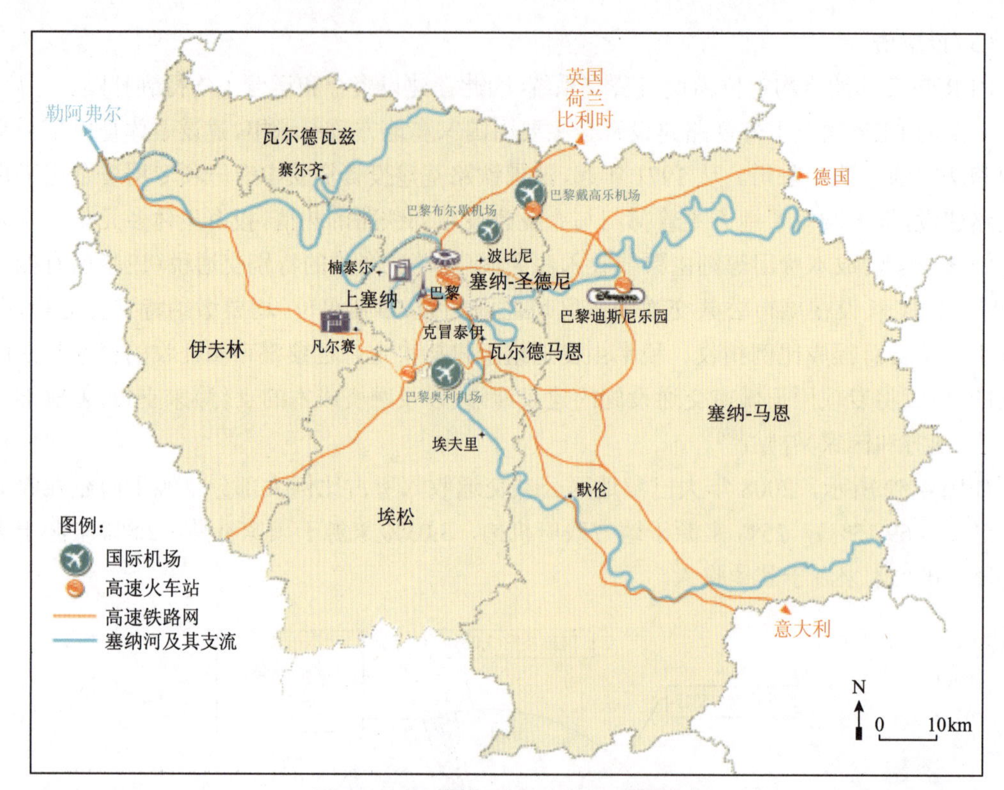

图 4-53 大巴黎地区高速火车站及线网分布

资料来源:巴黎统计年报。

4.5 国外城市群发展特点及交通一体化经验

本书对上述城市群的现状及历史沿革做了详细分析,探索了其中的发展过程和规律尤其是交通与城市发展的关系,通过案例研究总结,加深了对国际经验的理解和认识。

4.5.1 国外城市群发展特点与规律

4.5.1.1 城市群的形成和发展与工业化、城市化进程密切相关

工业化和城市化是城市群发展的基础和先导,是根本动力。从国外城市群的兴起、成长和发展来看,都是以工业化为基础的。因此世界上起步较早、发展较为成熟的城市群主要分布在西欧、美国和日本等发达工业化国家。西欧是工业化和城市化进程开始最早的地区。18 世纪后期,工业革命使英国成为世界经济增长中心,英国的城市化进程十分迅速,曼彻斯特、伯明翰、利物浦等一大批工业城市迅速崛起。在伦敦和英格兰中部地区形成了由伦敦、

伯明翰、利物浦、曼彻斯特等城市聚集而成的英格兰城市群。到 19 世纪，欧洲大陆的崛起，使西欧地区成为世界经济增长中心。在法国大巴黎地区、德国莱因—鲁尔地区、荷兰和比利时的中部地区，以巴黎、布鲁塞尔、阿姆斯特丹、波恩等大城市为中心形成了规模大小不等的城市群，并共同组成了“人字形”的发展轴。进入 20 世纪以后，世界经济增长中心从西欧转移至北美。在美国东北部和中部地区形成了波士顿—纽约—华盛顿城市群以及五大湖沿岸城市群。20 世纪 50 年代，随着日本经济的崛起以及工业化与城市化的加速发展，在日本东部地区形成了以东京—大阪为轴线的庞大城市群。图 4-54 为世界各国城市化进程与城市群的形成图。

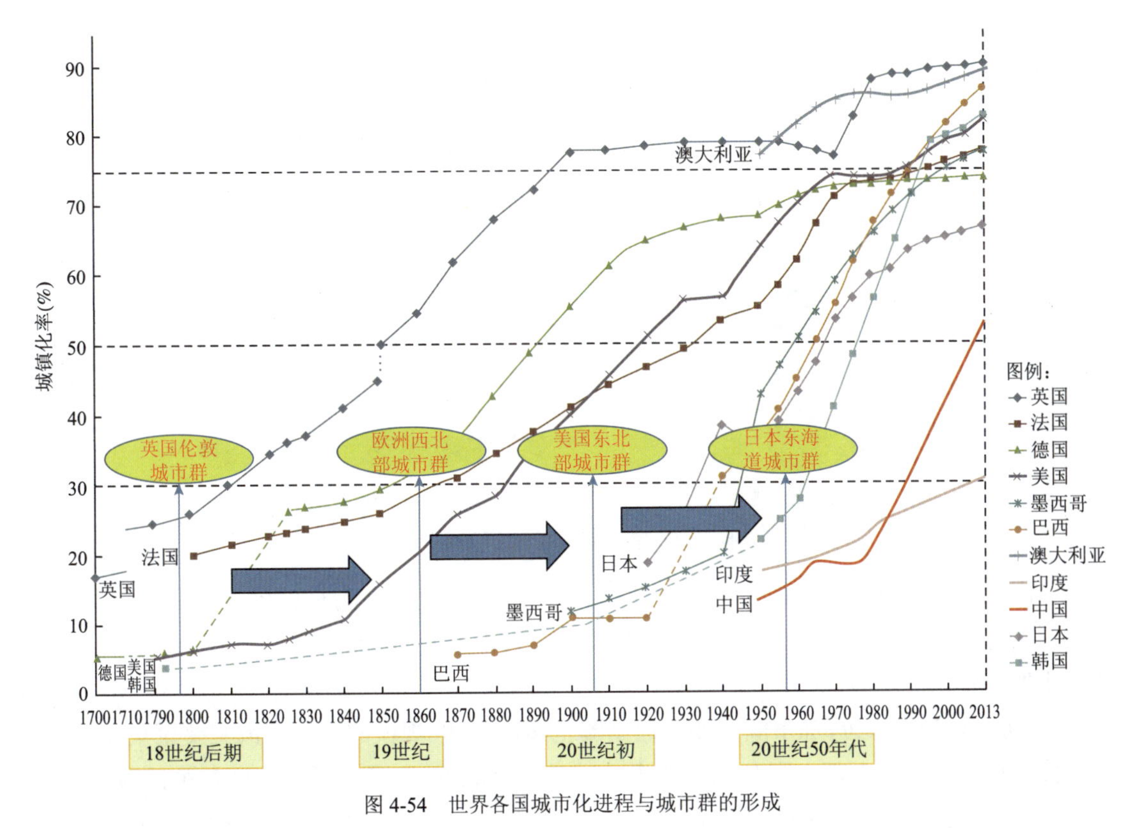

图 4-54 世界各国城市化进程与城市群的形成

4.5.1.2 城市群的发展具有阶段性特征，空间上表现为“单中心城市－多中心城市－都市圈－城市群”的结构形态

从国外城市群的发展历程来看，伴随着城市化、机动化的进程，城市群的发展历程呈现 4 个阶段性的特征（图 4-55），而且在城市群不同发展时期中，交通工具的变革对城市群空间的拓展以及城市群结构的形成发挥着重要的作用。

（1）单中心发展时期：工业化前期，相距甚远的不同的城市中心开始出现人口集中，但各城市处于自发形成、孤立发展、缺乏内在联系的无序状态，地域空间结构十分松散。这一阶段，城市内部的主要交通工具以步行、马车为主，城市空间范围扩张速度较慢；城际之间则主要以运河、蒸汽铁路等交通方式所进行的外部贸易为主。

（2）多中心发展时期：工业化初期，纺织、食品等轻工业的发展促使人口不断向中心城市聚集，城市规模开始迅速扩张，但仍主要侧重于自身的集中型发展。这一阶段，城市内部交通工具主要以有轨电车为主，城际之间以电气化铁路为主。

（3）都市圈发展时期：随着工业化进程的快速推进，人口和经济活动不断向中心聚集与城市空间资源局限性的矛盾加剧，交通拥挤、环境恶化等“城市病”问题日益突出。与此同时，随着私人小汽车的出现以及铁路网络的进一步发展，提高了更大区域范围内交通的可达性，带动了人口和产业向中心城市外围的疏散，郊区化现象出现，中心城市与周边毗邻地区开始产生密切的通勤、社会、经济等联系并逐步形成都市圈。这一阶段，是城市群发展过程中最为关键的阶段，面临着城市内部矛盾集中爆发与城市空间迅速扩张的双重挑战，不同交通模式的选择将会对城市群空间结构的形成和发展发挥至关重要的作用。

（4）城市群发展时期：后工业化阶段，随着科学技术的迅猛发展，城市产业结构向以知识、信息、技术密集型的现代服务业转变，城市之间联系增加，交通基础设施不断完善，都市圈空间范围进一步扩大并沿着发展轴紧密相连形成一个形态演化和功能相对成熟的城市群整体。

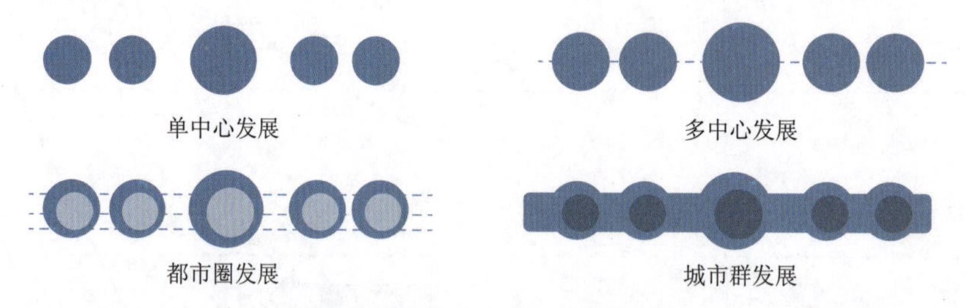

图 4-55　城市群发展历程示意图 [11]

从空间尺度上看，随着城市规模的扩张，基本上形成了规律性的空间结构，即“单中心城市－多中心城市－都市圈（都市区）－城市群（城市带）”的空间架构，代表了大城市发展过程的不同阶段。

从功能区分上来讲，都市圈主要为通勤圈范畴，日常大规模的通勤客流主要聚集在这一空间范围内；而若干个都市圈与周边的中小城市连绵成片，则形成了大空间尺度的城市群，连绵长度高达 500 ～ 700km，面积可达 5 ～ 20 万 km^2，该空间尺度上主要依靠的是经济联系而非日常的交通出行。以日本东海道城市群为例，该城市群范围内包含了分别以东京、名古屋和大阪为中心城市的三大都市圈（图 4-56）。虽然经过多年的单极化发展，但这三大都市圈的通勤半径基本稳定在距离市中心 30 ～ 50km 的范围内。

4.5.1.3　在城镇化快速发展阶段，人口呈现“大集中、小分散”的发展态势

从美国、日本、法国等国家的城市群（都市圈）人口发展历程来看，在城镇化快速发展阶段，人口的增长呈现出“大集中、小分散”的特点，即：从全国范围看，人口向几个大的城市群（都市圈）聚集；从都市圈范围看，由于地价、交通、环境等因素，人口向中心城市的郊区及其周边城市扩散。

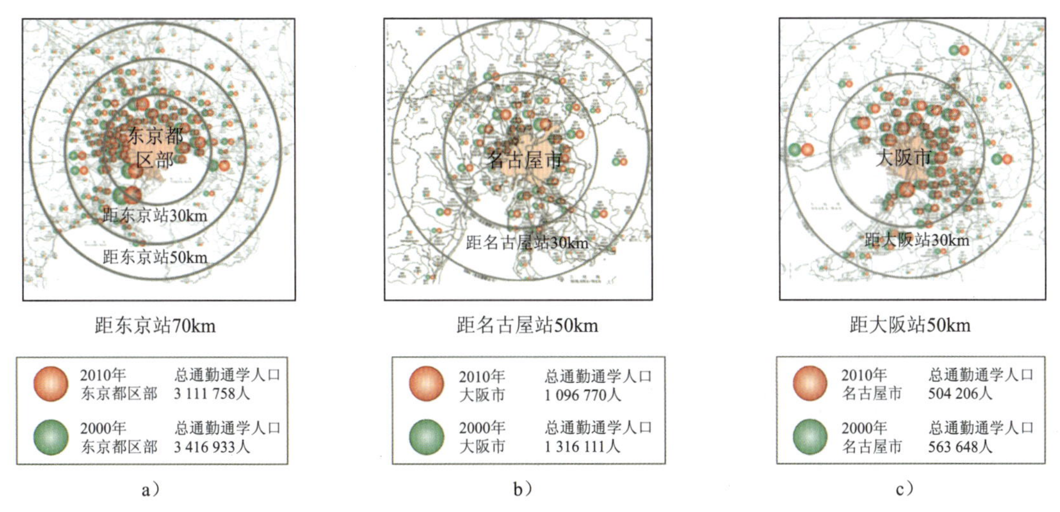

图 4-56　日本东海道城市群 3 大都市圈通勤通学范围图

a)东京圈；b)名古屋圈；c)大阪圈

资料来源：日本国土交通省。

（1）大集中

美国的城市化率在 1920 年就超过了 50%；之后，美国进入了大都市化发展阶段，城市人口的增长和地域的扩张主要发生在大都市区的范围之内。至 1940 年，全国接近一半的人口生活在大都市地区。到 2012 年，美国 84% 的人口生活在全国 366 个大都市地区，大都市区人口的增长速度至少是全国增长速度的 2 倍。表 4-20 为美国大都市区 2000—2012 年不同规模都市区人口增长变化情况。

美国大都市区 2000—2012 年不同规模都市区人口增长变化情况 [12]　　表 4-20

大都市区规模（万人）	1 000 以上	500 ～ 1 000	250 ～ 500	100 ～ 250	50 ～ 100	25 ～ 50	5 ～ 25
人口增长率（%）	3.8	9.9	13.3	11.2	10.1	10.3	8.9

20 世纪 50 年代以来，日本经历了战后经济的高速增长期，城市化进程加快，人口不断向 3 大都市圈（东京都市圈、名古屋都市圈、大阪都市圈）集中。为控制都市圈人口过快增长，日本制定了 6 次国土整治规划，并对在都市圈内新办学校和工厂的规模进行了严格的限制。即使如此，由于市场的主导因素，政府的限制性政策和规划，并没有发挥实际的作用。除了中心城区人口下降之外，都市圈人口增加的趋势基本没有改变。到 20 世纪 70 年代以后，虽然日本城镇化基本进入了饱和期，人口流动速度大幅度减缓，特别是近年来在老龄化和少子化的背景下，日本的全国人口已经开始萎缩，但是东京都市圈的人口仍然在增长。图 4-57 为日本 3 大都市圈人口流动情况。

（2）小分散

从都市区范围看，人口分布呈现出一定范围内扩散的特点，趋势是中心城市人口下降，而郊区人口持续增长，如纽约、巴黎、东京都市圈（图 4-58）。

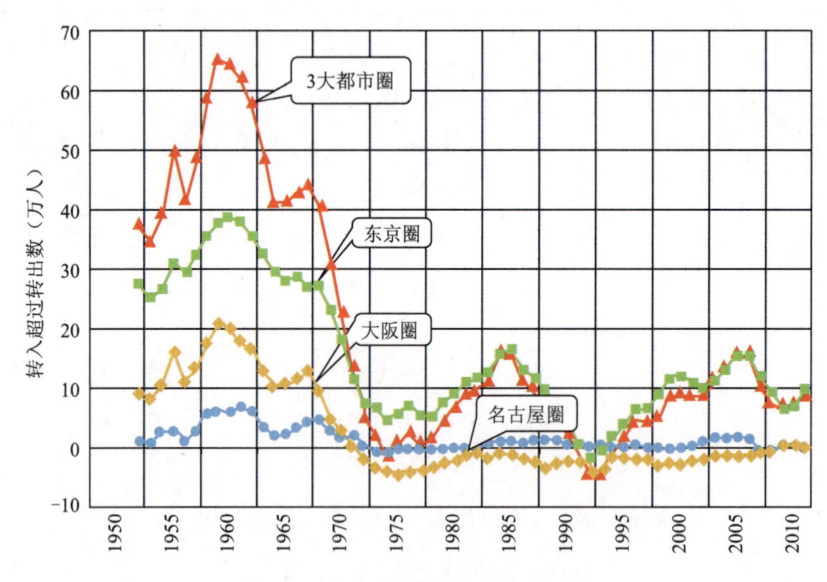

图 4-57　日本 3 大都市圈人口流动情况

资料来源：根据日本总务省发布的人口统计数据绘制。

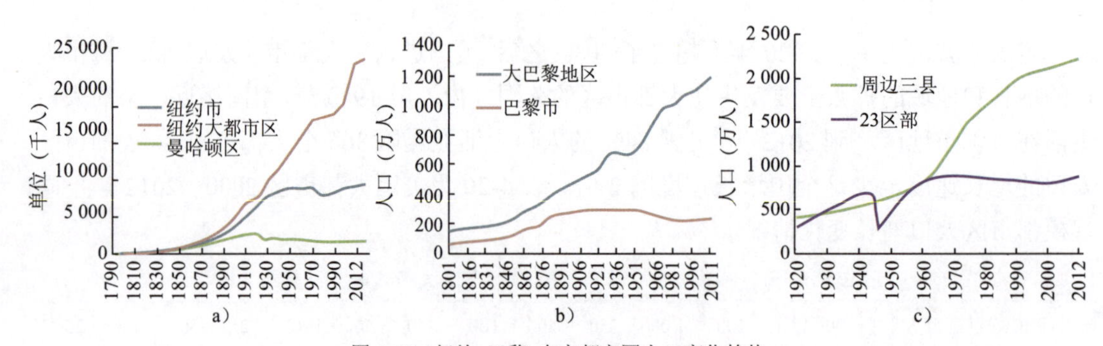

图 4-58　纽约、巴黎、东京都市圈人口变化趋势

a)纽约都市圈人口发展；b)巴黎都市圈人口变化趋势；c)东京大都市圈人口增长趋势

4.5.1.4　城市群成为各个国家参与全球化竞争的核心力量和重要发展战略

从世界各国的经济空间分布来看，美国、日本、法国、英国等国家的经济增长极均集中在以城市群或都市圈为基本单元的地域上，例如美国的东北部城市群、日本的东海道城市群、法国巴黎都市圈、英国伦敦城市群等。随着经济全球化的不断深入，以提升国家参与全球化的整体竞争能力为指向的城市群发展成为世界各国政府普遍关注的战略。图 4-59 为世界各国经济空间分布图。

“美国 2050 计划（America 2050）”中，重点关注之一就是由都市区网络组成的“巨型区域（mega-region）”的崛起，围绕着交通基础设施的投资进行组织，以创建发展能力，并通过人员和货物的快捷运输来推进巨型都市区的凝聚力，支撑国家经济可持续发展、增强国家竞争力。美国 2050 发展战略中的城市群分布如图 4-60 所示。

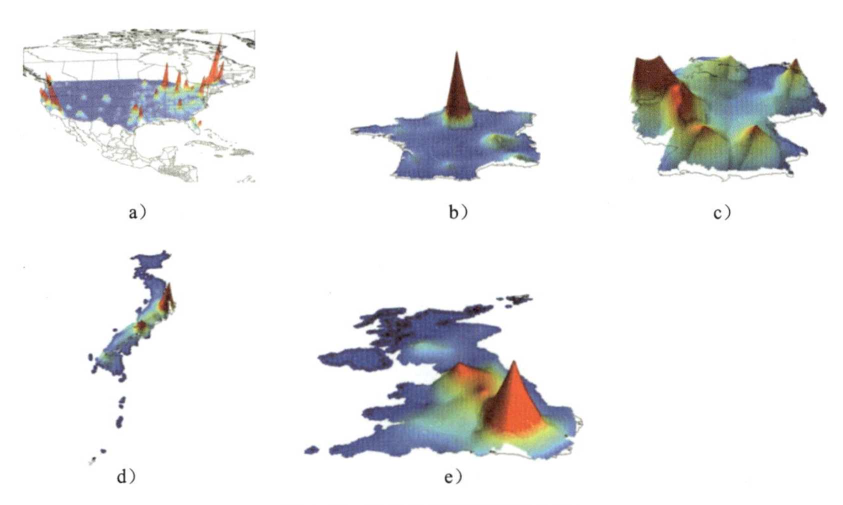

图 4-59　世界各国经济空间分布

a)美国；b)法国；c)德国；d)日本；e)英国

资料来源：耶鲁大学。

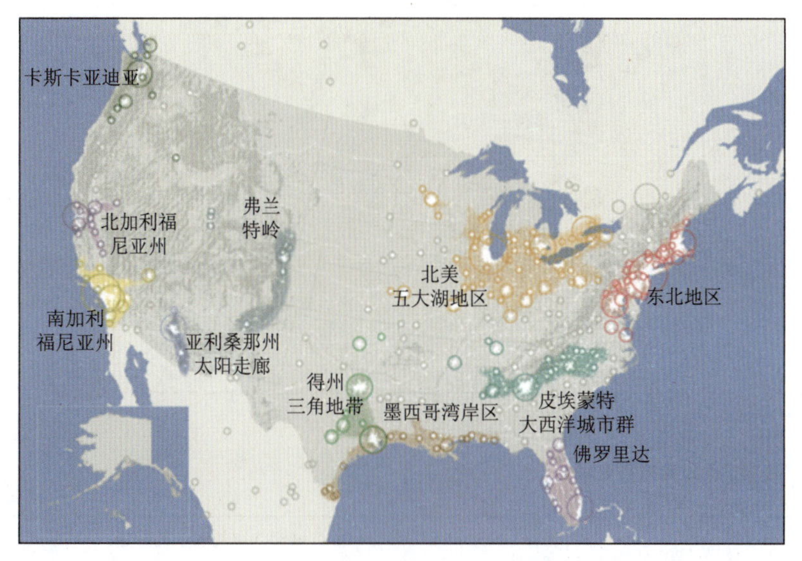

图 4-60　美国 2050 发展战略中的城市群分布

资料来源：美国 2050 官方网站。

《德国空间发展战略规划》中，提出在均衡发展的总体思路下，逐步确立 11 个具有欧洲影响力的大都市集聚区，形成“分散型集聚”空间结构（图 4-61），以都市聚集区引领经济发展，提高其国际地位和影响力。

日本近年来意识到“跨越国界的地区间竞争的激化、人口减少带来地区活力的下降等趋势下，需要以更大的区域单元作为国土战略的主体，以利于发挥规模优势，提高区域的魅力和竞争力，从而维持整个国家的活力”，在其 2050 国土宏伟蓝图规划中，提出大城市及其周边地区应当形成具有国际协作能力和自身竞争力的“广域地区（或称之为广域经济圈）”。各个广域经济圈相互之间既自立又相互交流和合作，共同参与国际竞争，从而形成“广域经济圈独立发展并相互连带”的国土结构（图 4-62）。其中“独立”，不仅指经济上的相对独立，而且还有文化特色的独立，同时还有各自的发展战略，从而使得每一个广域经济圈在整个日本国土中占据一定的位置，并且在整个东亚地区中有独立性的创意和自己的特色。“连带”，也可称之为协作，既有各个广域经济圈之间的协作和交流，也有广域经济圈内部各个城市之间的协作和交流。

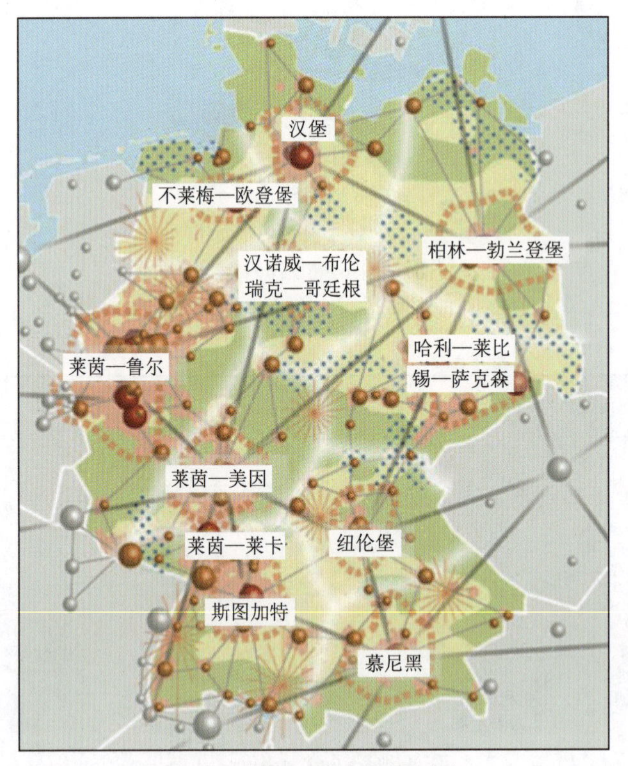

图 4-61　德国 11 个大都市区分布

资料来源：《德国空间发展战略规划》。

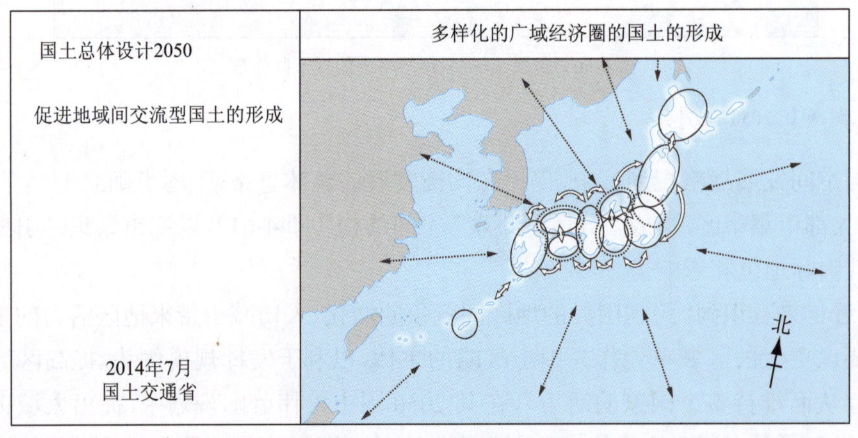

图 4-62　日本广域都市圈分布

4.5.2　交通一体化发展经验借鉴

4.5.2.1　城市群的发展需要有便捷、高效的综合交通体系的支撑

国内外城市群的发展经验表明，城市群的发展离不开便捷、高效、安全、经济的交通运输服务与支撑。便利的交通条件是城市群一体化发展的基础，是推动区域经济发展的重要因素。

美国东北城市群是全国最为密集的交通走廊。全美 75% 的通勤客流集中在这里，超过半数的美铁列车从这里出发。全美高速公路里程中有 12% 的里程集中在这里。东北走廊还集中了超过全美 30% 的航班，拥有全美前 30 个最繁忙的机场中的 8 个，每日东北走廊间的旅行人数就超过 3 万人。这里还是繁忙的物流中心，全美五分之一的货物在这里流通。正是有了完善的交通设施网络，有力支撑了东北城市群各城市之间频繁的客货流通。图 4-63 为美国东北部城市群综合交通网络图。

20 世纪 50 年代末至 70 年代初是日本经济高速发展时期，日本政府认识到交通对于社会和经济发展的重要牵引作用，结合日本的几次全国综合开发规划，于 1962 年、1969 年和 1977 年分三次启动了对东海道交通大动脉建设、整治和扩建。东海道城市群以京滨工业区、阪神工业区和中京工业区 3 大工业集聚区（都市圈）为中心，建设了由东京、名古屋及大阪地区的高速铁路（东海道新干线）、在来线（东海道本线）、高速公路（东名、名神高速）、航空航线等多种运输方式为主动脉的综合交通网络，对促进关东和关西地区的经济发展、社会交流和人员往来起了重要作用，推动了城市群的一体化发展。

a）

b）

图 4-63

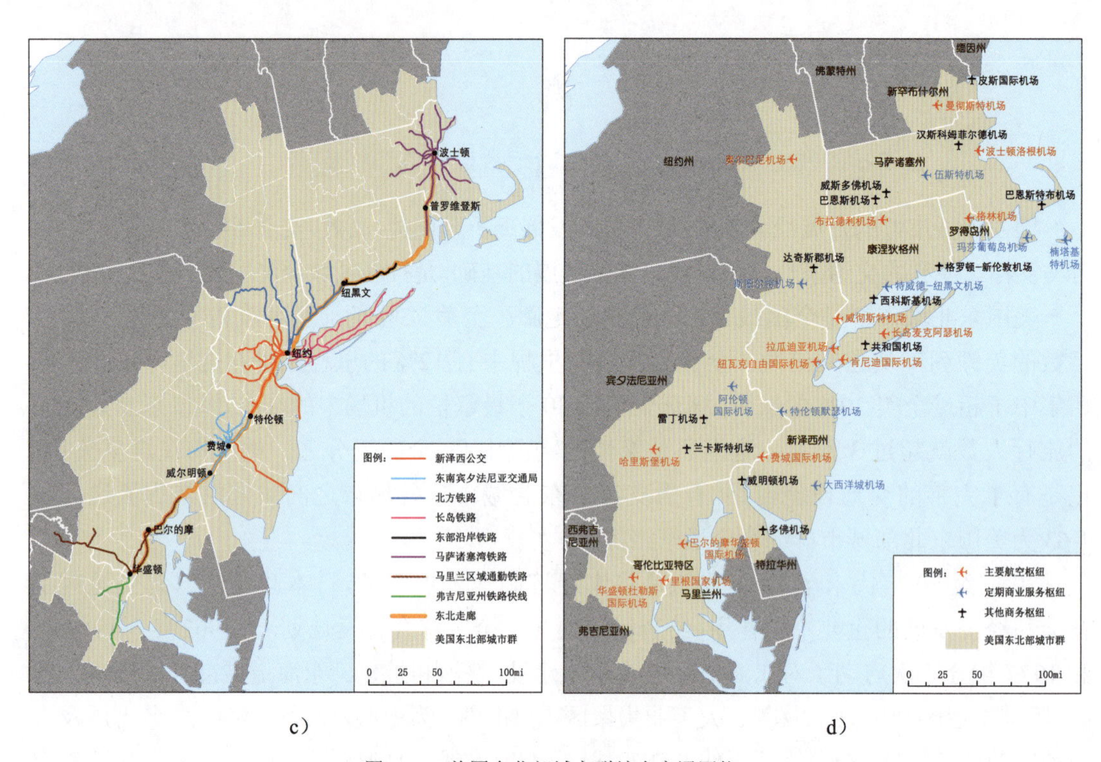

c） d）

图 4-63 美国东北部城市群综合交通网络

a）通勤铁路系统；b）货运铁路系统；c）高速铁路系统；d）地区机场分布

4.5.2.2 城市群交通发展模式受各国人口密度、资源环境、发展策略等不同而呈现差别化

从国际城市群（都市圈）的发展经验来看，交通与城市群的发展具有密切的联系：一方面，城市规模、人口密度和资源环境决定了城市群主导的交通发展模式；另一方面，交通模式的选择也将对城市群的发展和空间结构的形成产生重要影响和引导作用。从美国、日本等发达国家的城市群发展历程来看，由于国情、地域条件、运输强度及发展策略不同，城市群交通发展模式也有所差异。

（1）日本模式——以轨道交通为主导

日本城市群发展模式的特点是城市人口密度较高，土地资源相对紧张，城市和区域的扩张主要沿着轨道交通等大容量、集约化的交通线路呈高度聚集式发展。从日本东海道城市群的铁路线路布局与人口分布（图 4-64）来看，无论是在都市圈还是在整个东海道城市群，其人口集中区（即人口密度大于 4 000 人 /km^2）基本上都是沿着以轨道交通为主导的交通走廊布局。

此外，从交通结构（图 4-65）来看，也可以看出轨道交通在日本城市群客运出行中占据主导地位，公路则主要承担物流通道的角色。在东京都市圈的通勤出行中，近一半都是依靠轨道交通出行，尤其是人口密度较高的中心区（23 区部），轨道交通通勤出行比例高达 76%。

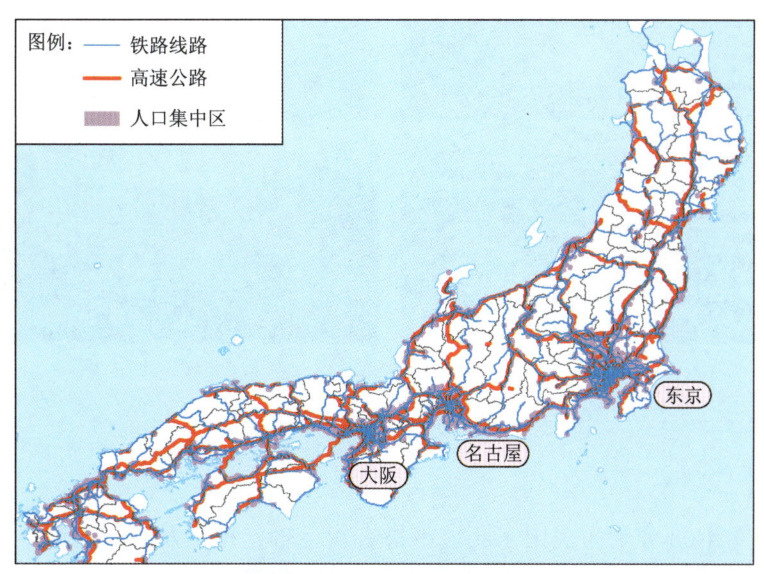

图 4-64　日本东海道城市群铁路网络与人口分布

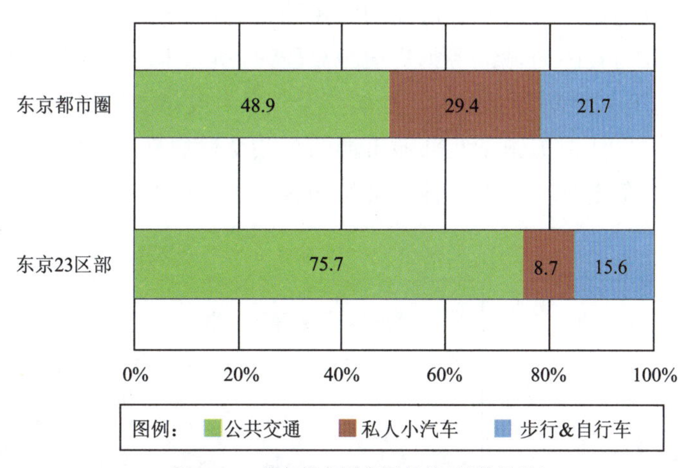

图 4-65　东京都市圈交通结构（通勤目的）

（2）美国模式——以公路交通为主导

20 世纪初汽车的出现，受到了美国城市决策者和大众的普遍欢迎，认为汽车是适合于每个人而不带什么政治色彩的交通方式，政府对小汽车的重视远远超过了公共交通。二战后，政府对于交通的发展由过去的间接扶持转到大规模的介入，一系列支持小汽车发展的政策和措施使汽车逐渐成为美国家庭最主要的交通工具。例如 1956 年通过的《联邦援助公路法案》（以下简称“法案”），规划铺设 4.1 万 mi（6.598 万 km）的州际高速公路，《法案》建立了联邦公路信用基金（federal highway trust fund），征收汽油、车辆、轮胎等消费税资助公路建设。在一系列政策和资金支持下，各地建立了庞大的公路与道路网。随着高速道路网络的建设，城市的郊区沿着路网而蔓延，城市的规模迅速扩展，人们居住和地区活动中心也日益分散，美国城市空间结构由聚集走向分散，形成了低密度、郊区化的城市形态（图 4-66）。

a)

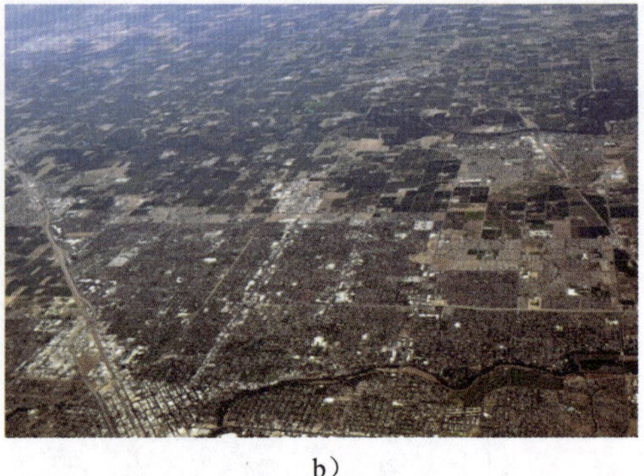
b)

图 4-66 美国沿公路低密度蔓延的城市形态

资料来源：维基百科

图 4-67 和图 4-68 分别为美国东北城市群客货运输结构图及都市已通行出行结构图，可以看出在美国东北部城市群内，主要城市之间的客货运输近 90% 都是通过公路进行。需要说明的是，在美国东北城市群内部城市间的中短途货运，一般使用卡车，因为东北城市群内部的货物价值较高，而且因为城镇密集货运距离较短，所以卡车集装箱运输更受青睐，而铁路则主要在长途货运中发挥重要作用。虽然是全美公共交通设施最为发达、通勤铁路网络最为密集的地区，这也使得美国东北部城市群的公共交通通勤出行水平是全美平均水平的 3 倍之多，但是小汽车出行在城市群各城市间的客货出行以及都市区通勤中依然占据主导地位。

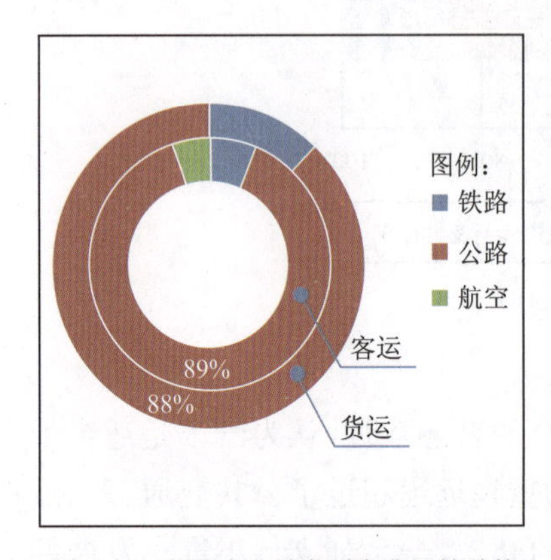

图 4-67 美国东北城市群客货运输结构
（2010 年的美国出行调查数据）

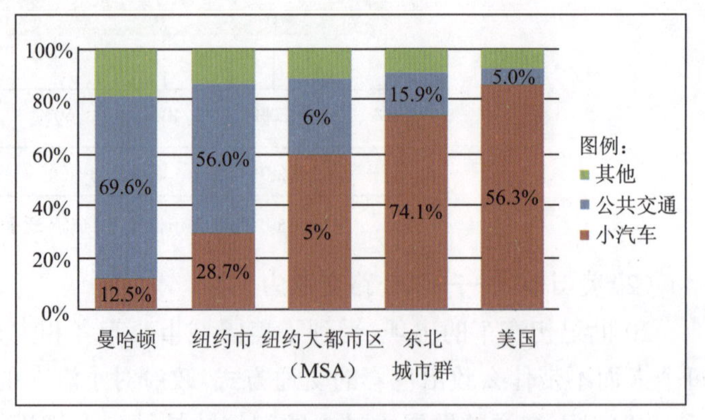

图 4-68 美国东北城市群都市区通勤出行结构
（2010 年的美国出行调查数据）

（3）欧洲模式——公路与铁路共同发展的交通模式

欧洲众多城市呈现了多元化的交通发展模式，多种交通方式合理利用、协调发展。虽然欧洲城市具有较高的汽车化水平，但公共交通的发展在城市群中仍然成为主要的交通运输方式，并通过一系列的政策和交通需求管理等手段保障公共交通的发展。

法国巴黎都市圈是以巴黎为核心城市，沿塞纳河而形成的带状都市圈，也称“法兰西岛”，由巴黎市和埃松、上塞纳、塞纳—马恩、塞纳—圣德尼、瓦勒德马恩、瓦勒德瓦兹、伊夫林 7 个省组成。全区面积 12 072km^2，人口 1 100 万人，分别占法国总面积和人口的 2.2% 和 18.8%，是欧洲人口最密集的都市地区。由图 4-69 可知，各城市间联系主要方式有公路和铁路。

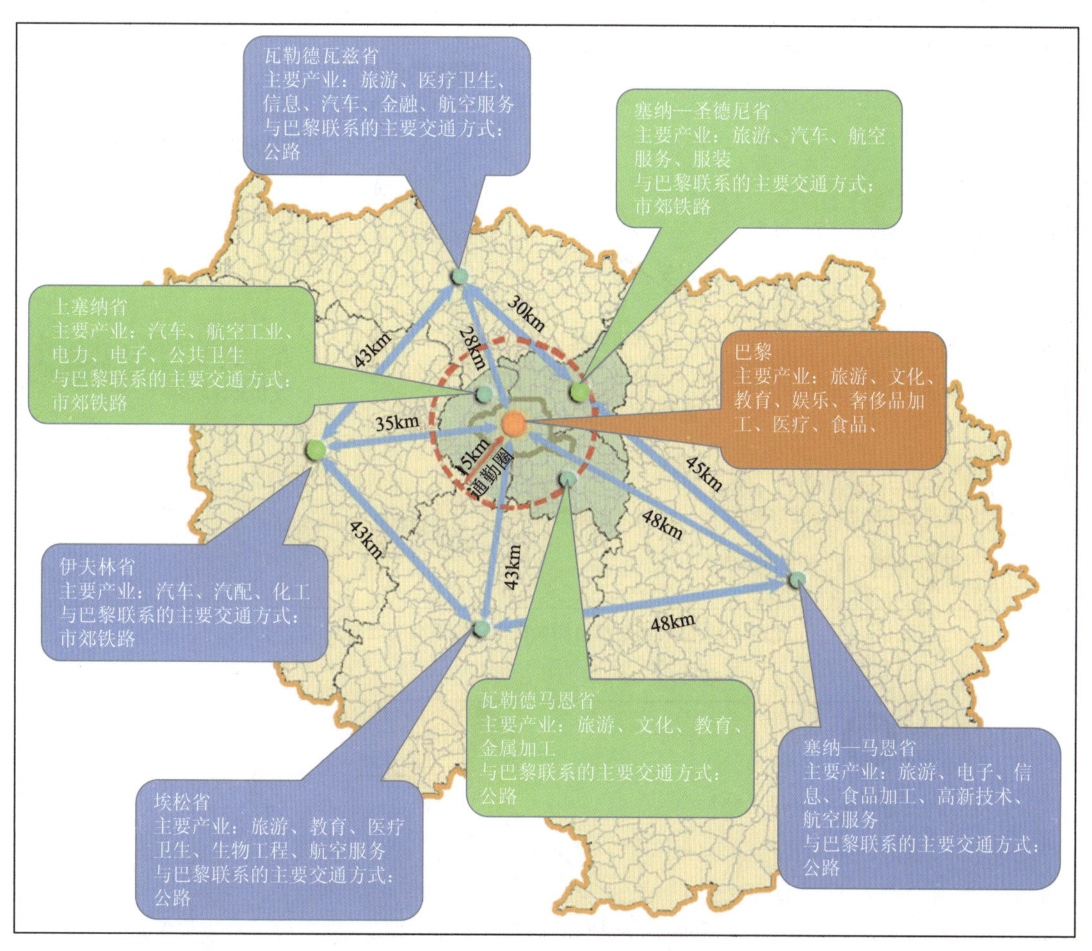

图 4-69 巴黎都市圈产业分布与主要交通方式

2010 年，巴黎都市圈交通方式结构中公共交通占 20.1%，小汽车出行占 37.8%，摩托车占 1.4%，自行车占 1.6%，步行占 38.7%，其他占 0.4%。

荷兰兰斯塔德都市圈形成于 20 世纪，包括 4 个核心城市（阿姆斯特丹、鹿特丹、海牙、乌德勒支）及其周边的中小城镇共 70 多座。如图 4-70 和图 4-71 所示。

从欧洲西北部城市群涉及的几个国家（法国、德国、比利时、荷兰）的客货交通结构来看（表 4-21），以公路交通尤其是高速公路交通承担着大部分的客货运交通，比例一般在 70% ～ 80%。另外，非公路交通在货运中的分担比例因国家而异。例如，水运在荷兰货运中起到非常重要的作用，这与荷兰多河流和位于三角洲地带的独特地理环境直接有关。而在德国和法国，铁路比水运和管道交通重要得多。

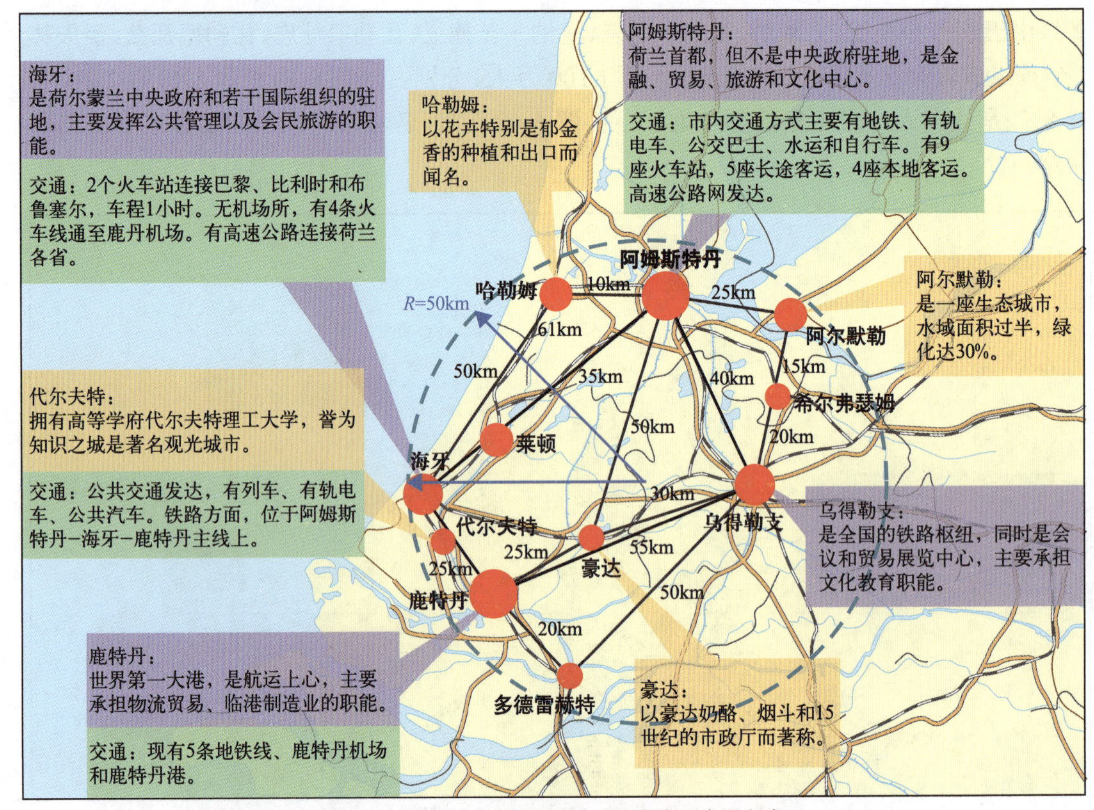

图 4-70　兰斯塔德都市圈城市分布与主要交通方式

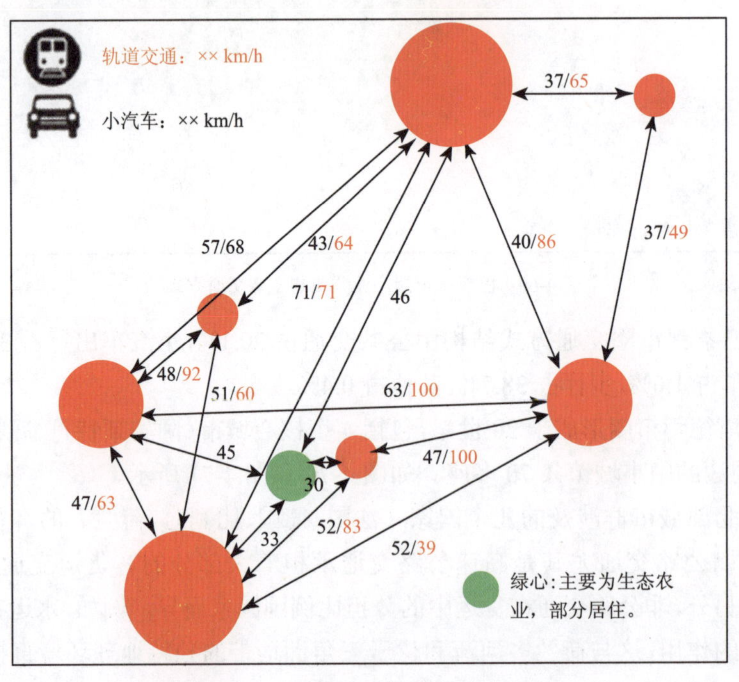

图 4-71　兰斯塔德地区通勤速度示意图

2012 年欧洲西北部城市群 4 个国家客运交通结构(%)　　表 4-21

国家	客运				货运			
	小汽车	大巴	地铁 & 电车	铁路	公路	铁路	水运	管道
比利时	79.3	12.2	0.8	7.7	62.6	14.2	20.3	2.9
德国	82.6	5.5	1.4	10.4	62.4	22.4	11.9	3.3
法国	79.5	5.1	1.5	13.9	75.3	14.2	3.9	6.6
荷兰	82.0	6.9	0.9	10.3	53.3	4.9	37.4	4.4

4.5.2.3　轨道交通系统层次与以城市群不同圈层的交通需求特点相适配

城市群区域内的交通可分为三个层次：一是中心城市中心城区范围内的交通即城市交通，主要以市民的日常出行为主；二是中心城市与其周边城市或城镇相互联系所产生的交通，即都市圈交通，主要以通勤出行为目的；三是城市群各核心城市之间的交通，即城际交通，主要以商务、休闲、娱乐、货物流通等目的。不同层次的出行目的不同，所产生的交通需求以及交通服务要求也不一样。从纽约、巴黎、东京等国际城市群交通的空间圈层分布特点来看，轨道交通具有明显的圈层分布特点，见表 4-22。

国际城市群不同空间圈层轨道交通体系　　表 4-22

范围	城市中心区(半径 15km)			都市圈			城市群		
	纽约	巴黎	东京	纽约	巴黎	东京	纽约	巴黎	东京
空间层次	五个区，面积 789km²	巴黎及近郊三省，面积 762 km²	23 区，面积 621km²	纽约州－新泽西州－宾州都市区，面积 1.7 万 km²	大巴黎地区，面积 1.2 万 km²	一都三县，1.3 万 km²	美国东北部城市群，面积 13.8 万 km²	欧洲西北部城市群，面积 14.5 万 km²	日本东海道城市群，面积 10.5 万 km²
服务形式	地铁，373km	地铁有轨电车，215km	地铁单轨，291km	市郊铁路，2 280km	RER 快线、市郊铁路，1 485km	私铁、JR，2 013 km	阿西乐快线	TGV 高铁	新干线
特点	线网密站距小，满足日常出行			快速、大运量，满足通勤出行			高效、舒适、多样，满足商务出行		

在城市中心区范围内，主要通过建设高密度的地铁线路来满足城区内居民的交通出行。尤其是城市主要功能区，轨道交通网络密度更高。

在都市圈范围内，则主要通过市域铁路提供都市圈范围内的通勤服务。东京、纽约、伦敦、巴黎等国际大都市一般在通勤圈范围都拥有约 2 000km 以上的市域铁路来服务大规模的通勤出行。

城市群范围，则主要通过大站距的高速铁路（如日本新干线、法国 TGV、美国阿西乐快线），满足城市群主要城市之间的商务出行。

4.5.2.4　重视综合交通枢纽的一体化衔接及与城市功能的结合发展

综合交通枢纽是不同交通方式换乘衔接的重要节点，是城市群综合交通体系的关键环节，其换乘是否便捷直接影响到整个交通系统的运转效率。在国际城市群的交通发展过程

中,都非常注重都市圈范围内综合交通枢纽的建设和逐步完善,主要体现在以下 3 个方面:

(1)建立铁路枢纽与机场的快速顺畅衔接。从国际经验来看,衔接方式有两种。一是将高铁线路引入机场,空港与铁路枢纽合并建设,代表性的如法国戴高乐国际机场(图 4-72)、日本东京羽田国际机场等。二是航空枢纽与铁路枢纽分设两处,通过轨道等多种交通方式建立直接快速的交通联系,如东京成田机场(图 4-73),伦敦希斯罗机场(图 4-74)等。

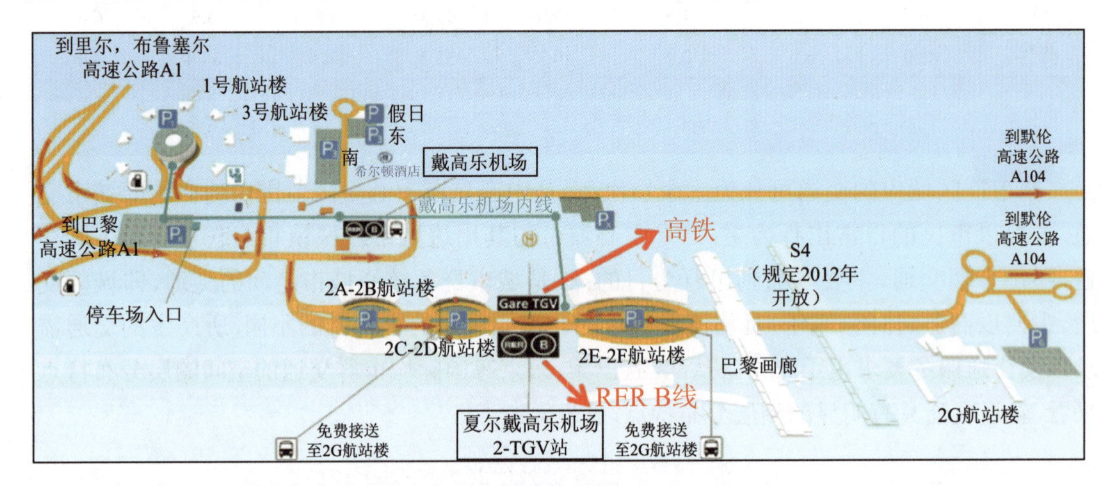

图 4-72 法国戴高乐机场与高铁的衔接

资料来源:法国戴高乐机场官方网站。

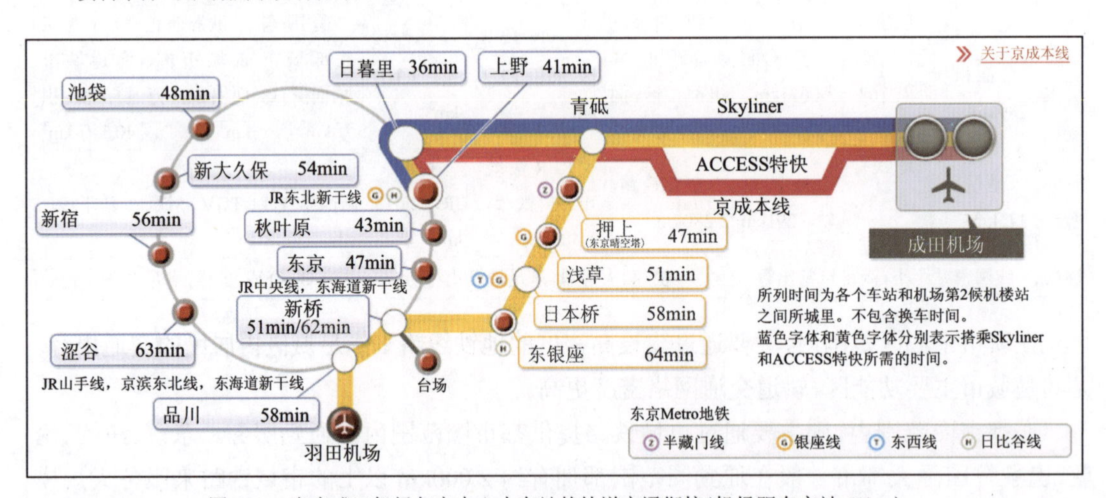

图 4-73 东京成田机场与市中心火车站的轨道交通衔接(机场距东京站 60km)

资料来源:东京成田机场官方网站。

(2)枢纽内部不同交通方式的有效衔接。德国柏林中央火车站是典型的通过立体方式解决城市对外交通与城市交通衔接的例子(图 4-75)。该车站将区域铁路与城市地铁、轻轨及有轨电车等多种交通方式相连,将东西及南北方向的所有远程及区域列车的铁路线穿过市中心汇合在了中央车站,并在同一大厅内实现大规模的垂直换乘,大大提高了区域交通一体化的衔接效率。

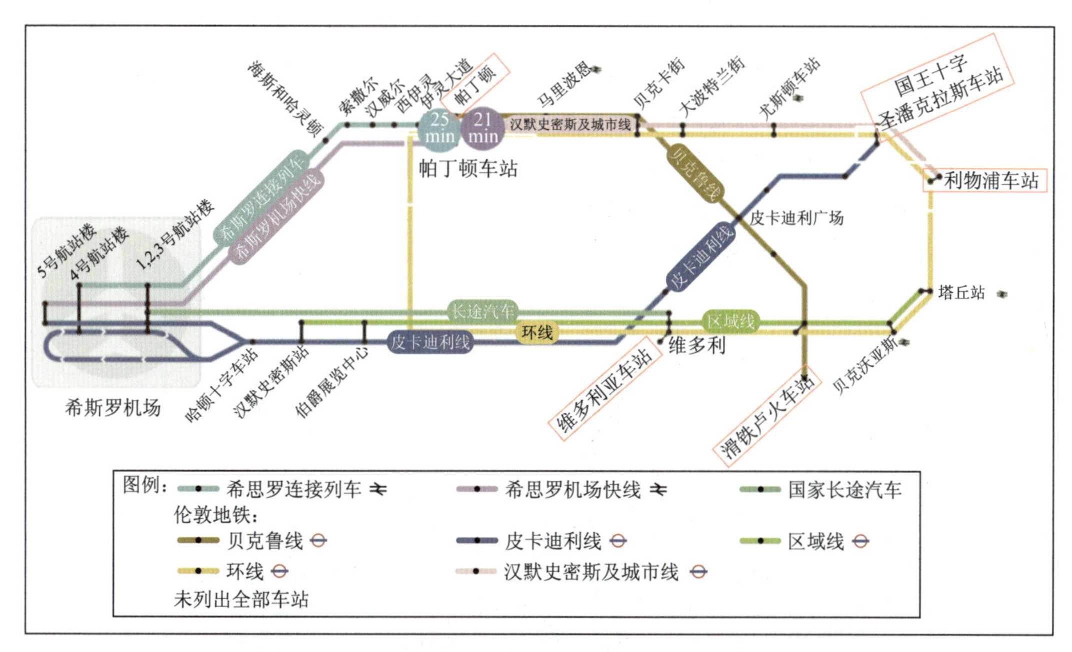

图 4-74　伦敦希斯罗机场与市中心火车站的轨道交通衔接(机场距帕丁顿火车站 28km)

资料来源:希斯罗机场官方网站。

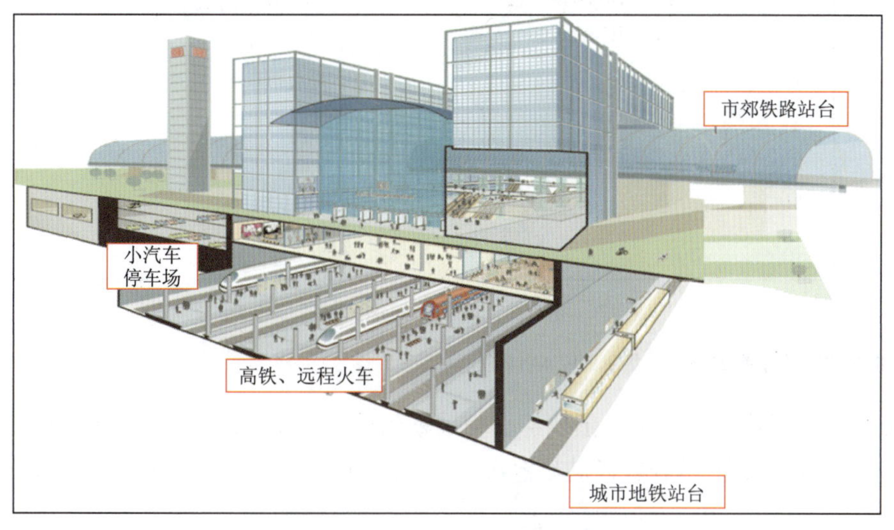

图 4-75　柏林中央火车站结构示意图

资料来源:柏林中央火车站官方网站。

(3)综合交通枢纽与城市功能结合布局。以东京为例,东京就是围绕城市综合交通枢纽进行都心和副都心的建设,从源头解决城市交通问题。而且围绕综合交通枢纽进行高强度的土地开发。图 4-76 为东京综合交通枢纽与城市功能布局图。东京站、新宿站等重要综合交通枢纽周边建筑容积率都超过 10,且融合商业、办公、休闲娱乐等多种功能,满足多样化出行需求。经过多年的发展,新宿、涩谷、池袋、品川等综合交通枢纽周边已经成为东京最具活力和商业价值的地区。此外，东京的综合交通枢纽内部将公共汽车站、出租汽车站、地下停车场以及商店、银行、商业街等布置在同一建筑物内，或用地下通道连为一体，出入口数量多，分布广。以新宿站枢纽为例，该枢纽本身并没有引人注目的大型建筑，但通过充分利用地下空间，结合大型商场与购物中心，真正实现了交通与建筑群体的一体化，在超过 $2km^2$ 面积内分布了 100 多个出入口，将地下连廊将枢纽与周边建筑有效衔接起来，既为乘客购物、商务办公等提供了方便，同时也有利于枢纽客流的快速、高效疏散。

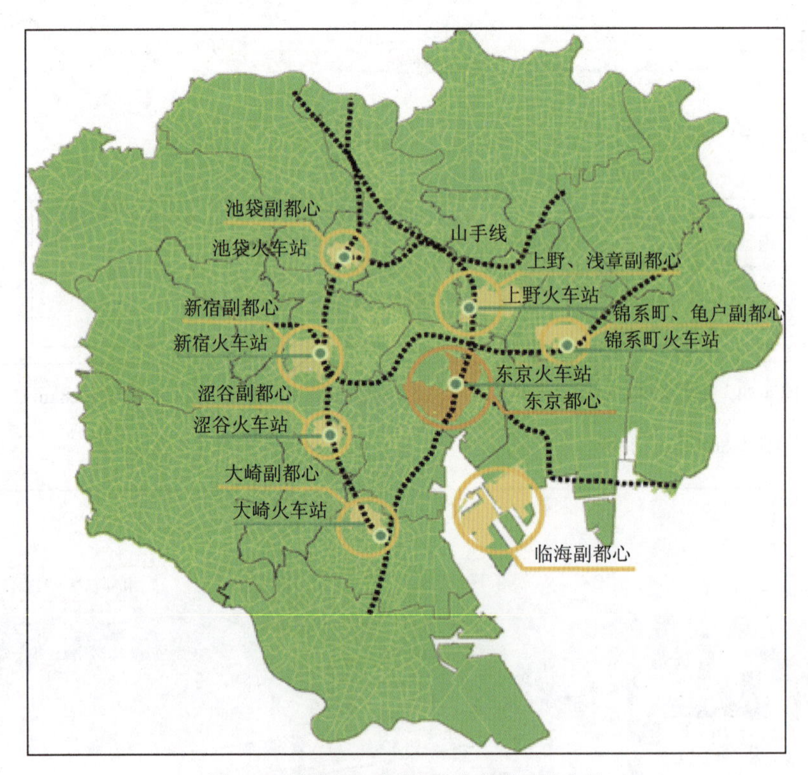

图 4-76　东京综合交通枢纽与城市功能布局

资料来源：根据东京都 23 区部枢纽位置和城市功能布局绘制。

此外，伦敦、纽约等城市也是围绕综合交通枢纽进行城市功能的布局，并在重要城市功能区匹配高密度的轨道交通网，以满足枢纽客流集散的需要，如图 4-77 和图 4-78 所示。

4.5.2.5　轨道交通与土地一体化开发，建立可持续的投融资体制机制

从国际上看，在都市圈的一体化过程中，都面临着大规模、跨区域交通基础设施建设所带来的巨大资金需求所带来的挑战，尤其是建设周期长、投资规模大的轨道交通建设。而大量的国际经验亦表明，仅靠政府的投入不足以支撑如此大规模的基础设施建设，只有将交通设施建设与沿线土地开发结合起来，将土地开发的收益反哺交通基础设施的建设和运营，才能实现交通基础设施的良性运转。现有国内外使用土地溢价管理补充公共交通投入的政策工具见表 4-23。

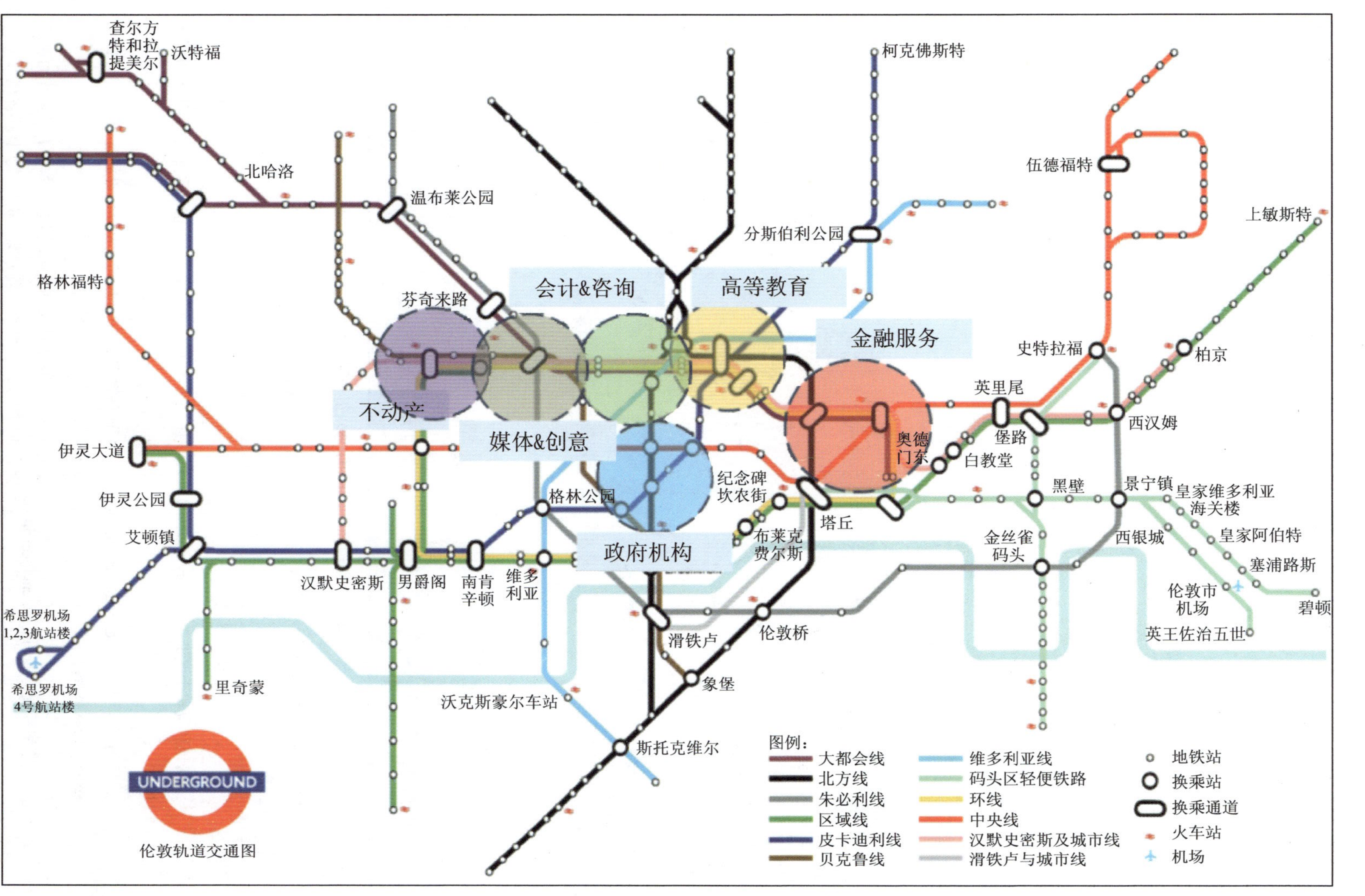

图 4-77　伦敦轨道交通枢纽与城市功能布局

资料来源：伦敦市交通局。

图 4-78　纽约曼哈顿 CBD 与轨道交通系统图

资料来源：纽约大都市交通委员会。

现行土地溢价管理补充公共交通投入的政策工具[13]　　表 4-23

分类	政 策 工 具	描　　述
税收或收费	房地产税和土地税（property and land tax）	政府对于土地或者房产征税，税收通常被收归市政府再进行分配
	环境改善费（betterment charges and special assessment）	政府评估资产（房产）所有者从基础设施改善直接得到收益来征收一定的费用
	税收增额融资（tax increment financing）	对位于政府出资的再开发区域中的资产所有者进行加税，因为他们的资产会从再开发方案中获益（美国使用较多）

续上表

分类	政 策 工 具	描　　述
开发利益返还	土地拍卖和出租(land sale or lease)	政府使用公共投资提高土地价值之后,向开发商出售土地或者开发权。而开发商通过直接支付公共投入或者每年支付租金等方式补偿政府投入
	共同开发(joint development)	公交运营商和私人开发商合作使用公交站点周边的开发收益补偿站点的建设费用(如中国香港、日本等)
	开发强度增加权拍卖(air rights sale)	政府通过修改规划,向开发商出售部分地区提高容积率的权力,筹集土地基础设施的公共投入(如巴西圣保罗)
	土地拥有者贡献部分土地用于支付政府公共交通支出(land readjustment)	土地所有者卖出部分土地或者贡献部分土地给政府用于支出在其土地及周围的基础设施建设
	城市再开发模式(urban redevelopment schemes)	土地所有者和开发商组成联合体将小块土地整合进行城市再开发建设(如高密度混合用地),并承担部分新建道路建设和公共空间建设。政府改变开发区域(通常在轨道站点周围)的用地类型、提高容积率,作为基础设施支出的融资(日本较多)

表 4-23 中,税收或收费的政策工具涉及效益的准确估值问题,导致政策的实施难度非常大,同时税收和收费得来的资金一般都进入地方财政的公共账户,然后再分配使用,并不直接补贴公共交通的投入,也没有明显的支出—收益链。此外使用税收和收费工具对于土地价值管理需要有较为完善的整套土地和房地产税收系统,同时要求地方政府基层的税收人员对于土地估值有良好的掌握,不然容易滋生腐败。因此使用税收和收费对于土地增值进行管理,并不十分有效,即使正在使用税收和收费工具的国家也在进行政策工具改革。相对而言,“开发利益返还”通过捕捉由新建基础设施(特别是公共交通)创造的土地价值,为基础设施的建设和运营提供可持续的资金来源,是目前基础设施融资的主流工具。例如日本的“铁路 + 房地产”综合开发模式以及香港“地铁 + 物业”模式就属于开发利益返还的成功案例。

在日本,铁路与房地产的综合开发策略,主要始于阪急电铁(注:虽然阪神电铁更早在西宫站前建设了 30 户出租屋,但一定规模上从事实质性的铁路设施和郊区住宅同步开发的主要始于阪急电铁)。阪急电铁公司成立于 1906 年 10 月,并于 1910 年在大阪池田室町开发了第一个郊区开发项目。除了住宅开发以外,阪急还开启了包括休闲娱乐项目在内的私营铁路商业模式。在二战后的快速城市化时期,这种商业模式被运用到东京和京阪神的所有私营铁路上,得到了极大的发展。住宅和铁路的整体开发扩大了私铁的收入基盘,为私铁经营的稳定作出了巨大贡献,日本的私铁也因此才得以生存延续。日本的铁路和郊区住宅地整体开发有很多案例,如东急的多摩田园都市开发计划等。表 4-24 和表 4-25 为大阪都市圈和东京都市圈主要私营铁路公司开发的住宅地面积。

香港政府在城市的发展规划中,坚持土地和公共交通一体化开发的规划思想,最终形成了以轨道交通为主导的高密度发展模式。港铁(香港政府持有 77% 的股份)和香港政府在轨道交通规划和城市建设探索中形成了独特的“地铁 + 物业”模式,并凭借出色的经营使得香港成为全世界少有的、在公共交通服务领域盈利的城市。近年来，香港地铁公司的物业收入在营业额中所占比例稳步上升，成为香港地铁建设发展的重要资金来源。在"地铁+物业"模式中，港铁公司以轨道开发前的价格从香港政府取得地铁沿线土地的开发权利，然后与开发商共同开发土地，并以土地有了轨道服务后的土地价值与开发商进行利益分层[15]。在这样的结构下，港铁公司在轨道建设前，便从市场融得资金进行建设，并与开发商共同承担开发风险。此外，港铁从政府取得土地后，并不把轨道的上盖土地开发权卖出而是与开发商共同经营，从而能够持续从土地开发中获得效益，为轨道运营服务提供保障。

大阪都市圈主要私营铁路公司开发的住宅地面积[14] 表 4-24

公 司 名	开发面积(公顷)		
	二战前	二战后	总计
近铁	0	2 284	2 284
京阪	0	918	918
南海	25	1 248	1 273
阪急	885	1 376	2 261
阪神	92	137	229
合计	1 002	5 962	6 964

东京都市圈主要私营铁路公司开发的住宅地面积 表 4-25

公 司 名	开发面积(公顷)		
	二战前	二战后	总计
小田急	145	912	1 057
京王	0	333	333
京成	25	256	281
京急	70	1 616	1 686
西武	1 172	2 051	3 223
东急	138	6 785	6 923
东武	43	402	445
合计	1 592	12 355	13 947

4.5.2.6 打破行政壁垒，形成紧密的区域协调机制

从国外城市群的发展经验来看，城市群的协同发展，必须要打破行政壁垒，形成一套有力的区域组织协调机制。其中美国的交通专区、德国的交通联盟就有可借鉴之处。

20世纪20年代以来，美国进入了大都市化发展阶段。由于大都市区在美国仅是为了便于人口统计而划定的统计单位，不是一级行政区划，中心城市和郊区在行政上互不相属，各县、市都是平等而独立的政治实体，一个大都市区内往往有众多决策中心，同行政区之间的合作往往非常困难。为解决大都市区发展中面临的区域性矛盾和问题，实行有效的区域协调管理，美国进行了多方面的探索。如政府间协议会、地区间协议、交通专区等。相对于

政府间协议会和地区间协议而言，交通专区在财政和行政方面具有实质性的独立地位，是在美国地方政府零碎化、大都市区政府难产，而大都市区的高速发展又迫切需要区域性服务的局面下的“次优选择”。交通专区设立的目的是协调大都市区范围内交通基础设施的建设、运营和服务。纽约大都市区的纽新港务局就是交通专区的典型案例。

纽约州和新泽西州共同拥有哈德逊河口的港区，这一重要资源的开发引起了双方激烈的竞争。1914 年，巴拿马运河的开通使得哈德逊沿岸的贸易量猛增，导致竞争的进一步加剧。1916 年，新泽西的商业和政治领袖向州际商务委员会（Interstate Commerce Commission）提出上诉，认为区域货物运输费率损害了新泽西的经济权力。面对区域竞争，纽约州商会（New York State Chamber of Commerce）法律顾问朱利叶斯•H•肯恩的提出：“……应创立一个联合机构让双方可以有效合作……建立的纽约港务局将是一个政治实体，有权征用、持有、拥有、操作或出租交通和港务设施。”两州开始寻找化解恶性竞争的合作解决方式。1917 年，纽约和新泽西海港发展委员会在纽约州长、纽约市长和新泽西州长的共同支持下成立了。委员会对于港区历史、地理和经济等情况进行深入研究后，制定了港区治理的总体规划，借鉴伦敦港务局的经验，提出建立独立的公营部门运作港区的操作模式。经过多方磋商和磨合，最终纽约港务局（纽新港务局前身）于 1921 年 4 月 30 日成立。这是美国首个跨州的公营部门，由一个委员会主持，6 位成员分别由两州任命，职能是改善、兴建交通和海港设施，协调港区发展，加强大都市区经济竞争能力。根据两州协议，以自由女神像为中心直径约 25mi（40km），大约 1 500mi^2（3 900km^2）的范围属于港区。

纽新港务局在财务上自给自足，虽然没有征税权，但是被授权可以“购买、建设、出租和经营场站和交通设施”并“收取相关费用”，还可以为基础设施建设发行债券。港务局拥有沿岸土地的征用权，能够以地主身份将设施租赁给私营公司经营，在保证相对稳定的收入下充分利用市场资源、发挥私营企业的优势。此外，港务局还依靠出售免税凭证支付建设费用。由于港务局专区是由政府任命的委员会负责，并且在没有民选官员控制下运作，不受宪法或法定债务限制发行税收免除债券，为区域性公共项目筹集到了大量资金，取得了令人瞩目的经济效益。港务局在纽约州和新泽西州间建立了一个综合交通网络，尤其是跨河交通建设上，成绩显著。在不到 20 年的时间里，通过桥梁、隧道的建设，港务局整合了哈德逊河下游渡口一带的交通系统，加强了纽约、新泽西之间的联系，曼哈顿得以更好地发挥经济中心的作用。这一系列大型交通工程包括 1928 年开通的越州大桥（Outerbridge crossing）和歌索大桥（Goethals bridge）、1931 年开通的八约讷大桥（Bayonne bridge）、1931 年完工的华盛顿大桥（George Washington bridge）、1937 年开通的林肯隧道（Lincoln tunnel），还有 1931 年交给港务局管理的荷兰隧道（Holland tunnel），分别将曼哈顿上城、中城和下城与新泽西北部连接起来。港务局还于 20 世纪 40 年代从纽瓦克、纽约政府手中获得机场、海运场站的租约，并逐步接管了整个地区中主要机场，包括纽瓦克自由国际机场、拉瓜迪亚机场、肯尼迪国际机场、弗洛伊德•班尼特机场等（图 4-79）。港务局还运营 PATH 铁路，提供纽约市和新泽西之间的通勤铁路服务。此外，港务局还在斯塔滕岛、布朗克斯和纽瓦克等地进行了办公和工业开发。

图 4-79　纽新港务局运营设施及服务分布图

资料来源：纽新港务局官方网站。

欧洲许多国家都有都市圈的区域规划和重大基础设施建设的协调机构。在德国，交通联盟（交通运输协会）对于区域的交通发挥着重要的协调作用。交通联盟承担着一个区域内公共交通标准的制定，服务质量和数量的监管，时刻表、运营模式、车票样式和票价的统一等工作，最大程度为乘客提供高效便捷的城际公共交通服务。据相关资料显示，2003年，德国共有57个城市公共交通联盟，近年来数量仍在增加。其中莱茵—鲁尔交通联盟（Verkehrsverbund Rhein-Ruhr，VRR）的规模属欧洲最大，其轨道线网图如图4-80所示，它由24个城市和地区参加，28家单位联合经营，服务范围5 000km²、居民730万，有800条公共汽车和火车运行线路，11 000个车站，每天投入运营的公共汽车和列车5 300辆，日客运量400万人次。

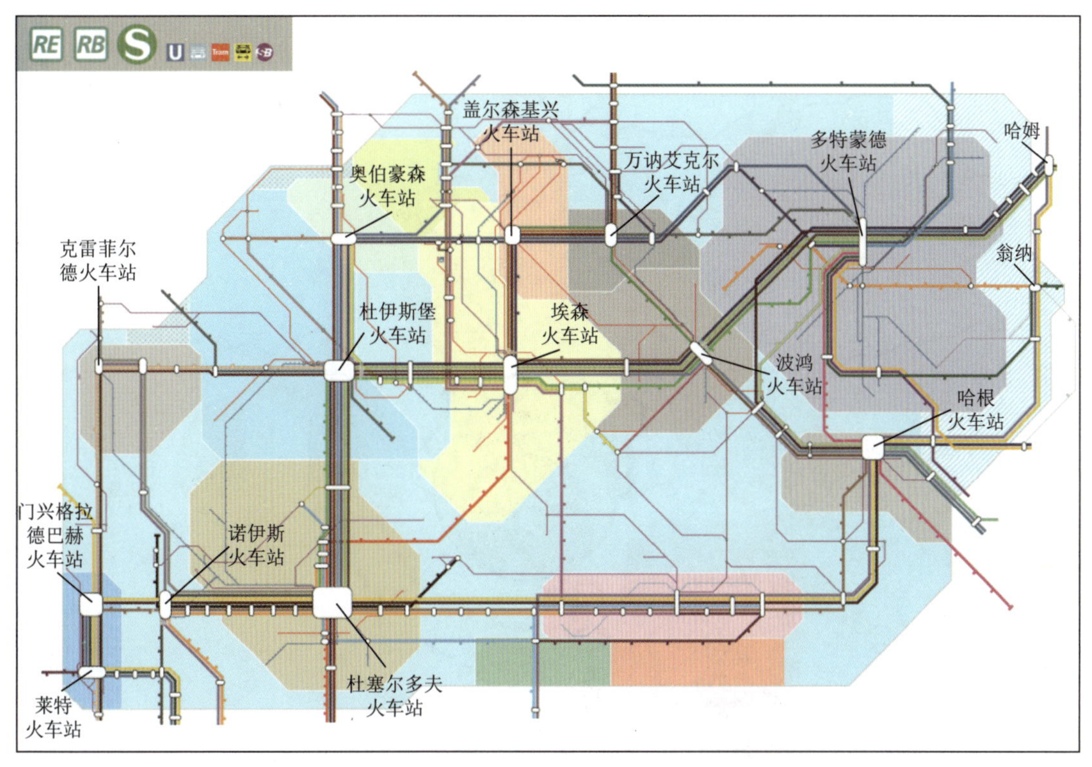

图 4-80　莱茵 - 鲁尔交通联盟轨道线网图

资料来源：维基百科。

4.5.3　交通一体化发展教训借鉴

4.5.3.1　东京都市圈职住严重分离、通勤交通耗时巨大

东京都市圈作为世界上最大的都市圈经济发展取得了巨大成功，最重要的原因在于其构建了以轨道交通为主导，绿色、高效、便捷的综合交通系统，进而形成了以轨道交通为支撑的世界最大都市圈。然而，东京都市圈的发展也暴露了一些弊端，主要表现为城市结构的单中心化、通勤半径过大，由此造成了居住与就业严重分离、通学通勤耗时巨大以及城市运行成本巨大等问题。

目前，东京都市圈单中心的城市结构造成居住与就业的严重分离。东京的都心三区职住不均衡现象十分严重。据统计，2005 年东京都心三区岗位人口比为 6.4。居住与就业的严重分离又造成了都市圈外围与中心之间大规模的通勤通学的交通出行。2010 年，外围各县至东京都区部出行发生量中通勤通学比例大多在 60% 以上（图 4-81），其中千叶县和埼玉县比例分别为 65.2% 和 62%；东京多摩部和茨城县的比例分别为 60.8% 和 67.5%；神奈川县本身就业功能相对强大，该比例（47.1%）低于外围其他各县。

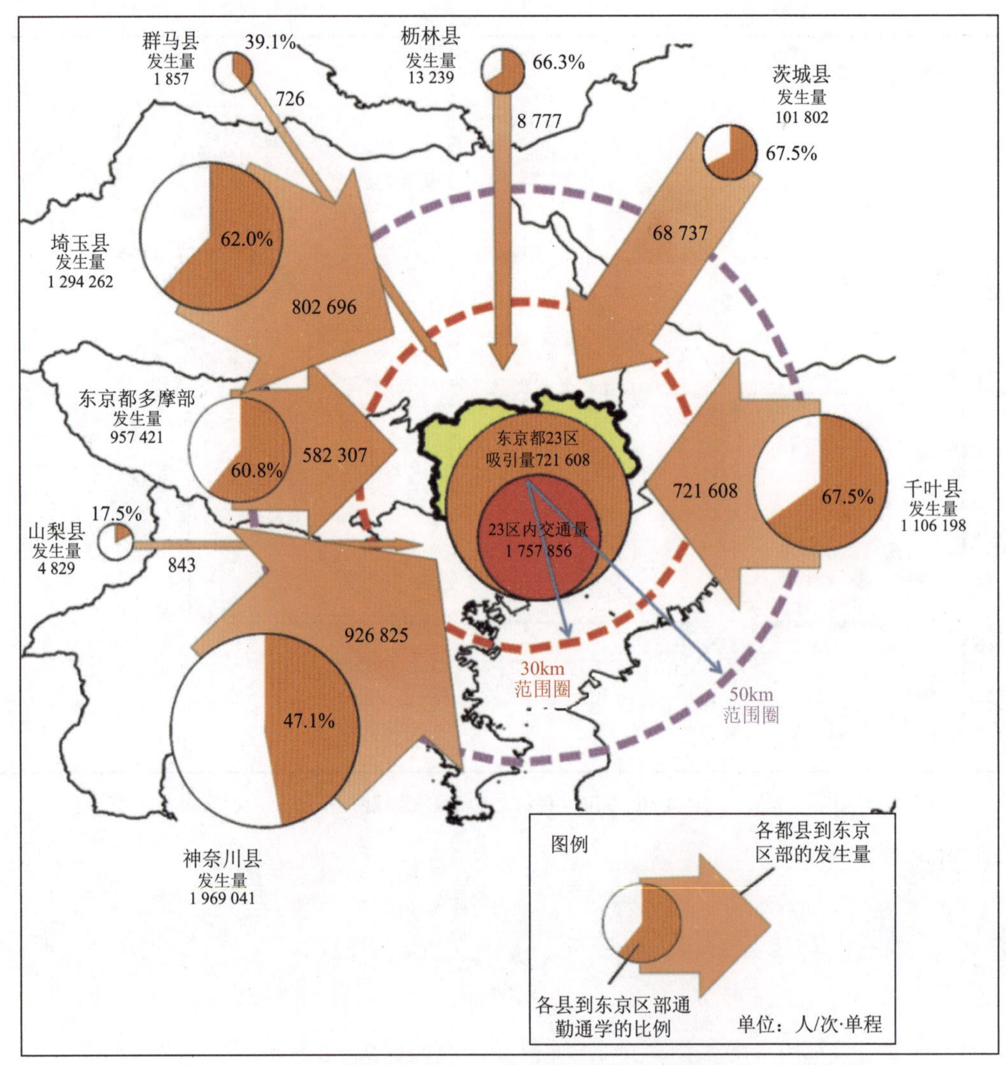

图 4-81　2010 年日本首都圈各县至东京区部出行总量与通勤通学出行量关系

单中心的城市结构也造成了通勤距离与通勤时耗的增加。据统计，2010 年东京首都圈通勤时间为 68.8min，通学时间为 76.9min，通勤 + 通学出行时间为 70.4min。

2012 年，高峰时段东京区部主要道路平均车速为 18.7km/h，东京都市圈平均车速为 24.2km/h，低于日本平均水平 35.1km/h。

2013 年，东京都轨道交通系统主要 31 个区间的平均拥挤率为 165%。

可对比的是，2012 年北京轨道交通系统高峰小时最大满载率为 142%（15 号线），线网平均拥挤率为 105.2%。

4.5.3.2　美国的小汽车主导与城市蔓延式发展

以美国洛杉矶、纽约为代表的城市，在高水平的汽车拥有与使用中，城市呈现松散的用地布局态势，城市郊区化现象非常明显。该交通模式的有以下教训可供借鉴：

（1）高度机动化的城市，汽车为主导的单一交通方式使得交通拥堵严重，同时带来能源消耗大，交通污染严重。在美国东北部大城市群，因为交通拥堵造成的每年经济损失包括138 亿美元拥挤费用、49 亿升汽油、77.2 万小时的时间延误等损失。

（2）在高水平的汽车拥有与使用中，城市空间尺度扩散式蔓延发展，结构松散，开发强度低，土地资源极大浪费，城市郊区化现象非常明显。城市空间无限无序、低密度水平增长，伴随着公共基础设施服务效率下降，土地资源、生态环境的破坏。

（3）土地的单功能使用强化了城市交通对汽车的依赖，主要依靠高速公路、快速路等道路建设满足用地拓展需求，使得内城衰退和社区生活质量的下降相伴而生。

（4）目前洛杉矶当局已意识到小汽车发展带来的严重问题（图 4-82），近年在逐步发展公共交通、步行与自行车交通。

a）

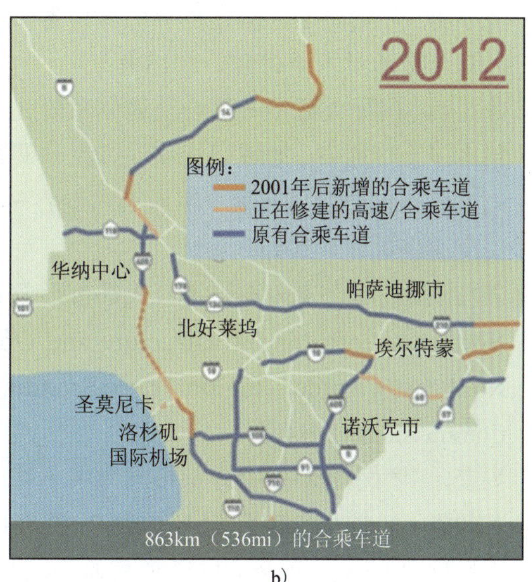

b）

图 4-82 洛杉矶 1980 年与 2012 年公交专用道对比图

资料来源：世界大城市交通发展论坛。

4.5.3.3 欧洲鲁尔都市圈“分散、均衡”发展带来规模效应减弱

鲁尔都市圈是欧洲著名的都市圈之一，在经历了传统工业衰退后及时转型，再次促进了地区的经济增长，更在 2010 年被选为“欧洲文化之都”。

（1）鲁尔分散化的都市圈不存在一个所谓的中心，而是多个中小城市均衡发展，这种发展模式有利也有弊。优点在于地方发展比较公平均衡，在交通上也不会出现集中的大规模的潮汐式通勤行为；缺点在于难以发挥规模效应，在交通上也难以形成提供主干的轨道交通系统服务的条件，难以实现以公共交通为主导的绿色交通系统建设目标，这种都市圈结构城市间出行更多的是依赖小汽车。

注：鲁尔位于德国的西部，面积 4 335km^2，人口 530 万，人口密度约为 1 223 人 /km^2，由 11 个市和 4 个县构成。

(2)鲁尔区在20世纪60、70年代,其传统工业发展的鼎盛时期,居民对于小汽车也有非常高的热情。那时候的鲁尔区的规划是一个以车为本的宏大规划,修建了大量的高速公路。这一规划思路对于鲁尔区的整体产生了较大的不良影响,高速公路割裂了城市景观,破坏了城市环境,也使得居民更偏向使用小汽车出行。如今,鲁尔区的规划者与领导者们更加注意对公共交通尤其是轨道交通的支持,努力提高轨道交通服务水平;同时也注意对绿色交通如自行车的支持,鲁尔区正在筹划修建自行车高速行驶网络,从而提高自行车的行车环境和利用率。

本章参考文献

[1] 范小勇.环渤海地区构建世界级城市群综合交通体系规划研究 [C]. 第二十一届海峡两岸都市交通学术研讨会，2013年.
[2] 陈雪明.国际大城市带综合交通体系研究 [M]. 北京：中国建筑工业出版社，2013.
[3] 日本国土交通省.地域间货物旅客流动调查 [R]. 2009.
[4] 刘龙胜,杜建华,张道海.轨道上的世界——东京都市圈城市和交通研究 [M]. 北京:人民交通出版社，2013.
[5] 矢島隆.鉄道が支える日本の大都市形成 [J]. 土木学会誌，2008，93(8).
[6] Northeast Corridor Infrastructure and Operations Advisory Commission.State of the Northeast Corridor Region Transportation System[R]. Washington:Northeast Corridor Commission，2014.
[7] 冯奎,郑明媚,李铁.中外都市圈与中小城市发展 [M]. 北京:中国发展出版社，2013.
[8] 布赖恩·帕顿.巴黎区域快线(RER)手册 [M]. 北京:中国铁道出版社，2010.
[9] 李凤玲,史俊玲.巴黎大区轨道交通系统 [J]. 都市快轨交通，2009(1).
[10] 甄小燕.东京巴黎都市圈城际轨道交通比较及启示 [J]. 综合运输，2008(10).
[11] Lang，Robert E.，and Arthur C. Nelson. Beyond the Metroplex:Examining Commuter Patterns at the 'Megapolitan' Scale [J]. Cambridge. MA:Lincoln Institute of Land Policy. 2006.
[12] Demographia. US Metropolitan Area Population & Migration:2000—2009[R]. Belleville:Demographia，2010.
[13] Suzuki Hiroaki，Murakami Jin，Hong Yu-Hung，Tamayose Beth. Financing Transit-oriented Development with Land Values-Adapting Land Value Capture in Developing Countries[M]. Washington D.C.:World Bank，2015.
[14] 民营铁路集团开发城镇一览表(明治43年至平成15年) [Z]. 都市开发协会，2007.
[15] 秦静,吕宾,谭文兵.轨道线上的"城市磁极"——香港轨道交通土地综合利用模式的启示 [J]. 中国国土资源报，2014(9).

第5章
城市群交通与土地利用一体化的主要内容与实现途径

5.1 城市群交通与土地利用一体化的主要任务与障碍

如前所述，城市群交通一体化通过交通系统与土地使用、不同交通方式间、交通网络与枢纽之间、城市交通与城际交通之间、交通管理与交通服务的一体化，使综合交通系统成为一个整体，从而实现交通系统与土地使用相协调、不同交通方式之间合理分工和无缝衔接，提供一体化交通服务的目的。

其中，实现交通系统与土地使用的一体化，最大限度地提高交通系统的服务水平，为建立绿色交通主导的综合交通系统提供条件，实现节约化利用土地、建设紧凑型城市的发展目标，是实现城市群交通一体化的第一关键。目前，实现城市群交通与土地利用一体化存在如下障碍。

5.1.1 体制机制问题

5.1.1.1 缺乏实现一体化的体制机制保证

（1）国家 / 区域 / 城市综合协调体制机制缺失

在国家层面上，尚未建立统一明确的监督管理机构，造成地区和地方规划上报审批时，手续烦琐，程序不明。针对一体化没有对各个部门的责任进行明确划分，容易产生灰色区域，出了问题互相推脱。

在区域层面上，城市群内交通规划涉及多省市、多部门，没有统一的协调机构，编制过程中没有明确的牵头单位、编制主体和审批程序。而且各省市各部门的管理权限又存在差异，致使同样的上级部门无法在不同省市之间进行协调。

在城市内部由于职责往往与部门利益相挂钩。政策往往受到各部门利益的干扰，导致部门间协调困难，使需要多部门决策的事务决策缓慢、效率不高。

（2）目前各部门之间存在职能衔接、协调、沟通、交叉等问题

受条块分割的体制制约，各部门工作之间缺乏有效衔接，不同行业部门的规划（铁路、公路、民航等枢纽）之间存在规划目标、时序的不一致性，造成对城市内相同地块的使用规划存在差异，多种运输方式所需功能无法同步实现，不能形成整体优势，严重影响了交通系统一体化整体效益的发挥。

（3）监督机制不健全，执行力度不足

缺少独立的监督机构进行一体化的评估、审核和督促，造成偏袒和执行力度不够。

5.1.1.2　缺乏实现一体化的相关法律法规、制度政策保证

(1)缺少自上而下的协调政策与有效的法律、制度保障

一体化发展需要强有力的法律支撑和保障，目前缺少相关的法律法规，没有相应的政策协调措施，对开发主体、利益分配和责任分工等更是没有明确的法律要求。

以北京市为例，目前与北京市交通相关的政策法规除了《北京市道路交通管理规定》、《城市道路管理条例》等单一层面的管理条例外，还没有具体针对交通在制定政策、监督政策实施及咨询、执行管理和审批等层次上如何协调地面常规公交、轨道交通和周围土地开发以及对各个相关部门在管理职责和权限上做明确的规定，从而导致各管理部门和企业各行其是，没有有效地互相协调。

(2)缺少实施程序及保障

在国家层面上，尚未出台对城市和区域交通与土地使用一体化相关标准及保障措施，导致很多城市建设交通系统时缺乏对自身的综合考虑，只是简单套用不成体系的要求和盲目效仿其他城市的“经验”。

(3)没有可操作的实施细则

缺少可操作、可实施的具体措施：制定政策、监督政策实施及咨询、执行管理和审批等层次上缺乏明确的工作流程和一体化的审批管理程序。

(4)公众参与不足

相关法律法规制度政策等保障体系的建设中，大多由土地开发者和交通运营者制定，缺少公众的参与和监督，有失平衡。

5.1.1.3　目前土地供应与开发模式不支持一体化开发

(1)虽然出台了国办发(2014) 37 号文《关于支持铁路建设实施土地综合开发的意见》，但还缺少相应的实施细则和配套措施，导致在铁路建设和周边土地开发中两者仍是各行其道，不能相互协调。

(2)供地模式与一体化开发需求矛盾：通过土地划拨与出让（招、拍、挂)，不同方式获得的土地性质不同，一体化开发难以获实。交通系统很多属于城市基础设施，其用地性质为市政用地(道路与交通设施用地)，供地方式为政府划拨。沿线开发用地属于经营性用地，供地方式为通过市场“招、拍、挂”获得 [1]。两者供地方式的差异客观导致交通系统建设与土地开发的实施主体不同，由此产生了不同实施主体间的利益分歧与行为差距，从而给交通系统综合开发工作带来了困难 [1]。

按现行法规，开发用地必须通过市场方式获取才有可能实施一体化开发。如果由交通系统建设主体实施一体化开发，交通系统开发主体必须与社会开发商竞争，在实际操作中既不利于与规划结合，又提高了开发成本，给综合开发工作带来较大风险，如图 5-1 所示。

(3)道路与交通设施用地与商业服务开发的不兼容性

目前交通系统建设的投资主体仍然是地方政府，缺乏多途径的融资渠道，一般的情况

是，政府出钱建设交通系统，地产商负责周边用地开发，而交通系统所带来的土地升值收益则完全由地产商获取，无法投入于进一步的交通系统建设。

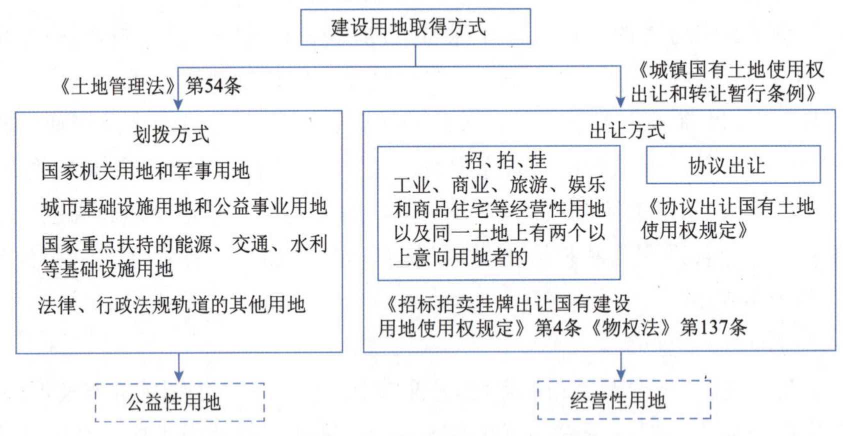

图 5-1　我国城市建设用地使用权的取得方式

（4）轨道交通建设投、融资渠道不完善

轨道交通建设投融资以财政和沿线土地出让收入为主，社会资本参与度不高，土地政策瓶颈是制约投、融资来源多样化的重要原因之一。例如：武汉市轨道交通建设投资中约 40% 为项目资本金，剩余 60% 主要来自土地出让收入，如图 5-2 所示。

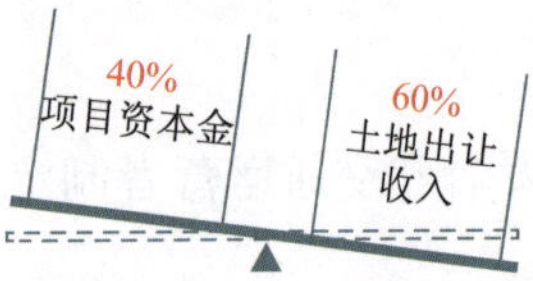

图 5-2　武汉市轨道交通建设投融资比例

（5）收益模式

对于建设成本高、建设周期较长的轨道交通系统，其运营期间所需要的高财政补贴，无法从周围土地收益中弥补。

5.1.2　技术方法问题

交通系统与土地使用一体化不仅仅在体制机制、政策制度方面存在问题与难题，在实现技术上同样也存在一系列问题。技术层面的一体化问题，直接关系到一体化目标能否实现，主要有以下 3 个方面：

5.1.2.1　缺乏土地与交通一体化规划设计的方法手段

（1）缺乏一体化设计理念与设计方法

缺失不同阶段、不同区域、不同地点的具体规划设计方法与要求，缺少不同系统间的技术协调的流程与方法。

目前各省市的城市规划和交通规划往往由不同的编制主体编制，且在总规编制完成之后进行交通规划的编制。而此时城市各个地块的用途都已被设定，且已开始开发。当交通规划出台之后，便面临着无地可用的困境。

有很多值得借鉴的优秀案例。如，香港政府一直奉行城市建设以交通先行的概念，对城市规划和交通规划进行了高度的整合，制定了土地使用与交通最优模型（简称 LUTO 模型）

以匡算整个城市乃至每一地块的交通容量上限，并以之为土地开发强度的依据。因此每一地块都不太可能产生预想不到的交通流。

TOD 模式是一种以公共交通为导向的发展模式，其目标原则之一就是通过提高靠近轨道交通站点用地的开发强度来增加土地使用效率，遏制蔓延。TOD 模式发挥综合效益的前提是交通与土地的一体化规划，而目前 TOD 理念在我国的应用很少，在城市规划、交通规划设计中缺乏 TOD 理念的落实。

（2）缺少一体化的规划设计细节、地域文化与人性化设计等特色设计

在土地使用与交通系统的规划设计中，对两者的结合考虑不足，在很多细节上没有体现土地与交通的一体化，各种设施间关系及细部处理存在较大差距。在不少地区中，城市公共客运设施的建设没有从旅客角度考虑，公共交通衔接设计较差，各种交通方式在站点的衔接换乘不便，换乘距离长、换乘通道缺乏人性化，导致旅客出行效率不高，严重影响了公共交通的吸引力。如地铁站的换乘不仅距离长，而且复杂；公交站距地铁站出入口距离较远；站点人流与停车场车流交叉冲突；城市道路设计与道路沿线用地结合不足，导致道路等级与交通需求不匹配；停车设施规划设计缺乏与区域内用地特点结合；自行车在轨道交通站点没有停放地，如圆明园站、北京大学东门站等，与地铁等其他交通方式衔接不够。

交通枢纽综合性功能有待强化。枢纽是最重要的交通环节，在开发时要全面考虑其各个功能，包括交通运输、建筑设备、技术作业、行政办公、驻站单位、职工生活等。

落实土地使用与交通系统一体化理念的关键之一就是轨道交通站点及其周边的一体化规划设计，而目前我国的实际状态却是距离轨道交通站点与周边用地的一体化开发还有相当大的距离和相当漫长的道路。

5.1.2.2　缺乏指导一体化规划的技术标准、规范、导则等

（1）缺失相关规范、标准、导则等引导性文件。土地使用与交通系统一体化发展不仅需要政策体制的保障，而且还需要有相关规范、标准、导则的指导。目前我国对土地使用与交通系统一体化发展研究处于不断研究探索中，并没有形成完善的、可作为标准规范的研究成果。

（2）城市规划、交通规划编制所依据的设计规范中缺乏交通与土地使用一体化的相关规定。比如在《城市居住区规划设计规范》2002 年版中，既没有关于居住区选址与公共交通设施的关系、居住区内外交通中关于公共交通的说明，也没有居住区规模与公共交通设施配套指标的说明[2]；《城市道路交通规划设计规范》（GB 50220—1995）中对公共交通车辆保养场地用地规模的规范不适合现在的情况；《地铁设计规范》（GB 50157—2003）、《高速铁路设计规范》（TB 10621—2009）中对不同方式间的衔接换乘均没有明确规定。《城市用地分类与规划建设用地标准》（GB 50137—2011）中土地使用与交通系统一体化也没有具体体现。

5.1.2.3　缺少一体化规划的评估体系

（1）缺乏一体化规划的评估机制

土地使用与交通系统一体化发展的落实需要多部门协调配合，实施管理的主体起决定

性作用。目前由于我国土地使用与交通系统一体化发展机制体制的不完善，致使一体化理念在实际的规划建设中落实不足，导致土地使用与交通系统一体化发展速度缓慢，效果不明显。

土地使用与交通系统一体化发展的成果如何，如何论证评价，由谁来进行评价，这些评价的实施主体、内容、标准、方法等目前都没有明确清晰的规定。

（2）实施时序确定缺乏科学论证

土地使用与交通系统的实施计划、实施时序、开发重点等缺少科学论证，如在武汉城市群老城区的高铁、城际站点，周边土地开发大幅早于站点改造重建工程，而且周边用地难以根据铁路车站、地铁线路的新变化进行调整。在新城区站点，多数站点建设相对城市发展显著超前，有些站点日客流量尚不足100人次，客流难以支撑周边用地开发，尚未形成客流促进土地开发，土地开发反馈更多客流的良性循环，在实施时序上缺乏科学性。

（3）缺乏完善的规划建设管理体系

在土地使用与交通系统一体化发展中，尤其在实施关键环节缺乏完善的规划建设管理体系。如在武汉城市群规划发展中，国家铁路、地铁、长途客运、公交、出租车、周边住宅、商业设施，分别圈地，分别管理，造成各个系统间协调不足，对一体化发展产生了阻碍作用。

5.2 城市群交通与土地利用互动机理

交通供求状态是城市社会经济活动产生的交通需求和交通系统提供的交通供给平衡程度的客观表现，土地使用是社会经济活动在空间上的表现，是需求；交通系统提供交通服务以满足人和物的空间移动需求，是交通供给。交通系统与土地使用的协调发展是解决城市群、城市交通问题，保证城市集约化可持续发展的关键之一。

当前我国城市规模迅速扩大、新城建设势头迅猛、老城改造工程比比皆是，正是改变土地使用形态的关键时期。建设交通负荷小的城市、实现绿色交通系统、确立以公共交通为导向的规划开发模式，避免大规模的卧城建设、坚持混合土地使用、注重居住与就业的均衡、在住宅开发的同时完善生活配套设施，既是城市与城市交通发展面临的挑战，也是避免城市陷入交通全面拥堵的根本措施。

5.2.1 交通系统与土地利用的互动机理

土地使用是决定交通需求特性的主要因素。土地使用形态（包括土地布局、土地使用的性质和开发强度等）决定交通需求的空间分布特性、交通需求的通道出行强度特性及交通出行的距离特性；而通道交通出行强度特性和居民出行距离特性又将决定交通方式构成特性。合理的城市群及城市结构和土地使用规划将有效地减少居民的无效出行需求总量，缩短居民出行距离，形成合理的交通需求特性，从而避免产生交通系统无法满足的交通需求。

交通系统支撑和影响城市群布局、城市土地使用及其产生的相关活动。交通系统所具有的实际运行水平会对城市群布局、城市空间结构及城市的发展规模产生影响，从而反作用于城市土地，特别是交通可达性对各城市经济、商业和文化活动用地的空间分布具有决定作用。沿交通线发展是城市发展中的普遍现象[3]。交通系统与土地使用之间是一种相互联系、相互影响的互动反馈关系。交通发展与土地使用协调可以促进实现生态城市、绿色交通的发展目标，反之，交通与土地使用之间不协调，将导致两者的相互制约，影响各自发展。

5.2.1.1　用地形态决定交通需求特性

用地形态不同，产生的交通需求特性就不同。在城市居民出行中，上下班交通比重最大。因为这种交通是刚性出行，要按时上下班，时间集中，有重复性。所以，城市居民的出行需求总量、平均出行距离和出行的时间分布特性等主要取决于居住区和工业区的布置。不同的土地使用布局、不同的土地使用性质和不同的土地使用强度，对应着不同的交通需求。城市居民的出行方式、交通量和交通需求的空间分布等是土地利用的函数[4]。

衡量城市内部各种联系之间的方便程度，可采用“可达性”的概念。可达性的一般意义是：一种给定形式的活动机会对于一个特殊地点的大小和远近的总量度，它是表征城市交通线网合理程度的最重要的指标之一。

城市布局的形式影响每一个城市活动相对其目的地的可达性，影响居民出行的密度及出行方式，并以此对交通运输设施的改善提出要求。东京都市圈作为世界上最大的都市圈经济发展取得了巨大成功，最重要的原因在于其构建了以轨道交通为主导，绿色、高效、便捷的综合交通系统，进而形成了以轨道交通为支撑的世界最大都市圈。城市土地使用是城市交通需求的根源，它决定了城市交通的需求特性、交通量及交通方式，客观上决定了城市交通的结构特性，不同的城市土地使用状况要求不同的城市交通模式与之对应，如高密度的土地使用城市就要求高运载能力的公共交通方式与之适应，反之低密度的土地使用方式则导致个体交通工具为主导的交通模式。

5.2.1.2　交通系统引导城市群和城市发展

土地使用决定交通需求特性，从而决定交通系统的构成与交通方式分担特性。反过来说，交通系统又对城市结构的形成和改变产生强大的影响和引导作用。城市形态、发展方向是由城市的交通发展轴决定的。当今城市发展的速度很快，用地在不断扩展。因此通过优化布局城市轨道交通网体系，实现城市发展战略目标，是城市健康发展的关键。

在古典的土地使用规划和经济地理中，地租理论是土地使用量评价的主要方式。规划依赖于地租价值，每一土地使用类型对应于具有一定支付能力的地价区。地租理论的基本假设是每一土地使用类型都力求达到最大效益。

从当前城市的实践经验可知，土地价值直接依赖于交通设施的可用性及其服务水平，也是不同交通方式之间联结方便程度的反映。

5.2.2 交通系统与土地使用一体化的关键环节

土地使用与交通系统实现一体化协调发展需要考虑多种要素。这些要素既包括城市土地使用与城市交通系统规划及建设的理念、目标以及方法，也包括为实现土地使用与交通系统自身机能的有效发挥而采取的一系列政策、体制、机制、制度等。因此，研究和制订合理的土地使用与交通系统一体化协调发展的手段与措施，需要从土地使用与交通系统的规划、建设、管理、政策、体制与机制等全环节着手，而不是仅仅关注其中的某一环节。

5.2.2.1 协调的城市群空间布局、用地规划与交通规划

如前所述，交通系统与城市群、城市结构的关系主要表现在两个方面。一方面是交通系统对城市群和城市功能的支撑作用。当城市群和城市功能定位、空间发展战略和土地使用规划确定后，交通规划的一个重要使命就是为城市群及其城市规划的实现提供交通支撑；另一方面，综合交通系统的空间布局、交通方式结构和建设时序等交通系统要素，也将对城市群和城市空间结构和土地使用产生极强的影响和引导作用。这两种作用同时存在，交通系统的使命就是对城市群和城市的发展同时发挥支撑和引导的双重作用，而实现上述双重作用的关键是交通与土地使用的一体化。具体体现在，土地使用空间格局与交通线网布局相一致；土地使用功能布局与交通系统布局相协调；土地开发强度与交通枢纽站点一体化；土地使用性质与城市交通方式相吻合；同时，城市群和城市规划及设计要引导形成具有地域特色的绿色交通主导的城市综合交通体系的形成。

5.2.2.2 科学有序的城市土地开发及交通系统建设与管理

城市群土地开发及交通系统建设与管理，是城市群土地规划及交通规划的实施环节，也是协调用地规划及城市交通规划能否实现预期功能和作用的关键环节。只有进行科学有序的土地开发及交通系统建设与管理，才能真正实施和落实用地规划及交通系统规划的一体化。

5.2.2.3 严格有效的规划实施保障对策

与一体化的用地规划及交通规划编制工作相比，规划的实施工作更具难度和挑战性。

因此，必须建立严格和可行的规划实施保障机制与对策，才能保障协调的城市群和城市用地规划及交通系统规划的科学实施。

5.2.3 交通系统与土地使用一体化的主要内容

土地使用与交通系统协调发展问题所涵盖的内容非常广泛，涉及宏观、中观、微观各个层面。不同层次的城市土地使用，对应着不同层面交通协调规划途径。宏观层次即如何在保持城市群活力的基础上，构筑空间形态结构与交通系统主骨架结构及形态之间的协调。

中观层次即如何构筑城市区域土地使用性质、强度与交通系统构成及容量之间的协调。微观层次即为保证城市发展战略和发展目标的实现，如何根据具体城市地块功能特点，保证在城市设计和交通设施设计层面上的协调。交通系统与土地使用一体化的关键技术与方法见表5-1。

交通系统与土地使用一体化的关键技术与方法　　表5-1

类型	城市群（城市间、城市组团间）	城市交通通道	交通站点与周边土地使用
关键内容	交通系统与城市群布局、城市结构、城市规模的匹配	交通系统与土地使用性质、强度的匹配	综合交通枢纽建设与周边土地的一体化规划
对应关系	交通通道与各城市布局、结构	交通网络与土地使用布局协调，引导形成点轴式开发、城市与轨道交通主线的关系形成葡萄串模式	交通站点与周边用地
规划设计原则	通道需求与通道交通容量要匹配；城市群中的城市沿轨道交通主通道选址，形成葡萄串式的城市群形态	根据土地利用规划意图科学确定轨道交通站间距。站间距过密，则必然导致连片开发。而中心区需求强度大，为提高可达性，则应缩短站间距。道路的功能定位与道路两侧的用地性质和开发强度要一致，要避免交通性主干道穿越人流中心。如：交通性主干道两侧不能布置大量商业，隔离设施要齐全，路边要禁止停车等	在轨道交通站点分类的基础上，合理确定不同性质用地的比例，规模、开发强度及空间布局，做好交通系统的零换乘设计
实现方法	量化计算通道间交通需求，各种运输方式的运能之和不小于需求总量	（1）定性分析判断； （2）定量进行交通供求关系分析及服务水平计算	制定轨道站点分类设计指南

5.2.4 交通系统与土地使用一体化的具体对策

5.2.4.1 区域层面

（1）综合交通体系与各城市布局、城市空间结构相匹配

建立与城市群空间布局、城市总体格局相一致的公共交通体系，促进形成协调发展的城市空间结构。不同区域空间结构对应的交通系统与土地使用一体化要点见表5-2。

不同区域空间结构对应的交通系统与土地使用一体化要点　　表5-2

空间结构类型	主要对象	交通系统与土地使用一体化要点
城市群	城市群内各城市及各城市间	（1）城市群内机场、铁路枢纽、港口、大型公路枢纽科学定位、合理分工和高效联结； （2）短距离客运出行以铁路为主，公路为辅，中长距离客运以干线铁路、城际铁路为主；短距离货运以公路运输为主导，中长距离货运以铁路或水运为主导

续上表

空间结构类型	主要对象	交通系统与土地使用一体化要点
都市圈	超大城市、特大型城市为主	(1)功能组团、新城合理布局，其内部职住均衡，组团间根据需求优化通道运输结构； (2)充分利用公共交通引导城市发展； (3)组团间客运服务以城市轨道交通＋市域铁路（重点为通勤铁路）为主导； (4)实现综合交通枢纽与周边用地的一体化和零换乘设计
多中心城市	超大城市、特大城市、大城市为主	(1)合理规划不同中心组团定位、功能、规模、布局； (2)通道需求与通道交通容量匹配； (3)组团与中心城间以轨道交通或BRT为主；其他组团间根据需求以轨道交通或BRT或常规公交为主； (4)实现综合交通枢纽与周边用地的一体化和零换乘设计
单中心城市	中小城市为主	(1)合理划分功能片区，避免功能集中某一个片区，职住均衡，配套同步完善； (2)形成以常规公交＋步行＋自行车为主导的绿色交通模式；片区间以公交或公交＋自行车为主

注：城市规模划分标准（城区常住人口）：超大城市 >1000 万；特大型城市 500 万～ 1000 万；大城市 100 万～ 500 万；中等城市 50 万～ 100 万；小城市 <50 万。

对于我国的大城市、特大城市和超大城市空间结构与交通系统一体化应当追求：

①建设紧凑型城市，实施以公共交通为导向的空间发展战略（TOD），遏制城市“摊大饼”式无序扩张态势，引导城市沿大容量公共客运走廊紧凑、有序发展。紧凑型城市建设强调的是公交站点周边高强度开发、优化土地使用，这是由我国土地资源的有限性决定的。以公共交通为导向的开发模式强调以公交站点为中心合理利用土地，能够实现近距离出行采用步行和自行车、远距离出行采用公共交通的绿色交通模式，满足两型社会的发展目标，符合科学发展观。

②以空间结构和产业布局调整为手段，优化城市群及城市的功能布局，均衡配置公共服务资源，缓解交通压力。城市空间结构与功能布局的同步优化调整，引导居住与就业岗位的平衡发展，从源头上减少交通需求总量，缩短出行距离。注重城市公共服务资源的均衡配置，卫星城结构的大城市要注意中心城周边新城的配套设施建设，减少中心城交通压力。

(2)交通结构与城市交通需求特性相适应

决定交通结构的根本依据是交通需求，总体上要构建绿色交通主导的城市综合交通体系。具体来说，要根据不同城市各个交通通道的需求特性决定主导交通方式和交通网络的空间布局结构，构建方便、快捷、安全、舒适、环保、节能、以人为本的综合交通体系。

5.2.4.2 通道层面

具有不同土地使用功能的地区，采取差别化的交通发展策略，构建道路网、轨道网和公交网一体化的现代化综合交通网络，提高重要节点的交通疏解能力，为城市功能区域的内部畅通、外部畅达提供良好条件，同时保证土地开发强度与交通承载能力相辅相成。

本部分从公共交通与周边土地使用、城市道路与沿线土地使用、停车供给、步行交通系统等方面阐述通道层面交通系统与土地使用的一体化。

（1）公共交通与周边土地使用

依托轨道交通系统和干道系统构建公共交通走廊，发挥公共交通快速、便捷和大运量的优势。引导城市沿大容量公共客运走廊紧凑、有序发展。主要包括三个关键因素：将公共交通规划与土地利用规划紧密结合；对公共交通走廊周边开发地区给以特殊的土地政策，鼓励开发商的进入，提高土地开发强度和开发品质；在公共交通站点周围开发步行与自行车友好的公共交通社区或公共交通主导的城市发展地区，提高公共交通的吸引力和使用效率。

①公共交通走廊的选线与布局应能够充分发挥其引导新城建设、疏解中心城人口和职能、改善交通条件、缓解交通压力的作用。在中心城与新城之间应结合轨道交通线路和主要干道构建快速公共交通走廊。

②在中心城应利用主、次干路和快速环路构建快速公共交通网络，保证通道网络内公交专用车道设置的可行性和连续性。

③在旧城内应依托现有路网格局，以地面公共交通为骨架，构建与旧城交通需求相匹配的公共交通网络。

④轨道交通与大容量地面公共交通站点的选择应充分考虑与城市功能区、各级公共中心、大型居住区等人流密集地区的结合。使公共交通走廊所服务的居住、就业和公共服务趋于平衡，缓解高峰时段客源超容、平时时段客源不足的矛盾。

⑤城市用地规划与公共交通走廊规划应密切配合、互动校核，用地规划应预留足够的用地，并提供多个通路可供选择。

（2）城市道路与沿线土地使用

城市道路规划应与城市土地使用规划相协调，对不同的用地性质区别对待，使之与城市空间结构和社会结构相适应，与土地使用功能相协调，与城市交通结构相匹配。

①城市道路与土地使用

完善城市道路结构，保持合理的路网密度和道路间距。老城、中心城和新城各城区内部主次干路网布局采取差异化策略。商业（商务）区、办公区应减小道路间距；工业区根据工艺要求和厂房布置特点，可适当增大道路间距。

应避免在快速路和交通性干道的两侧及其交叉口安排吸引大量人流和车流的大型城市商业、商务、文化体育等设施，引导此类设施向轨道交通车站周边发展。对于已经形成的这类城市道路和商业区、居住区等区域，采取完善项目周边道路网系统，提高公共交通服务水平，加强交通组织管理。也就是说，轨道交通和交通性主干路的设计原则截然不同；轨道交通要进入大型客流集散中心；交通主干道则一定要设置在大型客流集散点的外围。

②旧城道路与历史风貌保护

旧城内的道路应充分利用现有街巷资源，适当调整道路红线宽度，既要保护旧城传统肌理，又应满足交通需求。

旧城内不宜再规划和建设“宽马路”，也不宜简单套用传统的主干路、次干路、支路三级道路划分标准，应以固定红线宽度的道路为主。

在旧城区和不宜建设高架桥等道路设施的地区，可以考虑规划和建设地下道路的可行性，以构筑完整的道路网络。

在旧城多高层区，应将现状被封闭管理的城市道路纳入城市道路系统，减少断头路。多高层区的道路网应与保护区和协调区的道路网实现良好衔接。

旧城内的道路应采用更加特殊和灵活的横断面型式。应结合旧城风貌特点设计道路断面，如保留现状树木，延续原有道路线形，保留历史建筑等。道路横断面尺寸原则上应压缩布设，即减少车道数，缩窄车道宽度。

③城市地下空间利用

在城市重点功能区、商业区以及其他人流、车流密集地区，可结合地下商业设施的开发和轨道交通车站的建设，利用城市道路地下空间将沿街商业设施、轨道交通车站、停车设施、行人过街设施等整合、联系起来，形成集交通、商业等功能为一体的地下空间，减少地面交通负荷。

在不宜采用高架桥等道路设施的地区，如必须采用非地面道路设施，可考虑和研究建设地下道路的可行性。

5.2.4.3 节点层面

TOD 模式是实现紧凑型城市建设的重要途径和实现交通与土地使用一体化发展、促进人们利用公交出行的重要手段。TOD 的要点是在公交站点附近实施高强度开发、混合土地使用：提供良好的步行与自行车出行环境；在 TOD 范围内配置完善的生活设施公共配套设施等；实现短距离出行利用步行、自行车，中距离出行利用公共交通的绿色交通模式。

（1）公交站点与周边土地使用一体化

为发挥公共交通尤其是轨道交通对城市土地开发的带动作用，宜对不同公共交通条件的地区采用分类指导的原则，优化地区土地利用结构与布局。

①积极引导城市人流集中的功能区、大型建设项目的选址和布局与轨道交通、大容量地面快速公交枢纽或站点相结合。

②鼓励轨道交通站点周边用地的综合利用，安排商业、商务、文化等公共服务和居住功能。对于轨道交通站点周边住宅项目的开发，应适度安排廉租住房、经济适用住房和中小套型普通商品住房等。在满足城市综合承载能力的前提下，可适当提高轨道交通站点周边（半径 500m 左右）的土地使用强度，充分发挥土地的使用价值。

③老城内轨道交通站点周边的土地利用应符合“整体保护、控制建设、疏解人口和部分职能”的原则，尤其是涉及历史风貌保护的地区，应以保护规划为前提。轨道交通站点周边的用地应审慎调整，原则上不得大幅增加地上建设规模，可以考虑充分挖掘地下空间的开发潜力，在集约用地的原则下，完善地铁与公交、步行系统的换乘设施。

④对于轨道交通车辆段等用地，应根据用地实际情况，在满足和改善交通功能和交通条件的前提下，采取相应的综合利用措施，如车辆段上盖开发等，以提高土地的综合利用效益，如图 5-3 所示。

⑤地下轨道交通规划。地下段的轨道交通站点也是地下空间开发的重要组成部分。尤其是位于规划的地下空间重点利用节点内站点的开发应与相应节点地下空间规模和类型相适应，宜围绕地铁站为核心建设大型地下综合体，与周围公共建筑之间空间上连接、功能上配合和互补，做到人流集散便捷、配套商服停车等设施适当。

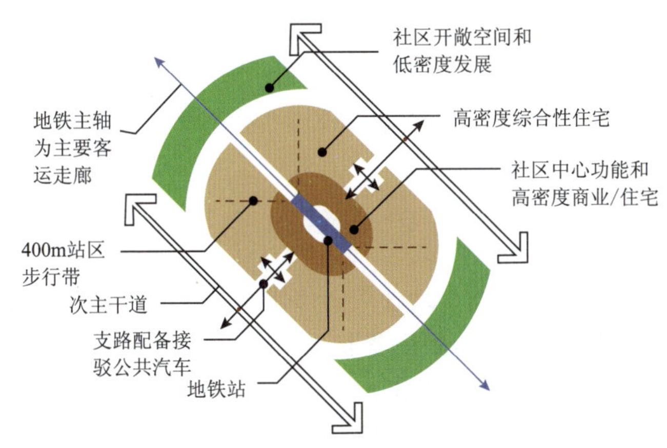

图 5-3 轨道交通主导型的综合社区发展模式

(2)城市大型对外交通枢纽及周边土地集约利用

①机场、铁路及公路客运站、铁路及公路货运站等城市大型对外交通设施的选址应与区域发展条件相协调，避免布局不合理和重复建设，其等级规模应与地区的交通承载力条件相匹配。

②城市大型对外交通设施应与周边的土地利用相协调。在机场周边区域应鼓励发展临空经济区；在有条件的铁路及公路货运场站应发展物流园区，使各种资源得到有效整合；在处于城市中心区的铁路及公路客运站，宜结合实际情况适当发展城市综合商贸功能。

③城市对外客运交通设施应加强与城市公共交通系统的衔接，应优先考虑与公共交通尤其是轨道交通的衔接。轨道交通线路近期实施确实有困难的，应结合城市对外客运交通设施的建筑设计方案，同期实施轨道交通车站并预留进出线条件。

④城市大型对外交通设施应与周边规划道路交通设施同步实施。在周边规划道路交通设施近期不能完全实施的情况下，应提出降低交通负面影响的交通组织方案及保障措施。

5.3 城市群交通系统与土地使用一体化模式与实现途径

交通系统与土地使用一体化开发的目标是为了构建轨道交通站点影响范围内以轨道交通 / 常规公交 + 步行 + 自行车为主导的公交社区和生态城市单元，实现交通一体化、建筑与景观一体化、基础设施一体化，从而达到社会效益最大化。

交通系统与土地使用一体化的特征主要体现在轨道交通站点、站点与周边用地、地下空间 3 个方面。城市轨道交通站点具有密度高、结构立体化、交通与流线复杂化、交通接驳一体化、用地价值最大化的特征；城市轨道交通站点周边土地使用具有土地使用圈层发展结构特征，对于不同区位站点其周边用地不同的特点，土地的混合使用与多样化，站点周边的高强度开发，而且轨道交通站点地区周边土地使用模式不同，其特征也不一样；在地下空间开发上，一体化开发具有人性化的空间环境，多样化的地下空间功能等特征，成为联结城市网络的核心节点。

如何实现交通与土地使用一体化的规划与建设，国内外进行了大量探索，形成了三种主要模式。借鉴这些经验，对推动实现我国的一体化开发具有十分重要的意义。

5.3.1　日本完全市场主导的一体化模式

市场主导模式下的交通系统与土地使用一体化开发是以开发商为主体，开发商负责一体化的规划设计、投融资、施工建设，最后获取开发收益，而政府不参与具体的开发建设，只负责制定开发标准以及一体化的监督工作。

以日本为例，在土地开发商取得轨道交通站点周边地块的土地所有权或使用权后，开发商必须根据政府公开的待开发地区土地性质、容积率、开发高度限制等各项区域开发标准，制订待开发地块的开发方案，然后交由区级政府判断是否需要开发许可，在确定需要许可证后征得其他相关机构的同意，最后开发商提交开发许可申请书，政府办发开发许可证，具体流程如图 5-4 所示。

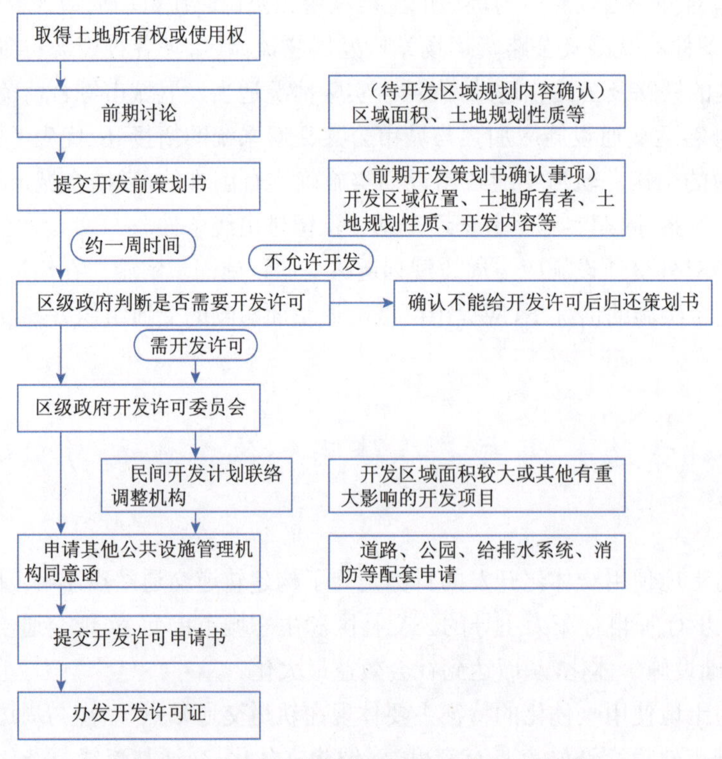

图 5-4　日本市场化主导模式下的一体化开发流程

日本铁路所有线路均由各私有铁路公司独立经营，各铁路公司以铁路经营为基础，并通过房地产投资等其他方式提高自身盈利能力。

5.3.2　香港政府引导、市场化运作的一体化模式

香港政府引导、市场化运作模式下的一体化开发与日本有所不同，香港地铁建设的审批程序如下所示：

（1）香港地铁公司进行评估及客流预测。

（2）政府安排香港地铁公司对地铁线进行建设、融资和运营，以总承包的方式批给地铁公司在车站上部及其邻近范围进行物业开发的权利。

（3）与政府规划部门协商确定车站物业开发的主要内容和设计方案后，香港地铁将总体布局规划提交到城市规划委员会审批。

（4）获批后，香港地铁与政府土地部门商讨补地价及获取批地，同时招标符合资格的发展商并签订发展合同，由发展商对整个项目全资建设。

（5）项目竣工时，以协商中商定的比例分配利润。

香港的这种模式可同时发挥政府和企业的优势，并基本兼顾规划统筹和投资吸引的要求，既解决了轨道交通建设的融资问题，也有利于促进交通系统与土地一体化的协调发展。表 5-3 为香港地铁建设不同阶段的主体、内容表。香港地铁建设利益分配见表 5-4。

香港地铁建设不同阶段的主体、内容　　表 5-3

阶段	地铁综合开发	操作主体	承担工作
前期规划阶段	地铁规划	香港地铁	制订总纲规划蓝图
	预测收益	香港地铁	预测客流及物业收益
	取得土地	香港政府、香港地铁	对土地及物业进行规划
	审批蓝图、取得蓝线	香港政府、香港地铁	审批蓝图、取得蓝线
物业发展阶段	制定发展计划	香港地铁	根据市场情况，制订计划
	公开招标	香港地铁、开发商	根据规划建设指标、利润分成等方面公开招标确定开发商
	物业开发	开发商	物业详细规划、设计、策划、建设
物业经营阶段	物业利润分成、移交	开发商、香港地铁	物业销售、利润分成、物业移交
	物业经营、管理	香港地铁	持有物业良好经营、高效物业管理

香港地铁建设利益分配　　表 5-4

利益体	角色	获得权益	承担责任
香港地铁公司	经营土地主体	（1）客流带来的票务收益； （2）商场等经营性物业出租收益； （3）物业管理收益； （4）物业开发收益分成（包括房产开发的利润和土地增值的收益）	（1）沿线物业规划； （2）量化预测客流及物业收益； （3）根据市场情况，制订计划； （4）公开招标开发商； （5）持有物业良好经营、高效物业管理

续上表

利益体	角色	获 得 权 益	承 担 责 任
香港政府	土地出让方	(1)地价收入(地铁建设前的土地价值); (2)财政压力的缓解; (3)开发的经营物业作为“税源”带来的收益; (4)轨道交通网络形成带来经济、社会、生态效益	(1)地铁新线建设规划; (2)审批蓝图,并出让土地给香港地铁
开发商	物业投资、建设方	(1)地铁开发相对较低风险,带来的机会收益; (2)项目融资,转投其他项目开发收益; (3)物业开发收益分成(包括房产开发的利润和土地增值的收益)	(1)提出招标书申请、取得开发权; (2)物业详细规划、设计、策划、建设; (3)物业销售、利润分成、物业移交

5.3.3 政府主导、市场化运作的一体化模式

本研究建议我国采取政府主导、市场化运作的一体化开发模式。政府主导、市场化开发模式下的一体化是将轨道交通站点与周边影响范围内的土地作为一个整体,一体化规划设计,政府在规划建设中处于主导地位。这种模式规划执行度较高,可以最大化保证公共利益,为居民提供一种在区域内以步行和自行车为主,区域间以公共交通为主的出行方式,实现站点周围高强度开发、混合土地使用、步行与自行车系统连续安全温馨、绿化美化充分、公共设施完善、公共空间适度,但需要政府投入大量资金作为保障。

轨道交通站点与周边土地一体化开发实为轨道交通站点上盖物业、站点周边土地以及地下空间的联合开发。图5-5是政府主导、市场化开发模式下一体化开发流程。

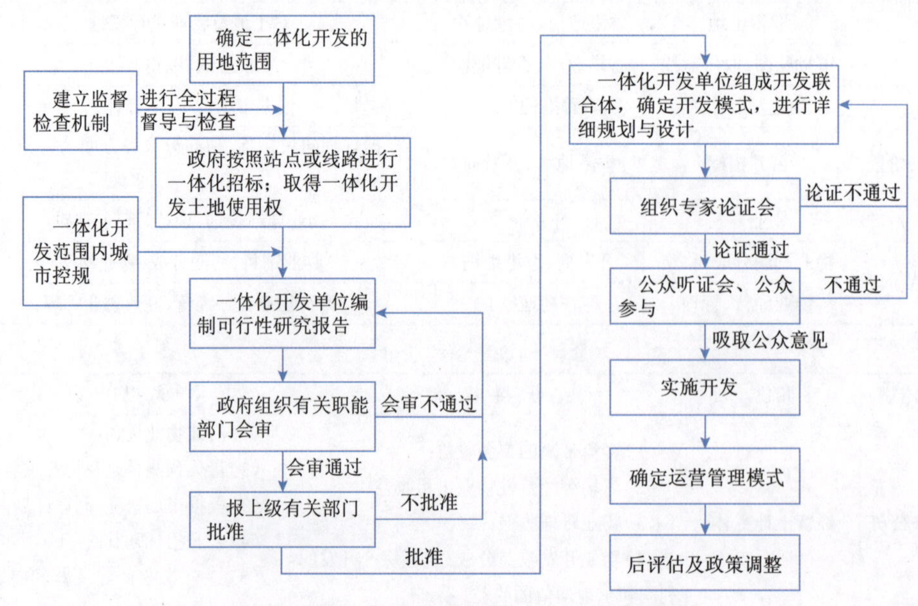

图5-5 政府主导、市场开发模式下的一体化开发流程

5.3.4　一体化的实现途径及其保障

交通系统与土地使用一体化是实现城市可持续发展，建立土地与交通协调关系的关键。而实现一体化的主要途径就是以公共交通为导向的土地开发模式，即 TOD（Transit-Oriented Development）模式。TOD 是一种城市发展理念和规划方法，它强调社区“多样性”（diversity）、强调功能上的“多样性”并服务于“多样性”的人群，即由公共交通系统联系一系列功能混合、紧凑发展的活动区，活动区的半径一般控制在 400 ～ 800m（5 ～ 15min 步行时间）以内。我国城市规模大，人口密度和人口规模总量大，应根据我国城市实际加大 TOD 规划区范围，借鉴国外理念，但不是照搬国外方案。可按照生态城市单元范围设计枢纽 TOD 区域。它是实现城市土地使用和交通系统互动的重要技术途径，已成为在市场导向和政府干预结合下探索现代化公共交通系统支持下的城市土地开发模式，是城市土地使用与交通系统一体化规划的重要技术手段，是步行地带概念的延伸和具体应用之一。

TOD 模式的特点可以概括为以下 5 方面：①土地的混合开发利用；②高强度的土地开发；③完善的公共设施设置；④高质量的步行环境；⑤对小汽车不排斥。发展 TOD 模式可以减少城市的无序蔓延，满足居民出行需求，优化交通系统，提高交通效率，保障交通协调发展。

TOD 模式分为站点 TOD、城市 TOD、城市群 TOD 三类，不同类型的 TOD 模式，其开发范围和重点内容不同，实现的技术途径也不同。

当然，西方国家提升的 TOD 规划设计原则，针对的是西方城市的实际情况，并不完全适合我国情况。我们要借鉴的是它的先进理念和思路，而不能照搬定义和做法，机械教条地简单移植国外的做法。

5.3.4.1　站点 TOD 模式——综合枢纽一体化开发

站点 TOD 是实施公交导向的土地开发战略的基本单位和战略成败的关键，细节决定成败。站点 TOD 方案要回答不同性质用地的比例、开发强度，不同交通方式的零换乘方案；影响范围的用地组织和末端交通系统，以便形成以近距离出行为主，近距离出行利用步行、自行车，远距离出行乘坐公共交通的绿色出行模式。

站点 TOD 在公共交通站点周边实施高强度开发、混合土地使用，提供良好的步行与自行车出行环境；TOD 范围内配置完善的生活设施公共配套设施等。

典型的“TOD”模式表现在以枢纽（公共交通站点）为中心、约 1 500m 半径的空间范围内，呈现出多种功能、高密度的土地使用特征，主要由以下几种用地功能结构组成：站点、核心商业区（commercial core）、办公区、开放空间（open space）和住宅区，住宅区以外的地带被称为“次级区域”（secondary area）。发展模式如图 5-6 所示。

这种模式是紧邻站点为一个多种用途的核心商业区，其位置和规模应当由市场需求调查结果决定（鼓励商住混合建筑）；同时紧邻公交站点布置办公区，以减轻居住与就业岗位分离带来的大量“钟摆式”通勤交通的压力，强调居住与就业岗位的平衡布局；在各项功能用地之间围绕着相应的“公园、广场、绿地及担当此项功能的公共建筑”等开放空间，既强化公交站点与商业区的核心地位，又保证自行车和人行通道与之便捷地联系，为人们提供良好的交往空间；紧邻“TOD”的外围发展低密度住宅区也是必要的，称之为“次级区域”（secondary area），旨在为更大范围的人口服务，也有利于“TOD”内核心商业区的发展以及增加公交站点的服务人口[6]。

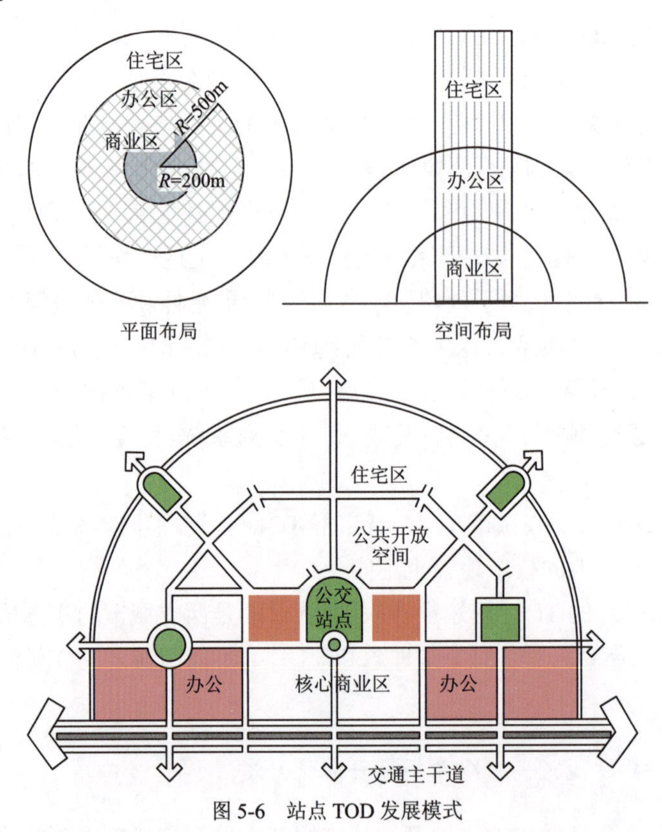

图 5-6　站点 TOD 发展模式

容积率与土地价值总体上呈正比的关系，具体规划方案地块的容积率应结合站点周边地区的城市区位和城市定位等因素综合考虑，由四周的用地性质、道路交通情况、轨道交通站点的规模、集疏客运量等共同确定。

5.3.4.2　城市 TOD 模式

城市 TOD 的核心是城市中心、各城市组团和卫星城的空间布局、功能定位问题。城市 TOD 要回答城市的空间结构、组团位置和主导功能分工。目标是建设轨道上的城市，组团和卫星城坐落在城市综合交通枢纽上，不同组团的主导功能确定取决于组团的性质和与城市中心的空间位置。

城市 TOD 模式主要体现为：

（1）城市规划及交通规划的 TOD 模式正是实现公共交通优先发展、交通与土地使用相协调、支撑城市土地使用的高密度开发和混合土地使用功能，扭转“摊大饼”的城市发展模式，提供支撑实现和谐社会的综合交通系统的重要途径。

（2）城市或区域范围内，由众多站点 TOD、生态城市单元组成，并由公共交通相互联结的、大的城市及区域网络。生态城市单元是将人们的居住、就业、生活放在每个单元内解决，减少居民的交通出行总量和出行距离。它是典型的混合用地形态，最大特点就是综合性，配有功能完整的生活设施和步行、景观系统，其规模一般为边长 4km 的矩形范围，在自行车与步行可接受的范围内。生态城市单元内的交通系统应依靠生态道路系统、生态停车系统、温馨的步行系统、连续安全的自行车道系统等组合而成。

（3）它从城市空间结构的布局开始，考虑大容量公共交通对于城市的集聚效应和出行引导效应，结合城市的空间结构、组团位置和主导功能分工，确定骨干交通网络结构和交通需求走廊分布，把以公共交通为核心的综合交通系统和城市空间布局、资源、环境结合起来配置，实现社会效益的最优[7]。

（4）Robert Cervero 指出“一个按照 TOD 模式发展的城市或区域，其城市及交通体系是由众多节点和联结这些节点的走廊组成的，它像一根项链， TOD 是项链上的珠子，而公共交通线路就是串联这些珠子的线。”

城市 TOD 模式典型案例是库里蒂巴案例和哥本哈根案例。

（1）库里蒂巴案例

库里蒂巴成功建设了公交主导的城市，该市目前已形成了较为完善的综合公共交通系统，将不同层次的公共汽车线路在空间布局和运营服务上整合为一个高度融合的网络。库里蒂巴的城市空间结构非常清晰，是建立在以 BRT 系统为支撑的、公交走廊引导形成的、单中心放射状轴向带形布局模式。城市土地开发也以 BRT 走廊引导为显著特征，5 条 BRT 走廊沿线呈现高密度、高强度开发，高层公共建筑、多层和高层住宅集中布置在 BRT 走廊两侧。其余地区是低层、低密度住宅或公园绿地。城市主要的商务、商业、公共活动等集中在这 5 条轴线上。轴线与轴线之间是严格控制的低容积的居住区，禁止高层建筑的开发。库里蒂巴交通系统与城市形态如图 5-7 所示。

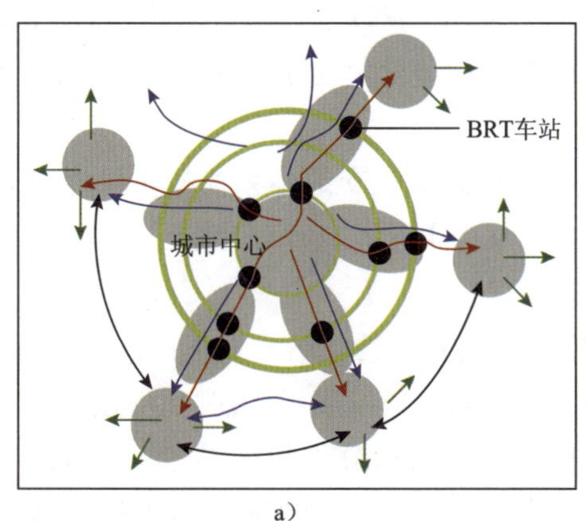

a）

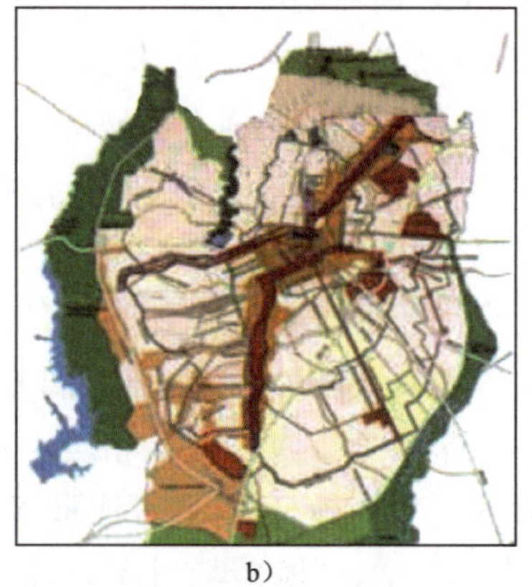

b）

图 5-7 库里蒂巴交通系统与城市形态[8, 9]

a）交通系统；b）城市形态

（2）哥本哈根案例

哥本哈根是公交引导城市发展的成功案例。该城市制订的“手指状生长轴”空间拓展规划（图 5-8），由城市中心规划出 5 条放射走廊，每条走廊上均布置轨道交通线路。沿走廊错落有致的分布着城市的若干次中心组团。城市空间的拓展由中心区向外沿 5 条有轨道交通支撑的走廊逐步推进，城市各项基本功能同步向外疏解。

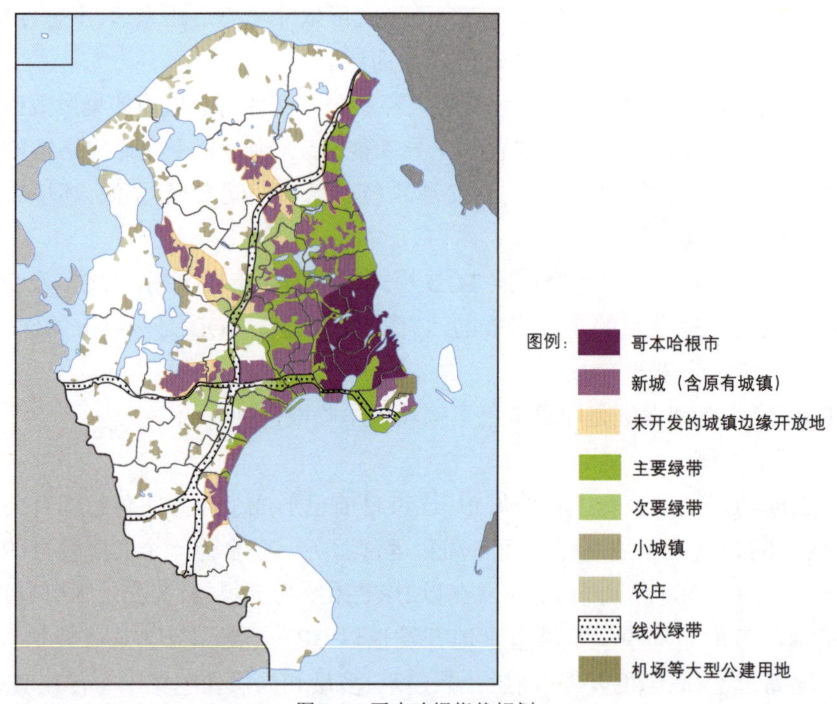

图 5-8　哥本哈根指状规划

5.3.4.3　城市群 TOD 模式

城市群 TOD 的核心问题是城市群中各城市的空间布局，目标是建立点轴式的城市群体系，城市坐落在轨道交通轴线上，形成布局科学、规模合理、主导功能明确、职住均衡、绿色交通主导的城镇体系，构建轨道上的城市群。

城市群中的都市圈综合交通体系的构建以形成绿色交通体系为根本目标，形成以公共交通（地铁、轻轨、通勤铁路等）+ 步行 + 自行车为主导、以小汽车为补充的综合交通体系；强力推动综合交通枢纽与土地一体化开发模式。

城市群客运以铁路运输（高铁、城际铁路）和公路集约化运输为主；货运以铁路（货运需求走廊）和公路集约化运输（集装箱运输）为主导的交通发展模式；强化衔接，发展各类换乘便捷的一体化综合交通枢纽，并且注重枢纽的区域定位、分工和布局；建立点轴式的城市群体系，形成布局科学、规模合理、主导功能明确、职住均衡、绿色交通主导的城镇体系。

城市群 TOD 模式典型案例是日本东京案例和京津冀协同发展中确定的“建设轨道上的京津冀”的发展思路。

（1）日本东京案例

日本城市群发展模式的特点是以轨道交通为骨架布局城市、引导城市群发展。由于其城市人口密度较高，土地资源相对紧张，城市和区域的扩张主要沿着轨道交通等大容量、集约化的交通线路呈高度聚集式发展。从日本东海道城市群的铁路线路布局与人口分布来看，无论是在都市圈还是在整个东海道城市群，其人口集中区基本上都是沿着以轨道交通为主导的交通走廊布局。

此外，根据本书第 4 章图 4-7 可以看出，轨道交通在日本城市群客运出行中占据主导地位，公路则主要承担物流通道的角色。

日本首都圈轨道交通基本以新干线、JR 线、地铁和私铁构成。其中地铁主要服务于东京市区，而 JR 和私铁主要服务于山手环状线向外的辐射连接轨道线路，新干线则是城际间交流的高速交通形式。东京都市圈轨道交通线网长度 3 515km，其中东京都 1 110km，东京区部 807km，都心三区 151km。都市圈轨道交通线网密度 0.21km/km^2。

20 世纪末，东京都市圈形成了明显的区域职能分工体系（图 5-9 和表 5-5），即各核心城市根据自身基础和特色，承担不同的职能在分工合作、优势互补的基础上，共同发挥出了整体集聚优势。

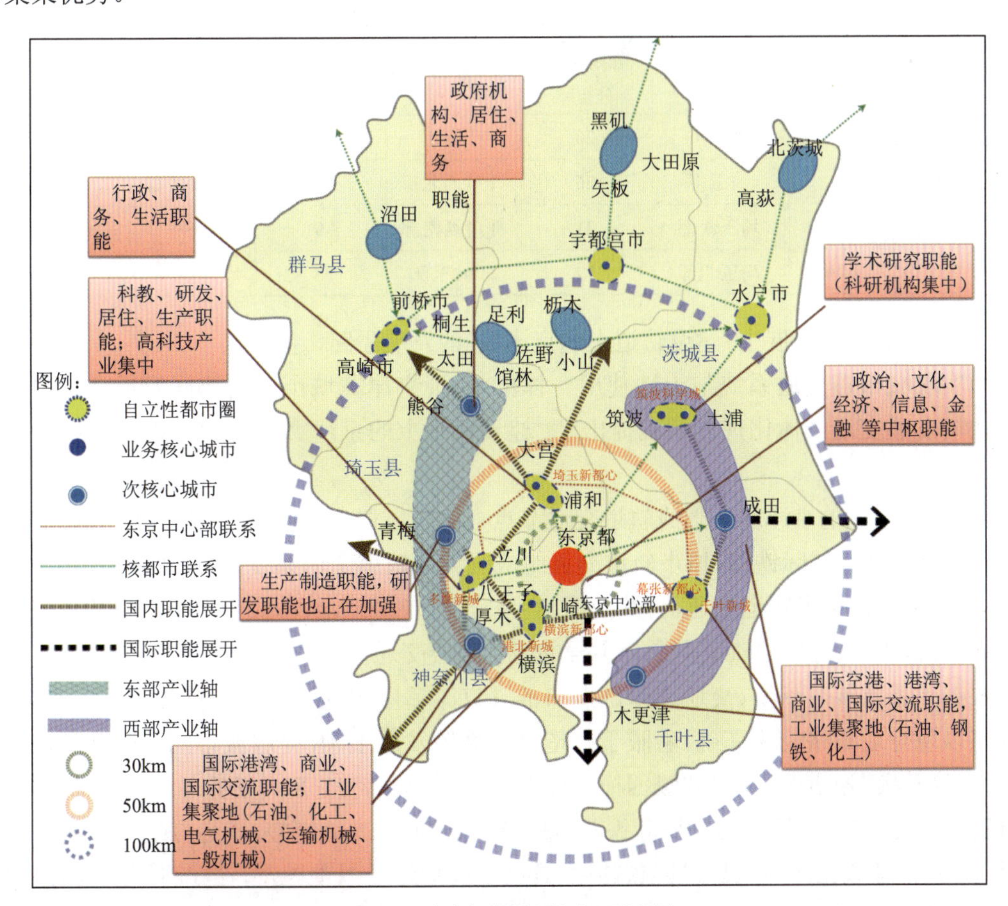

图 5-9　东京都市圈职能分工示意图

东京都市圈各区域职能分工分布　　表 5-5

地区	区内中心城市	职　能
东京	东京	国家政治、行政、金融、信息、经济、文化中心
多摩地区	八王子市、立川市	高科技产业、研究开发机构、大学的集聚地
神奈川地区	横滨市、川崎市	工业集聚地和承担国际港湾职能、其中横滨市拥有国内最重要的对外贸易港——横滨港，也是部分企业总部、国家行政机关的集聚地
埼玉地区	大宫市、蒲和市	接纳了东京都市区部分政府职能的转移，已成为政府机构、居住、生活、商务职能集聚地，在一定意义上成了日本的副都
千叶地区	千叶市	东京成田机场所在地，商品展示和国际交流、国际空港、港湾、物流、临空产业集聚地
茨城南部	土浦市、筑波地区	以世界三大信息产业重镇之一的筑波科学城为主体的大学和研究机构集聚地

东京以轨道交通为主导实现了绿色高效便捷的综合交通系统。东京都市圈公共交通分担率33%，轨道分担率为30%；东京区部公共交通分担率为51%，轨道为48%。表5-6为2008年东京都市圈不同区域轨道交通分担率表。

2008年东京都市圈不同区域轨道交通分担率(%)　　表 5-6

区域	轨道交通分担率	区域	轨道交通分担率	区域	轨道交通分担率	区域	轨道交通分担率
东京区部	48	神奈川	20	千叶市	24	千叶东部	5
东京多摩部	27	埼玉市	26	千叶西北部	25	茨城南部	6
横滨市	34	埼玉南部	21	千叶西南部	9	—	—
川崎市	34	埼玉北部	12	千叶东部	5	—	—

(2)京津冀协同发展中“建设轨道上的京津冀”的发展思路

为实现城市群交通系统与土地使用一体化，实现京津冀城市群的协同发展，京津冀城市群协同发展交通一体化规划明确提出了“建设轨道上的京津冀”的发展战略和交通发展目标。

打造“轨道上的京津冀”，形成轨道交通节点上的城市群，实现各城市间高效快捷的互联互通，由高速铁路、城际铁路、城市轨道交通组成强大的轨道交通系统，快速铁路网覆盖地级城市，使得更多人乘坐轨道交通、公共交通，实现方便、快捷地出行，减少对小汽车的依赖，形成以绿色、高效、大运量的轨道交通为主导的绿色综合交通体系。

根据国家发展改革委、交通运输部发布的《京津冀协同发展交通一体化规划》，京津冀地区将以现有通道格局为基础，着眼于打造区域城镇发展主轴，促进城市间互联互通，推进“单中心放射状”通道格局向“四纵四横一环”网络化格局转变，8大任务之一是建设高效密集轨道交通网，强化干线铁路与城际铁路、城市轨道交通的高效衔接，着力打造“轨道上的京津冀”。重点建设京津冀区域城际铁路网，连接所有地级及以上城市，在线路规划范围内10万及以上人口的城镇设站。京津冀交通通道规划示意图如图5-10所示。

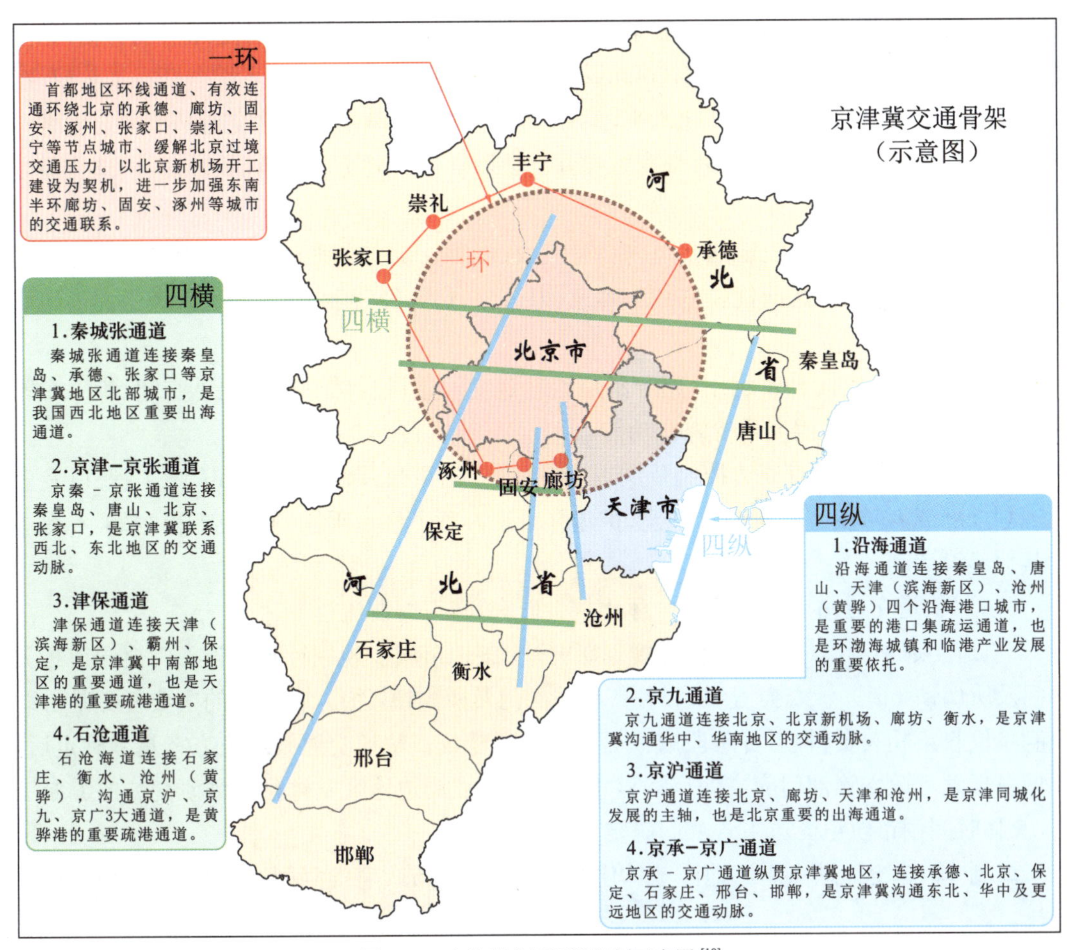

图 5-10　京津冀交通通道规划示意图 [10]

5.3.5　站点与周边用地一体化规划设计技术策略要点 [11，12]

5.3.5.1　站点地区土地开发总体策略要点

（1）确定片区功能定位，规划核心区用地性质应以商业、办公、居住、交通等功能为主，用地应体现紧凑性，在竖向空间上提倡功能的混合使用。

（2）在符合有关法律法规及交通、市政、景观、日照、消防、安全等规定的前提下，可根据总体规划的要求，结合城市空间组织的需要和经济的可行性，以高强度开发为目标，在规划核心区合理确定地块容积率。

（3）城市轨道交通站点一体化规划控制范围内的各类新建、改建、扩建工程项目，必须符合片区控制性详细规划。

（4）站点所在片区未编制控制性详细规划的，必须按相关程序编制控制性详细规划；站点所在片区已编制控制性详细规划的，必须按相关程序调整控制性详细规划。

（5）在轨道交通站点周边200m半径范围内的新建改建项目需进行交通影响评估，站点周边500～1000m（新城1000～1200m）的建设用地范围内应进行站点综合开发规划研究。

（6）为提高规划管理的精细化水平，站点所在片区需要编制《轨道交通站点周边地区一体化规划研究》，控制性详细规划的编制或调整必须以《轨道交通站点周边地区一体化规划研究》为依据。

（7）为促进站点周边土地储备与联合开发，在编制《轨道交通站点周边地区一体化规划研究》时，市、镇储备土地应优先规划为商业、办公、居住等经营性用地，并优先考虑提高地块容积率。

（8）注重地下空间开发利用，充分利用因轨道交通建设自然形成的地下空间，集中布置商业、交通集散以及休闲娱乐等综合功能。

（9）在轨道交通站点周边控制范围以内，除必需的市政、园林、环卫和人防工程，以及已经规划批准或者对现有建筑进行改建、扩建并依法办理了许可手续的建设工程之外，不得进行其他建设活动。

（10）《轨道交通站点周边地区一体化规划研究》建议编制流程

《轨道交通站点周边地区一体化规划研究》由各地市城乡规划行政主管部门会同市相关部门及所属镇（街）、管委会组织编制，市相关部门及所属镇（街）、管委会的主要任务是协助编制单位收集相关资料，对各阶段成果提出意见和建议。轨道交通线站位方案基本确定后，市城乡规划行政主管部门应立即启动《轨道交通站点周边地区一体化规划研究》的编制工作，具体时间由市轨道交通主管部门确定。

编制《轨道交通站点周边地区一体化规划研究》需市政府批复同意，编制费用由市财政安排。

《轨道交通站点周边地区一体化规划研究》的主要规划目标：

（1）确定规划核心区的功能定位、城市空间形态、道路交通体系、用地开发、地下空间布局，并进行相应的经济分析，其研究深度应达到控制性详细规划的深度。

（2）确定轨道交通设施的合理衔接，其研究深度应达到修建性详细规划深度。

《轨道交通站点周边地区一体化规划研究》的报批程序：

（1）《轨道交通站点周边地区一体化规划研究》形成送审稿之前，市城乡规划行政主管部门应组织召开专家评审会，并征求市相关职能部门、相关镇（街）、园区的意见。

（2）根据相关意见，编制单位修改完善后，报市城乡规划行政主管部门会同市轨道交通主管部门初审。

（3）《轨道交通站点周边地区一体化规划研究》送审稿通过初审后，编制或调整相关片区的控制性详细规划。

（4）《轨道交通站点周边地区一体化规划研究》与片区控制性详细规划同时报市城市规划委员会审议。

（5）市城市规划委员会审议通过后，报市政府批准。

市政府批复同意编制《轨道交通站点周边地区一体化规划研究》之日起，至片区控制性详细规划依程序审批通过之前，城市轨道交通站点一体化设计控制范围内，除已办理了《建设用地规划批准书》或在市城乡规划行政主管部门办理了地块总平面图方案审查手续的建设工程之外，其他新建、改建、扩建工程项目一律停止审批。确需在停止审批期间开工建设的项目，应首先征得市属道路交通主管部门同意，再报市政府批准。

5.3.5.2　站点地区用地规划控制策略要点

（1）开发指导基本策略

有目的地引导站点周边土地的高强度混合开发和再利用。使沿线原有的分散型居住、工业仓储用地等向商业金融、写字楼、高密度住宅、文化娱乐、交通中心等集约土地性质调整。轨道交通站点地区土地开发强度按照可达性通常由站点中心向外逐渐呈梯度递减分布，具体方案需要结合站点在城市总体规划中的区位，因势利导地开展对开发强度的控制。不同类型站点周边用地开发建议要点见表 5-7。

不同类型站点周边用地开发建议要点　　表 5-7

枢纽分类	功　能	土地开发建议
城市对外综合交通枢纽	综合交通枢纽所在地，以交通客流集散为主要功能，凭借良好可达性带动周边地区发展，形成新的城市中心	枢纽合理安排与各种交通方式的一体化衔接，实现与轨道交通、公共汽车、出租、小汽车的无缝换乘。充分发挥其内外交通节点的转换功能。枢纽内部及周边建立完善的步行系统并与城市步行系统保持连续性。枢纽周边开发以商业和办公用地为主，优先建设交通保障设施。土地开发类型按重要性由内而外依次为交通设施用地、商业、商务办公、居住。枢纽周边开发可采用高容积率，低建筑密度的形态。应确保应留集散和防灾功能，充分展现城市门户的形象
城市综合交通枢纽	位于城市核心的商贸、商务分布地区，流动人口密度大，有良好的区位优势和聚集效应。服务城市整体范围，城市内部交通为主	完善其大型商业金融、行政办公、文化娱乐、高端服务、公寓等功能，提供更多的混合用地以及服务于城市较大范围的公共开敞空间。确保不断拓宽的道路空间中步行空间的充足和舒适，建立完善的步行系统，确保各种交通方式换乘的便捷，并提供与周边设施的无缝衔接。减少小汽车车位供应，引导乘客采用轨道交通出行。对站点周边土地实施高容积率开发。形成能与城市形象、分担中心功能的城市主风格相匹配的景观环境
片区综合交通枢纽	位于城市各级商业、商务、娱乐、服务中心区的站点	具有引导核心区城市功能转移的作用，应加强办公和商业开发，可开发高品质商业功能，宜配置酒店、公寓、休闲、娱乐、饮食等多样化业态，以保持片区的地区活力。对站点周边土地进行高容积率的综合开发。提供更多功能设施及混合用地，完善其综合商业服务功能，应加强公交等交通衔接设施配套，促进各种公共交通方式衔接。保证轨道交通车站与邻近商业、娱乐等建筑及公交设施的便捷联系，建立舒适、完善的步行系统。通过绿色开敞空间合理组织轨道交通站点、社会停车场、公交站点之间的交通联系。形成与城市次级中心功能主题相匹配的景观环境

续上表

枢纽分类	功能	土地开发建议
一般交通枢纽	位于如行政中心、科教中心、体育中心、大型医院、学校、影剧院、旅游区等其他活动中心	完善相应的配套服务设施，提供适度的商业休闲设施。注重站点周边优美、个性景观环境的创造，以及公共空间、步行空间的提供，营造浓浓的文化、休闲氛围，表现城市的特殊风貌[13]。道路空间满足各种交通方式的出行，确保与不同等级公交设施的接驳，以满足大人流的集散；办公与居住功能为主，可提供不同户型混合的住宅
城市普通轨道交通站点	主要是指以服务于社区功能为主的站点，位于居住区或社区商业中心	配置适度规模的商业服务等设施以及为社区服务的公园或公共空间，用地注重支持多种功能的使用，提供更多就业岗位。一般公建服务设施应围绕地铁站设置，在其外围布置住宅用地，道路用地和公共绿地的布局结合公建用地和住宅用地，营造舒适、充满情趣的空间环境。居住类型呈现多样化，本着实用方便的原则，轨道交通车站出入口与居住区主要人流出行通道及公交设施相对应，建立完善、优美的步行系统。对站点周边土地进行中、高密度的以居住和配套性服务设施为主的开发

对于不同枢纽地区采用分区分类控制原则，见表5-8。

分区控制策略原则建议　　表5-8

土地开发特征	原则策略
新开发区	注重调整用地功能、提高土地开发强度、优先布局城市功能设施。合理组织轨道站点周边用地空间布局与密度分配，能较好地服务于轨道交通系统。形成轨道枢纽两侧各500m范围内，以高强度开发的多功能、混合用地（如居住、商业、办公等）为主，向外围密度逐渐降低，并向人流量少的用地性质过渡；各类公共交通接驳良好的新型TOD城区
已建成区	土地开发应以用地整合及综合改造为主，充分考虑现状，适度调整用地功能与开发强度，开发强度保持与现状控制指标适度平衡，用地控制主要侧重于土地功能的置换，提高土地使用价值。对轨道站点周边500m范围进行用地功能和开发密度的优化调整，协调好改造地区与保留地区的关系、并完善与公交、步行系统的接驳设施，逐步形成服务于轨道交通系统的TOD模式

（2）用地性质

用地性质的选择应该适应轨道交通的特点，站点周边以商务办公、商业和居住等用地为主。倡导功能的混合使用，对办公、商业服务、会展、文化娱乐、酒店公寓等不同公共功能的用地进行统筹安排与规划布局。商业、居住、办公等功能布置在公交站点的步行服务范围内。站点周边的工业、仓储用地迁出。不同性质的建筑和用地在水平方向和垂直方向上实现功能混合。

土地性质调整和控制应分层次分重点进行，对不同级别的站点适宜布局的用地功能进行梳理：在规划中以站点用地功能定位为指导，具体操作时依据城市土地利用规划，针对地块位置、车站性质和规模、客流换乘量等因素综合考虑。不同站点周边适宜开发用地的类型见表5-9。

不同站点周边适宜开发用地的类型　　表 5-9

枢纽分级	适宜开发的用地类型
城市对外综合交通枢纽地区	200m 核心范围内以保障客流疏散广场、交通换乘设施、配套服务设施等交通设施功能为主。客流全天候均匀分布，适合开发 24h 旅店、综合商业、饮食和文化等为主；要避免对枢纽客流造成干扰，不宜引入其他客流进入，枢纽 200m 范围内故不宜开发办公和居住用地
城市综合交通枢纽地区	枢纽周边开发以商业和办公为主，宜开发金融商贸、综合商业、旅馆、娱乐、餐饮等商业业态
片区综合交通枢纽地区	具有引导核心区城市功能转移的作用，应加强商务办公和商业开发，如零售商业、商务办公（针对本区域的产业特色）、金融保险、文化传媒、公寓、生活服务设施。乘客以中转换乘、片区内出行为主，可开发商业功能，宜配置酒店、公寓、休闲、娱乐、饮食等多样化业态，以保持片区的地区活力
一般综合交通枢纽地区	结合服务对象特点（行政中心、科教中心、体育中心、大型医院、学校、影剧院、旅游区等其他活动中心）进行用地开发，混合居住用地
城市普通站	是轨道客流的主要来源，用地开发以居住、生活配套服务设施（小型超市、便利店、市场、体育活动场地等）为主。应加强居住用地开发强度，兼有一定的商业开发满足乘客需求，以休闲、娱乐、饮食等业态为主

（3）用地布局

在站点核心区布局中以商业、办公等用地为主，核心区以外的影响区以居住和配套生活服务设施等用地为主。

站点周边 200m 范围内鼓励开发集商业活动、餐饮娱乐、教育培训、休闲健身等活动为一体的大型综合体，形成多用途的核心商业区，使轨道站点成为一个多种功能的目的地，倡导不同功能用地的紧密结合和建筑物的混合使用。

随着车站所在区域层级地位的降低，商业与办公用地比例降低，而住宅比例升高。采用从车站中心向外依次为：商业—办公—住宅用地布局方式。需要注意商业、办公与住宅在车站步行距离圈内的混合。在城市综合交通枢纽地区、片区综合交通枢纽地区以及片区综合交通枢纽地区强调商业与办公的混合；在一般综合交通枢纽地区、城市普通站，要强调商业与住宅的混合。

（4）开发强度控制

站点周边开发建设强度控制采取容积率控制的方法进行引导。采取容积率非均衡分布策略，在城市各个区位以及单座车站周围空间分布上，容积率与土地价值总体上呈正比的关系。

具体规划方案地块的容积率应结合站点周边地区的城市区位和城市定位等因素综合考虑，由四周的用地性质、道路交通情况、轨道交通站点的规模、集疏客运量等共同确定。

分类分区位控制原则如下：

（1）居住用地的容积率调整幅度不宜过大。尽管轨道对居住用地的吸引力最强，但是居住用地的开发强度弹性却较小，根据不同城市的日照间距和居住建筑朝向的要求，居住用地的容积率值是有其合理范围的，上限值受到城市相关规划技术管理规定的约束。对于现状开发已较为成熟的地块，其开发强度要与周边地块适度平衡。位于中心区的居住地块在满足日照及相邻权的条件下适当提高开发强度。

（2）商业办公用地开发强度的弹性较大，可以根据土地经济性的需要进行较大幅度的调整。土地开发成熟度较高的中心区内商务办公地块的开发强度原本已较高，受轨道交通的影响不如城区外围新开发地区显著，一般需要通过城市设计方案进行布局研究予以确定；城区外围新开发地区地块的开发强度与商务办公建筑的需求总量相关，总体上其开发强度应低于中心区。

（3）无论是居住用地，还是商业办公用地，其开发强度上限应不高于当地的城乡规划管理技术规定的最大值；下限则不低于城乡规划管理技术规定中的一般性通则。

（4）近期开发充分尊重现状，远期开发趋于理想值。近期对开发强度控制应充分考虑现状实际，主要针对可开发用地；远期开发强度则可按照理想状态予以控制。历史保护街区较多的城市，对建设强度的控制应充分考虑各类控制和保护内容，不得突破相关限高要求。

站点周边开发强度建议如下：

站点影响区控制容积率下限以提升站点核心区用地开发强度，使更多的人口和活动集中在轨道交通站点周围，优化城市空间结构。建设强度根据站点区位依次减小。商业商务办公用地建设强度高于居住用地。

本书在综合考虑国内外开发建设经验类比基础上给出站点周边开发强度下限建议见表5-10。

站点周边开发强度建议表　　表5-10

交通枢纽分类	容积率控制下限（毛容积率）	
	平均	商业办公
城市对外综合交通枢纽	2.5～3.5	5～6
城市综合交通枢纽	3.5～4	5～6
片区综合交通枢纽	2.5～3	4.5～5.5
一般交通枢纽	2～2.5	3.5～4.5
轨道交通站点	2	3.0～4.5

具体开发强度方案各地应结合地方城乡规划管理技术规定，在对用地性质、地块区位、与轨道站点距离等因素进行交叉分类的基础上提出容积率的修正幅度，得出轨道站点周边地块容积率调整幅度的指导建议值。

5.3.5.3　站点地区地下空间利用策略要点

将轨道交通建设与周边用地地下开发结合起来，合理布局建筑综合体的地下空间和沿城市街道地下街廊，安排地下空间功能布局，形成商业、文化、停车库等多功能使用。比如地面商业建筑地下一层以地下商业为主，地下二层及以下以停车设施及设备用房等为主。地面办公和居住用地地下空间以机动车停车设施为主。

编制地下空间专项规划作为指导地下空间建设的直接依据，并通过实施性的详细规划落实。采取容积率奖励、地价优惠等方式鼓励站点核心区公共建筑和居住建筑开发地下空间，利用站点核心区绿地和广场等公共场所开发地下空间。

5.3.5.4　轨道交通衔接设施规划策略要点

城市轨道交通效益的发挥还有赖于其他交通设施的配套及步行广场、通道的合理设置，城市轨道交通与其他交通方式衔接非常重要。交通衔接用地是轨道交通与其他交通方式（常规公交、出租、社会车辆等交通方式）之间换乘所需的场地，在规划阶段预留合适的交通衔接用地，可统筹安排整个公共交通网络与各种交通方式间的合理衔接，做到轨道交通和城市交通紧密结合，并为各项综合交通枢纽专项规划的制定打下基础。规划要点如下：

（1）以公共交通为骨干网络，轨道线网为基础，围绕轨道车站合理布置各类不同级别的公共交通枢纽、一般公交站场、大型停车场等。确定适当的用地规模。

（2）市内、外大型交通枢纽，包括火车站、长途客运中心、机场等，轨道交通车站应以上述各类交通枢纽专项规划为主。车站布置应充分考虑与枢纽的人流集散广场、公交换乘场站、社会停车场等衔接的方便性，不再另行设置交通设施用地。

（3）在市中心区以外地区的轨道交通首末站附近及外围组团的地区中心，应设置大型接驳站，考虑设置一定规模的公交站场和社会停车场，吸引城市外围的客流转乘轨道交通。

（4）公交场站的选址应尽可能贴近轨道交通车站出入口（建议 50 ～ 100m 以内），现有公交总站若靠近轨道交通线的予以保留，若与轨道交通换乘不方便的应予以调整。公交运营应围绕轨道交通车站进行交通组织。

（5）对于一般车站的公交换乘，应设置港湾式停车站。并尽可能靠近轨道交通车站出入口。

（6）城市中心区车站用地应尽量紧凑，通常只考虑停放自行车和摩托车。不设置小汽车停放地。小汽车停车场只在城市外围区车站周边布设，城市中心区严格限制。

（7）确定轨道交通站点周边公共交通、出租车、社会车辆和非机动车停车场交通设施的规模和选址，保障轨道交通与其他交通方式有效衔接。

出入口的设置：

（1）站点出入口布置应充分考虑与周围公共建筑、城市过街设施的结合或连通，并统一规划、同步实施，对尚未实施而不能同步建设的必须预留通道和接口。

（2）轨道交通车站综合开发应优先考虑出入口、换乘通道及配套交通设施布置，确保车站交通功能，形成快速、便捷、安全的客流集散及换乘体系。

（3）临近地铁出入口的开发项目必须与地铁出口相连接，并将此作为获得建设许可的先决条件，促进人行通道建设的可持续性，改善与地铁的连接性，建议开发者可以获得相应的容积率奖励。

（4）轨道交通站点的出入口、风亭、冷却塔、配电等设施及配套附属用房，应优先结合周边在建项目统一设置，无法结合的可结合绿地、道路进行景观美化处理。

5.3.5.5 站点地区道路网络规划策略要点

（1）道路网络

按照“小街廓、密路网”的思路，尊重上位规划中的干道系统规划，完善路网功能和结构，构建客流通道与机动车通道相对分离的道路网络。以轨道站点为核心，结合公共空间和地下空间建设，架构支路网系统。尺度适宜的支路网系统，可以减少轨道交通乘客的步行距离，增加公共空间和商业空间，成为站点周边核心区相对于其他地区进行高强度开发的基础。支路网的完善，以轨道站点为核心，结合公共空间的构建和地下空间的建设进行。

（2）道路断面

步行和常规公交是轨道客流重要的集散方式，结合用地功能布局对客流通道进行识别，通过合理调整道路红线和断面分配，增加公共交通通行空间和步行空间，实现轨道交通与常规公交之间的相互支撑与协调发展。

5.3.5.6 步行空间规划设计策略要点

城市轨道交通站点重视不同交通方式的交通接驳设施通过人性化的步行空间进行连接。

（1）立体化

交通方式的换乘涉及城市不同平面空间的转换，步行空间因而往往结合地下、地面和周边建筑综合体进行一体化设计，其中包括过街天桥、屋顶平台、地下通道、手扶梯等交通设施。

（2）生活性和景观性

对于人行空间的除了交通性要求，还有很强的景观性和商业化处理。包括空间的尺度，特色的交通设施，趣味的标识系统。另外针对步行空间商业需求较高的情况，对各类交通空间的附属空间常做商业化处理，不仅使这些空间产生生活趣味性，同时提高了商业价值。

（3）导向性强

通过对人行空间的变化处理和特殊的引导设施对人流进行引导和疏散。

5.3.5.7 景观规划设计策略要点

轨道交通的建设将对城市的生态景观和视觉景观产生影响。当线路采用地面线（含过渡段）时，线路对两侧功能地块产生分割，不仅破坏了城市生态景观的完整性，而且阻碍了两侧功能块间的人流、物流和信息流，对城市生态景观影响巨大[14]。若地下线路的风亭、出入口等与周边建筑处理不当，将产生破碎感；高架在尺度和体积上较大，对城市的视觉景观影响较大。因此各地在做好站点交通接驳设施规划的同时应重视站区城市景观的营造。规划应在站点核心区，结合车站、公共建筑适当安排广场、绿化等公共开敞空间，创建生态化、园林式的开敞空间，进行优美、宜人的场地环境设计，形成人工与自然交融的绿色景观系统，保障人流集散安全和舒适宜人的环境。规划时不仅考虑到人的利用、享受、时尚的需求，也应注意安全、方便和各方面人的需要，避免分割，促进站区周边一体化开发。

5.4　推动城市群交通与土地利用一体化的若干关键

交通与土地利用一体化发展需要各方面的努力配合，推动一体化发展存在若干个关键内容，本书从体制与机制、法规与政策、开发模式要求、公众参与、主要技术政策 5 个方面提出相关的政策建议如下：

5.4.1　体制与机制

推动交通与土地利用一体化在体制与机制上的关键内容有：

（1）建立强有力的城市群层面的一体化发展综合协调体制机制，统筹管理协调交通与土地使用一体化发展。

（2）在城市群一体化综合协调机制下，确定一体化的客运与货运综合管理机制，实现城市群内“一票制”客运、“一单式”货运服务体系。

（3）建立完善土地储备与开发机制以及激励机制，要求轨道交通站点 1 ～ 2km 范围内及沿线 500m 范围的土地进行综合一体化开发。

（4）建立一体化开发的全过程督导、保障、落实与考核评估机制。

（5）完善土地开发与交通建设的信息更新与数据共享机制，建立统一信息共享平台。

5.4.2　法规与政策

法规与政策是推动交通与土地利用一体化上的关键，更是一体化顺利实施的保障，在法规与政策方面保障一体化的措施主要有：

（1）尽快制定出台交通系统与土地利用一体化发展相关法律法规及实施细则。

以法规形式对一体化开发进行指导与约束，包括对一体化开发机制要求、一体化规划要求、一体化设计要求、建设投融资要求、运营要求、保障系统等一揽子要求规定。

同时制定实施细则，在用地及开发、投融资、运营等关键环节提供优惠与保障政策，使得指导意见全面落实。

（2）制定《交通系统与土地利用一体化开发规划设计指南》等技术法规。

从城市群、城市、站点等不同层次制定一体化开发规划设计指引，制定轨道交通站区交通方式之间换乘指标要求的规范文件，针对轨道交通站点及其影响范围内规划、设计方面出台相关技术标准，确保轨道交通站点及其周边用地规划设计与城市发展相关规划的协调。

制定一体化开发交通影响评价方法、评价标准、审核办法作为限制不合理开发的指标，对轨道交通站点及其影响范围内开发强度指标给出明确要求。

（3）明确负责一体化开发的职能部门，确保轨道交通建设及其周围相应建筑及设施建设的土地使用权一体化，明确规定各参与实体，如政府、专门机构、规划部门、交通部门、轨道开发部门和房地产开发商的权利、义务和效益分配。

（4）制定一体化开发的土地管理办法，包括土地来源、土地开发权、土地使用性质（综合用地）、土地使用权、土地收益归属等的相关规定。

（5）建立相应一体化开发的管理制度和工作流程，以确保一体化开发进程的有效实施开发模式要求。

5.4.3 开发模式要求

为了给交通建设与土地开发统一规划、同步实施提供良好的制度背景与市场环境，必须探索新的一体化模式。一体化开发模式有如下 4 方面要求：

（1）一体化开发纳入土地一级开发

将一体化开发作为土地一级开发的最后环节，使轨道交通站点及周边土地一体化开发同时协调规划、建设，能够避免轨道交通基础设施建设晚于物业开发的时序，同时还能促使物业开发商为轨道交通的建设提供资金来源。

（2）一体化开发联合物业开发（轨道 + 土地一体化运作模式）

以轨道交通站点为主体联合物业开发，根据规划将周边用地最大化地作为物业开发用地，通过招投标的方式选择开发商。物业开发建设应按照一体化开发的预期规划协调进行。

（3）建立土地增值利益分配和回哺公共交通模式

对收益返还的实施原则、收益范围、返还方式、返还标准、返还时间进行确定，同时保证回哺公共交通比例与模式。

（4）建立合理的多元化经营模式

全面开发地铁特有的地上和地下、有形和无形产业资源，把轨道交通主业和辅业构建成一个一体化新的经济体系，最大限度的开发辅业的经济效益，构建完善的地铁产业体系。通过参与市场竞争，走多元化经营之路，扩大自身的生存空间，全方位发展企业，不断提高其综合实力和市场竞争能力。

5.4.4 公众参与

公众参与是推动交通与土地利用一体化顺利进行的关键内容，公众参与增加了公众对城市或者区域一体化发展的参与力度，体现以人为本，同时公众的需求、好的建议也是一体化发展的标准与参考，有利于制订更科学化、人性化的一体化发展方案。

（1）准备阶段的公众参与

在准备阶段，公众主要通过媒体、公示宣传等方式参与到一体化发展中，对于特殊性建设项目，可成立公众咨询委员会，积极听取公众建议。

(2)方案制订阶段的公众参与

在方案制订阶段,通过民意问卷调查方式、小区和站点流动咨询委员会、阶段研讨会提高公众的参与度。

(3)方案筛选时的公众参与

在方案筛选阶段,通过公众投票方式确定公众对项目方案的认可程度,或者召开专家和公众代表讨论会以确定公众意见。

(4)一体化方案政策实施后反馈阶段的公众参与

在一体化方案政策实施后,建立专门的反馈中心,公众可以通过网络、电话咨询和投诉表达对一体化方案的实施效果进行反馈。

5.4.5　主要技术政策

城市群交通与土地使用一体化技术要求如下:

(1)城市群中不同城市应分布在不同等级运输通道上。城市在城市群中的定位、分工、布局、规模应与所处的交通通道等级结构相匹配。

(2)通道间交通需求规模、需求结构等特性应与通道交通容量、结构等特征要匹配。

(3)突出以城际交通通道为导向的城市群高效土地利用模式,在通道中要突出交通走廊尤其是轨道交通构成的城际交通走廊引导城市群、城市发展作用,促进城市群一体化发展并引导沿线土地开发,同时结合土地开发与利用的需要进行站点的合理布设。

(4)城市群应根据需求特性合理选择不同制式的轨道交通方式,并通过交通通道尤其是高铁通道引导形成合理的城市群中城市空间布局、城市群产业布局等。发挥区域轨道交通功能,推进城市群轨道交通系统的建设和土地使用的优化布局。

(5)积极建设城市群对外复合交通走廊,维护城市群土地生态环境。涵盖以高速公路、高速铁路为主要特征的高速公铁复合走廊,以及以高速公路、一般铁路为主的常规复合走廊。

(6)城市群内机场、铁路枢纽、港口、大型公路枢纽科学定位与合理分工,大型交通基础设施空间布局要进行充分论证和高度共享,避免重复建设和无序竞争,达到资源利用效率最大化和运输成本最具竞争力。

(7)城市群交通系统建设要重视工程可行性研究,明确服务对象、需求特性和预期的服务水平,科学安排交通系统与土地开发的建设时序。

(8)建立城市群内“一票到底”客运服务和“一单式”货运多式联运服务。针对客运:建设集合不同运输方式的客运联网售票系统,积极推动城市交通一卡通在不同区域、不同方式、不同终端上的通用,建立城市群范围内一票到底、无缝衔接的起终点间高质量的客运服务体系,提供城市内与城市间无缝衔接的客运服务,实现交通服务收费的一体化。针对货运:建设区域范围的“一单式”货运多式联运服务体系。

(9)建设城市群内无缝衔接零距离换乘和一体化开发综合交通枢纽。实现不同类型交通枢纽的多种交通方式的无缝衔接,提高综合交通枢纽的规划建设水平。优化综合交通枢纽布局，引领城市建设和城市空间结构调整，强化枢纽与周边地区一体化开发，落实站点TOD、城市TOD和城市群TOD的开发。

（10）推动城市群区域交通信息化的“互联互通”，实现城市群综合交通信息整合与共享，建设城市群一体化综合交通信息服务系统以及动态全过程跟踪的智能物流系统等系统。

推动交通与土地一体化的主要技术政策有以下9方面：

（1）制定城市交通与土地一体化专项规划

制定城市交通与土地一体化专项规划，从规划层面确定一体化发展总体目标及发展方向，制定用地与交通协调发展策略，同时要增加城市用地性质变动成本，尤其是与交通系统与土地利用一体化相背离，过于追求商业价值的用地性质变动。

（2）强化各种交通方式无缝衔接、零距离换乘

根据不同类型枢纽车站进行交通方式接驳规划设计见表5-11。

根据不同类型枢纽车站进行交通方式接驳规划设计　　表5-11

交通枢纽分类	功能（主要承担或服务于）	包含的主要交通方式（按照优先顺序）
城市对外交通枢纽	城市对外交通功能（铁路、机场、公路客运、港口码头）	城际交通、城市轨道交通、城市公共交通
城市综合交通枢纽	城市整体范围，城市内部交通为主	城市轨道交通、常规公共交通系统交汇衔接，几乎具备全部城市交通方式
片区综合交通枢纽	城市某个片区或组团的交通枢纽	轨道交通为主、通过性公共汽车、自行车、步行、出租车、少量小汽车
一般交通枢纽	城市某个功能区块的交通枢纽	两条轨道交通相交或若干条公交线路交汇换乘形成枢纽；轨道交通、公共汽车为主，自行车、步行、少量出租车
轨道交通站点	单个轨道交通站点 或常规公交换乘枢纽（3～5条）	轨道交通站点或常规公交站点，自行车、步行衔接为主

（3）围绕轨道交通站点形成开发强度递减的圈层模式

不同站点其影响范围不同，其范围的确定主要有自行车/步行半径、功能与文脉因素、地形标志、开发边界4种标准。选择自行车半径为确定站点地区范围的标准，并结合一定程度的功能判断，也就是以站点为圆心，自行车行驶10分钟为半径（约2km）的这样一个范围。

（4）优化项目规划设计

根据区域特点，有机配置办公、商业、娱乐、餐饮和居住等多样化功能，规划建设以中高密度住宅、写字楼和商贸中心为主的城市生活圈，集约化利用土地，做到土地资源利用效率最大化，在站点核心区形成综合开发模式。

（5）打造一体化的景观特色

增加站区的舒适性、可观赏性和生态性，打造温馨、舒适的景观特色，体现一体化发展理念。

（6）打造以轨道交通站点为核心的TOD模式社区

在城市轨道交通覆盖的偏远地段，以区域性公共交通站点为中心，在以适宜的步行距离为半径的范围内，规划建设以中高密度住宅及配套的公共用地、商业设施。

（7）合理开发利用地下空间

适当地开发地下商业街，通过地下空间的开发，将城市轨道交通车站和周边物业连接成一个有机整体，增加城市轨道交通对旅客的吸引力和客流量。

（8）合理安排时序，分区域重点开发

要合理安排区域内建设项目开发时序，轨道交通应先于或至少与沿线土地开发同时进行。

（9）规划设计引入地域文化与人性化设计

轨道交通建设应根据其所在区域的历史文化、民俗风情及传统建筑，分析寻找地域传统的发展机制，并确认其现实合理性。根据人的行为习惯、人体的生理结构、人的心理情况、人的思维方式等，在设计基本功能和性能的基础上，对方案进行优化，让人使用起来非常方便、舒适。

5.5　实现城市群交通与土地利用一体化的政策与对策建议

（1）建立强有力的各城市同上级政府组成的城市群协同发展的交通一体化体制机制，统筹地区交通运输相关的法规、政策、措施、保障等系统管理与支撑；包括建立区域协同发展综合协调机制和监督机制、建立地区内各组成城市的规划相互参与制度、建立地区一体化的交通规划、建设信息平台等。

（2）研究制定城市群交通系统与土地利用一体化发展相关政策、措施及实施细则，并确定一体化要求为强制性要求；编制出台综合交通枢纽衔接换乘标准、规范或指南要求。

（3）制定城市群、各城市、各片区不同层面的交通与土地一体化专项规划与设计。

（4）做好轨道交通站点与周边土地使用的一体化规划设计，实现多种交通方式的无缝衔接和交通与土地使用的密切结合；根据不同类型枢纽从“物理空间、运营管理、信息服务、交通票制”4 方面进行交通方式接驳的规划、设计、建设、运营、管理，强化各交通方式无缝衔接、零距离换乘；构建一体化综合交通枢纽信息服务系统。

（5）强化围绕轨道交通站点为核心的 TOD 发展模式，实现综合一体化开发，轨道交通站点 2km 半径内功能布局由内向外依次是商业、办公、居住；由下而上依次是商业、办公、居住，距离站点越近开发强度越高，形成不同性质的环形用地功能圈，突出高强度、绿色交通，打造生态、绿色、便捷、高效、安全、有特色、具有综合功能的城市单元。

（6）交通系统与土地一体化开发联合开发，并建立土地增值利益分配和回哺公共交通模式，允许建立合理的多元化经营模式。

（7）在城市内部重视立体化的步行系统与地下空间开发。建立地下空间开发利用与管理专项法规政策体系；结合城市更新与城市再生，地下空间利用功能的综合化，集停车、交通、步行和商业等多种功能为一体，避免单一化；打造舒适安全的步行交通系统，包括立体化的步行系统，体现环境的人性化；引入民间投资与管理力量。

（8）打造便捷的末端交通系统，高度重视最后 1km 的精细规划，真正实现出行“点”到

“点”的高效率。加强大型小区与枢纽站点等客流集散点的末端公交，并提高运输效率与服务水平；创造良好的自行车、步行交通环境，形成绿色高效的接驳体系；重视大铁路、城际铁路、城市轨道交通间衔接，减少大交通“末端交通”换乘问题、不畅问题。

（9）建立城市群范围内一票到底的无缝衔接的起终点综合客运服务。实现城市内与城市间无缝衔接的客运服务体系，实现时间差异化的动态票价服务体系，实现交通服务收费系统的一体化。

①建立城市群范围内一体化票制系统。建立区域范围内点到点一票到底的多方式无缝衔接联运票制体系，实现城市内与城市间无缝衔接的客运服务体系。

②应积极推动城市交通一卡通在不同区域、不同方式、不同终端上的通用。使交通一卡通能在区域范围内各城市的大铁路、城市轨道、常规公交、出租车等不同交通方式上以及停车收费、部分商店、日常缴费等便民服务方面通用，并有快捷充值等便捷服务。

（10）城市群综合交通信息整合与共享。应建设一流一体化综合交通信息服务系统，实现跨区域、跨部门、多交通方式系统信息的整合与共享，实现多途径多方式的综合信息服务。打破区域、部门、不同方式、不同系统限制，加强信息化建设，建立交通信息标准化体系，建立城市群、都市圈的综合信息共享服务平台；建立广泛的综合交通信息采集系统；建立统一的多方式信息发布与服务平台。

（11）建立从立项、规划、设计、建设、运营、维护全过程的公众参与制度，提高公众参与力度与效果。

（12）充分论证通道交通需求，多种交通方式协调配合满足交通需求。

（13）城市群应根据需求特性分圈层按照需求特性选择不同制式的轨道交通方式，通过轨道交通引导形成合理的城市群布局。

（14）充分论证城市群航空、港口需求，合理布局、规模恰当。

（15）制订城市群、各城市、各片区不同层面的建设实施计划。时序是关键。在恰当的时机建设急需的基础设施。

（16）建设绿色交通主导的综合交通系统是城市群的发展方向。构建以形成绿色交通体系为根本目标，形成以公共交通＋步行＋自行车为主导、以租赁汽车体系和私家车为补充的综合交通体系。

本章参考文献

[1] 许婷婷 . 基于土地价值分析的城市轨道交通车站综合开发研究 [D]. 北京交通大学学位论文，2009.

[2] 盖春英 . 北京市交通与土地使用规划编制技术与机制研究 [J]. 城市规划，2011(3)：41-45.

[3] 王伟明 . 城市交通与土地利用整合方法研究 [D]. 东北林业大学学位论文，2007.

[4] 李海 . 城市交通规划与土地利用关系的研究 [D]. 重庆交通大学学位论文，2007.

[5] 张朝晖，等 . 新城发展与交通建设的良性互动 [J]. 北京规划建设，2007（3）：76-80.
[6] 张勇 . 论北京市轨道交通建设沿线土地利用模式 [J]. 北京社会科学，2008（3）：38-41.
[7] 姜志恒 . 基于精明增长理念的城市新区规划对策研究 [D]. 东北林业大学学位论文，2011.
[8] 刘颂，等 . TOD 模式下的风景园林规划设计趋势探讨 [J]. 城市中国，2012.
[9] 陆化普 . 生态城市与绿色交通：世界经验 [M]. 北京：中国建筑工业出版社，2014.
[10] 人民网，http://politics.people.com.cn
[11] 陆化普，等 . 绿色智能人文一体化交通 [M]. 北京：中国建筑工业出版社，2014.
[12] 陆化普，等 . 城市群结构及其交通需求特性研究 [J]. 综合运输，2014，10.
[13] 罗辑 . 基于现有铁路的城市轻轨交通规划方法研究 [D]. 哈尔滨工业大学学位论文，2010.
[14] 黄垚 . 城市轨道交通规划用地控制研究——以北京为例 [D]. 北京交通大学学位论文，2011.

第6章 城市群运输结构优化的思路与方法

6.1 我国城市群发展阶段分析

6.1.1 城市群发展阶段划分

城市群作为城市发展的高级阶段，与都市圈的差异在于城市群是在更大范围里优化资源配置、布局产业关联、提高区域竞争力，其规模比都市圈要大得多，但又不是一系列城市的简单集合和空间集聚，城市群内的城市间有较强的经济联系和产业关联，是生产资料、劳动力配置和市场资源优化配置的空间。

城市群和城市一样，也有其发展的初级阶段、中级阶段和高级阶段。因此，划分城市群的发展阶段并给出城市群处于何种发展阶段的判断指标，对于科学制定城市群发展战略、合理规划城市群综合交通系统、科学合理地确定交通基础设施建设的优先顺序和投资战略，具有重要意义。为此，本书提出城市群发展阶段划分和城市群所处阶段的分析计算方法。

本书提出，城市群按照成熟度程度可分为初级阶段城市群、中级阶段城市群和高级阶段城市群。

6.1.1.1 初级阶段城市群

已经在地域上形成了一个及以上首位度明显的都市圈，在都市圈的周边形成了由若干城镇集聚而成的多核心、多层次的城市聚集区，在该城市聚集区中，城市间经济社会联系比较密切，城市群中各城市间的交通联系开始明显增加。这样的城市群我们称之为初级阶段城市群。

6.1.1.2 中级阶段城市群

在初级阶段的基础上，区域内城市间相互依托、相互联系进一步加强、有很强的产业关联、更密切的人员与货物交流，城市分工合作关系趋于更加紧密，上下游产业链关系更为明显，产业布局空间优化范围不断增大，在主要产业带和城际通道上，客货运输需求处于快速增长阶段。

6.1.1.3 高级阶段城市群

城市群中各城市间有非常密切的交通联系，人员与货物交流频繁，城市群空间范围的资源一体化优化、产业链形成、产业分工明确，城市群内部城市间完全实现了一体化协同发展，城市群中各城市间相互依赖的关系显著，呈现出一体化的市场以及生产与生活的整合优化发展模式。

6.1.2 城市群发展阶段的量化分析方法——紧密度分析

如前所述，城市群不同发展阶段的需求特性、面临的主要矛盾和主要任务、阶段性发展目标等均不相同，所采用的发展战略、工作重点以及政策对策也就不应该相同。因此，清晰判断城市群的发展阶段和所对应的需求特性对于科学制定城市群发展战略与政策、适时提供合适的交通基础设施系统、恰当引导城市群的健康发展具有十分重要的意义。

城市群发展阶段分析是伴随城市群成长全过程的分析诊断环节，通过量化的分析计算，本书定义城市群紧密度指标，以此描述城市群的成长过程和成熟程度。通过本计算方法得到的紧密度计算结果有两个含义：其一是分析判断城市群在动态成长过程中成熟到了什么样的程度，处于什么样的发展阶段，即阶段性判断；其二是能够判断城市群动态发展过程的城市群边界，即按照城市群的定义和衡量指标，城市群成熟部分的动态边界在哪里，实际规模如何？这样我们就可以在同一量度上比较城市群的发展情况。

城市群在发展过程中会由于各城市间的联系不断加强而产生大量的人流、物流、信息流、资金流等的流动，这些城镇间资源交流的强度、频度与城市群的发展阶段密切相关，也是城市群紧密度的度量。因此，城市群的发展阶段即城市群中两城镇单元之间紧密度的指标可以采用城镇间人流、物流、信息流等交流量的大小来判定，即客运量、货运量、信息量、资金交流量等。

由于资金交流量、信息量较难获取，本研究暂且采用获得的城市间的铁路客运量作为城镇间联系紧密度的评价依据。根据客运量的紧密度指标计算，可以将城市群中各个城市按紧密程度排序，排序越高的城市代表着在该城市在城市群中越能发挥集聚效应和拉动效益。同时，基于客运量的紧密度指标计算可以获得整个城市群的紧密度，判断出城市群所处的发展阶段，同时需要注意的是同一城市群在不同时期发展阶段也可能不同，本研究利用获取的铁路客运数据对我国 18 个主要城市群在 2009 年、2014 年的城市群紧密度进行了计算与分析，技术路线如图 6-1 所示。本书重点阐述城市群紧密度计算与排序方法。

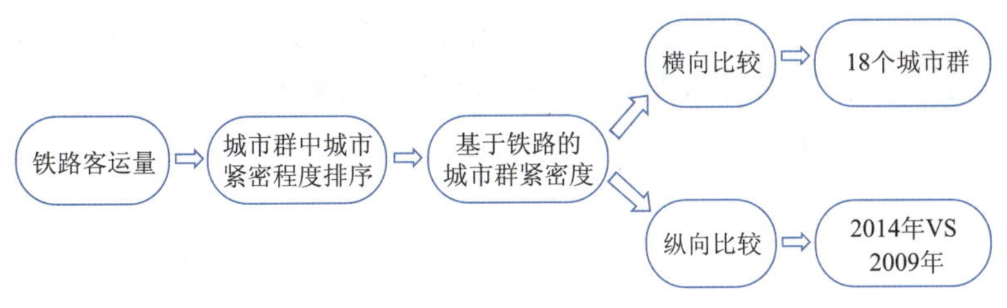

图 6-1 城市群发展阶段分析的技术路线

6.1.2.1 城市群紧密度的计算方法

两城镇间的紧密度计算公式为：

$$A_{ij}=\frac{X_{ij}}{\overline{p}_{ij}} \tag{6-1}$$

式中：A_{ij}——两城市 i，j 之间的紧密度；

X_{ij}——城市 i，j 之间的年客运量；

$\overline{P}_{ij}$——城市 i，j 之间平均人口数；

城市 i，j 都属于同一城市群中的城市。

鉴于人口是两城市之间产生交通、信息等交流的最基本因素，上述计算公式在年客运量的基础上乘以人口的倒数，计算出单位人口的客运量，以便在同一个维度上刻画两城镇间的紧密度。城市群的紧密度则为城市群内两两城市之间紧密度的平均值。

城市群的紧密度计算公式为：

$$A=\frac{\sum_{i=1:n,\,j=1:n}A_{ij}}{n(n-1)} \tag{6-2}$$

式中：A——城市群的紧密度值；

n——城市群包含的城市个数。

6.1.2.2 城市群中城市紧密程度排序原理

对不同城市群的紧密程度进行排序主要有两点考虑，一是分析判断城市群在动态成长过程中到了什么样的程度，处于什么样的发展阶段，即阶段性判断；二是能够判断城市群动态发展过程的城市群边界，即城市群的动态规模，这样可以在同一量度上来比较城市群的发展情况。

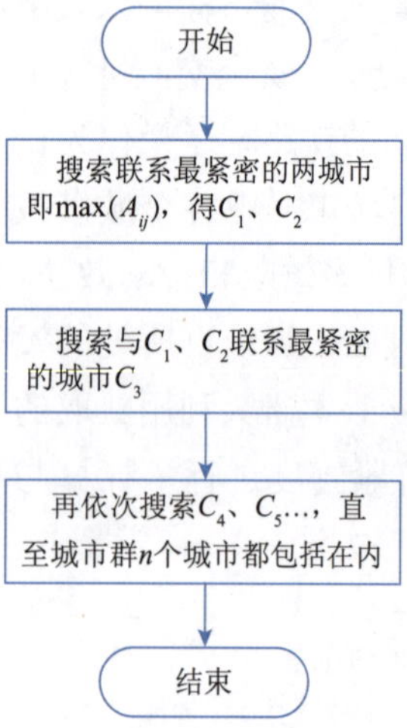

开始

搜索联系最紧密的两城市即max(A_{ij})，得C_1、C_2

搜索与C_1、C_2联系最紧密的城市C_3

再依次搜索C_4、C_5…，直至城市群n个城市都包括在内

结束

图 6-2 城市紧密度排序方法

本研究提出的分析计算方法为：根据城市群中两两城市间的紧密度数值，首先选出联系最紧密的两个城市，然后根据其他城市与最初两个城市的紧密度平均值，选出最大紧密度平均值的城市作为下一个联系紧密的城市。依次类推，筛选出下一个联系最紧密的城市，完成城市的紧密度排序，显示出各个城市在城市群中的贡献和作用，如图 6-2 所示。

同时计算出整个城市群紧密度，以城市群城镇间联系紧密度指标作为城市群成熟度的评判依据，由此来划分城市群的发展阶段。

6.2 不同发展阶段对交通运输的要求

6.2.1 城市群城际交通的特征与系统构成

6.2.1.1 城市群交通系统构成

依据运输距离、运输需求和空间分布的不同，城市群交通系统可以分为城市交通、城乡交通（市域交通）、城际交通和城市群对外交通 4 个层次。

城市交通主要服务城市群内部大、中、小城市建成区范围的客货运输需求。城市交通以通勤客运为重点，具有明显的高峰特征，由于每个城市总体规划和布局各不相同，各城市的城市交通都有自身的特点和规律。

城乡交通主要服务于大、中、小城市与周边乡村地区间的客货运输需求。城乡交通体现了我国在户籍、用地、就业等方面特有的城乡二元结构特征，在服务对象、需求特征等方面与城市交通有明显的差异。

城市群对外交通主要服务于城市群对外的客货运输为主，主要借助全国范围的干线通道，以长距离客货运输为主，运输距离超过城市群范围。

城际交通主要服务于城市群范围内核心城市到中小城市及城镇，以及中小城市及城镇间的客货运输。城市群城际交通对城市群内城镇体系空间和产业合理布局具有重要的支撑和引导作用，因此，城市群城际交通是本课题研究的重点。

6.2.1.2　城市群城际交通的分类

依据需求特征的不同，本研究又将城际交通分为 3 个层次，即城际主通道、核心城市都市圈和城际交通基本网络。

（1）城际主通道

在城市群区域，交通与经济互动发展的结果形成城市群发展主轴地带，即中心城市之间或中心城市与区域主要大城市间的走廊经济带，沿走廊地区即为城市群区域经济和城镇体系发展的核心区域，运量需求本身就大，交通走廊上基础设施的建设和发展，在缓解交通压力的同时，也促进了沿线经济社会和城市的发展，从而进一步带动了运输需求量的快速上升。城际主轴上的运输需求量是构成城市群区域运输需求量的主要部分，也是需求量增长的重要来源[1]。因此，本课题将城际主通道作为城市群城际交通的研究重点，以下所提城市群城际交通主要是指城际主通道。

（2）核心城市都市圈

核心城市都市圈不仅覆盖城区范围，而且进一步扩大至周边城市及城镇。在核心城市都市圈范围内，客流量大，客流结构以通勤旅客为主，出行时间集中在早晚高峰时段，主要分布在核心城市周边的中小城市或城镇，出行距离相对较短，对于出行质量要求不高，但对于交通的畅通和出行的便捷性要求较为强烈，而且，由于出行频率高，对出行费用较为敏感。

（3）城际交通基本网络

除上述两种时间、空间分布较为集中的典型运输需求外，在城市群区域中小城市间，分布着一般性客货运输需求，尽管运量相对不大，时间、空间分布都较分散，但中小城市是未来城市群发展的主力，其发展速度将进一步加快，这部分运输需求将成为未来城市群区域运输需求的主要增长点。城际交通网络结构示意如图 6-3 所示。

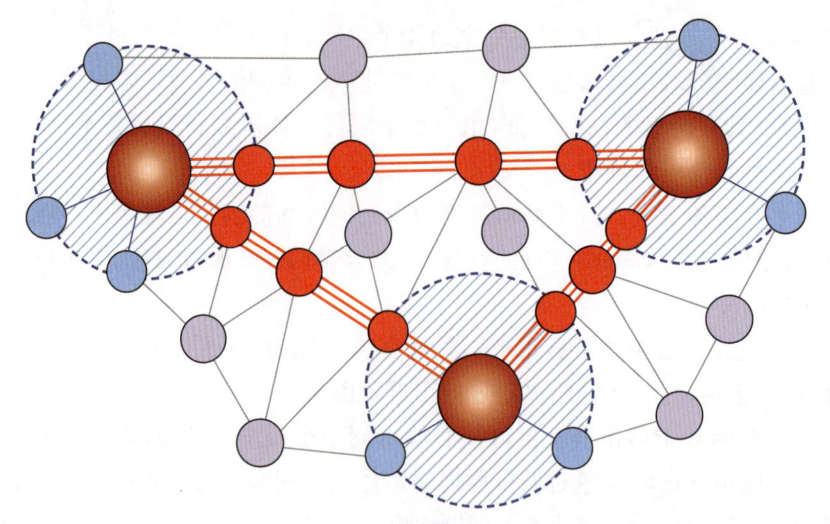

图 6-3 城际交通网络结构示意图

注：图中红色为城际主通道，蓝色为核心城市都市圈，紫色为城际基础网络。

6.2.1.3 城市群城际交通方式的构成

主要包括轨道交通、公路、航空和水运 4 种运输方式。

（1）轨道交通。轨道交通以其大运力、安全舒适和节能环保等特征优势成为城际交通网络的骨干和支撑，特别是在运量需求大的城际主通道上发挥着不可替代的作用，成为城际主通道客运的主导运输方式，对城市群的形成和发展产生着重要的影响。其不仅是满足城市群日益增长的交通需求的重要保障，而且引导着城市群在发展过程中空间布局结构的优化。

（2）公路。城际间的公路交通主要包括高速公路、国省干线公路。高速公路以其快速、灵活的运输方式拉近了城市及城镇间的时空距离，同时为私人交通提供了条件，为早期城市群的形成和发展打下了基础，但由于占地以及运输能力和成本等诸多因素，当城市群发展达到一定阶段，资源环境约束渐强，高速公路持续发展空间受到限制，难以继续独立承担繁重的城际交通负荷，必须与轨道交通配合，共同适应区域城市间的运输需求，高速公路一般建在城际主要通道上或大城市外环线上。国省道是城际交通的基础网络，高速公路必须与其衔接才能更大程度地发挥作用。轨道交通对沿线城镇的辐射也需要通过普通公路良好的通达性来实现。

（3）水运。水运的优势在于货运而不在客运，在沿江沿海拥有水运条件的城市群中，快速水上客运结合旅游可发挥一定的作用，但对于商务、通勤等常态化客流将更多依靠轨道和公路，因此，水上客运在城市群城际交通中作用有限。由于城际货运对速度和快捷性要求高于普通货运，因此，水运方式受速度限制，一定程度上削弱了其在城际货运中的作用，但在水网密集的长江三角洲、珠江三角洲地区的货物运输中水运发挥着重要作用。

（4）航空。航空运输的优势主要在于其长距离运输的时效性，随着距离的缩短其优势逐渐递减，但通勤航空在城际客运中可以发挥重要作用。通勤航空是通用航空的重要组成部分，尽管目前我国通用航空发展落后，但美国、澳大利亚、巴西等国的经验证明，通用航空以其小飞机、小机场、低成本和运输组织灵活的特点，在中短距离旅客运输中占据着重要地位。因此，通用航空是城际旅客运输的重要方式之一。

6.2.2 城市群城际交通的总体要求

（1）高密度。城际交通是城市群发展的基础和支撑。由于城市群区域人口分布较为集中，城市间联系紧密，经济产业之间的关联度和分工协作较多，因此，人员和物资往来频繁。随着城市群的不断发展和城镇体系的逐步完善以及交通条件的进一步改善，未来城市群区域城际客货运输量都将有较大幅度的增加，特别是发展较快的城市群主要城际通道上和核心城市都市圈范围内，城际交通应满足大运量、高密度的运输需求。

（2）快速化。随着城市群区域经济一体化的发展，城市群区域内部城市间的合作更加重要，特别是城市群核心城市之间的合作不仅能够在加快自身发展的同时，带动区域内中小城市及城镇的发展，而且对提高城市群区域整体竞争力至关重要。从加强城市群区域内部联系，缩短主要城市间时空距离考虑，要求城际交通能够实现主要城市之间的城际客货运输的快速化，以适应城市群协同发展。

（3）多样化。城市群区域经济发展水平高于其他一般地区的经济发展水平，未来城市群将是我国推进城市化快速发展的主体形态，也是区域重点开发及区域协调发展的主要形式，是我国工业化、城镇化发展的主要途径，经济发展水平将进一步提高。因此，城市群区域人们对运输质量的要求越来越高，包括快速、舒适、便捷的客运服务和安全、快捷、经济的货运条件，要提供多样化运输选择，适应城市群现代生活方式和生活节奏对客货运输的需求。

（4）一体化。客运以“零距离”换乘为主要目标，构建综合客运枢纽内多种运输方式之间无缝、快速衔接的换乘系统；货运逐步构建“一票到底”品牌化、多方式的货运服务。要充分体现“以人为本”，从基础设施建设到运输组织管理及信息服务，全面考虑城市群发展对“安全、舒适、便捷、高效”的客货运输系统要求，实现一体化运输服务。

（5）集约化。城市群地区由于人口、产业集中分布，土地资源稀缺，环境压力大，客观上要求城际交通必须走集约发展的道路，大力发展公共客运，引导运输需求向公共交通方向发展，减少私人出行对交通资源的占用；同时，要大力支持节能环保的可持续交通方式的发展，即在发育较为成熟的大城市群区域城际主要通道上，以轨道交通来满足城际客运需求。

（6）多批次。随着城市群区域经济一体化的发展，城市群内部城市间的分工协作进一步加强，城际货运越来越呈现出小批量、多批次、物流配送式的货物运输需求特点，对运输的经济性、时效性要求进一步提高。因此，依托高速公路发展专业化的城际货运是未来城市群区域货运发展的必然趋势。

6.2.3 不同发展阶段的城市群对城际交通的要求

6.2.3.1 初级阶段的城市群

初级阶段城市群主要位于我国中西部地区，经济社会整体发展水平相对不发达，但这些城市群的不断发展壮大对我国缩小东西部发展差距、全面建成小康社会具有重要的战略意义。

初级阶段城市群处于地区工业化、城镇化等经济社会整体发展水平一般不高，核心城市仍处于扩张发展阶段，集聚作用较强，对周边地市资源存在“虹吸”效应，辐射能力较弱；在城镇空间布局方面正在逐步形成中，还具有较大的可塑性；而在交通基础设施方面，依靠国家铁路、干线公路为主，城市群内城市间能够实现一定的交通联系，但相互作用强度较弱。

因此，初级阶段城市群，要求随着交通需求增长，城际交通在充分利用国家级干线网络的基础上，尽快形成多种运输方式并存的城际主通道，并利用发展阶段优势，引导形成绿色低碳交通发展模式。

6.2.3.2 中级阶段的城市群

中级阶段的城市群，主体以东、中、西部的省会城市为核心，已有一定的经济和社会发展基础，为承接东部发达地区产业转移和自身产业转型升级奠定了坚实基础，它们的发展关系到我国经济发展的新格局和新方向。

该阶段的城市群发展已达到一定的规模，有一定数量的特大城市，核心城市具有一定的集聚水平，城镇化水平达到了一定程度，人口总量快速增加，运量规模增长较快，需求潜力大，而城际客流呈现快速增长的趋势。城市间已具有良好的交通基础设施联系，城市间相互作用强度已有较强趋势。

因此，该阶段的城市群，要求城际交通满足快速增长且日趋多元化的人员和货物出行需求，优化客货运输组织方式，更多地发挥既有设施的富余能力，逐步引导形成合理的城际客货运输结构。

6.2.3.3 高级阶段的城市群

高级阶段的城市群是我国传统意义上的最发达地区，是经济、政治、文化发展的先行区，也是最具潜力成为世界级城市群的区域，它们的发展对推动国土空间均衡开发、引领区域经济发展的重要增长极具有重要意义。

该阶段在中级阶段的基础上，区域内城市间相互依托、相互联系进一步加强、有很强的产业关联、更密切的人员与货物交流，城市分工合作联系趋于更加紧密，上下游产业链关系更为明显，产业布局空间优化范围不断增大，在主要产业带和城际通道上，客货运输需求处于稳步快速增长阶段。

因此，该阶段的城市群，城际客货运输需求较大，供给能力紧张，要求城际交通能够充分发挥各种运输方式的技术经济特性，通过调整通道内不同交通运输基础设施的建设时序，结合运输组织模式优化，引导形成合理的客货运输结构。

6.3 我国城市群运输结构现状与问题

6.3.1 运输结构现状

总体来看，我国城市群城际交通系统，基本形成以公路个体出行为主的运输结构模式，运输结构现状符合我国城市群发展阶段的基本特征。

从基础设施网络来看，我国大部分城市群内高速公路、公路网络基本完善，东中部部分城市群个别通道建成独立的城际铁路。从运输方式上来看，货运以公路为主（未来也将长期如此）；客运以私人小汽车为主，部分通道城际铁路或客运专线提供城际客运服务，道路客运、城际公交为辅助。

从运输结构上来看，公路运输是各城市群城际主通道的主要运输方式，但典型通道内的情况不尽相同。如长三角城市群沪宁、沪杭通道内，城际铁路通车时间相对较早（沪宁城际 2010 年通车，沪杭高铁 2010 年 10 月通车），两端及沿线城市经济社会发展水平较高，客运培育相对充分，铁路运输在客运方面承担比例相对较高；而货物运输以沿线城市货物交流为主，公路运输占主导地位。总的来看，目前我国城市群城际交通系统基本是以公路出行为主的运输结构模式。图 6-4 为典型城市群相关通道运输结构情况图。

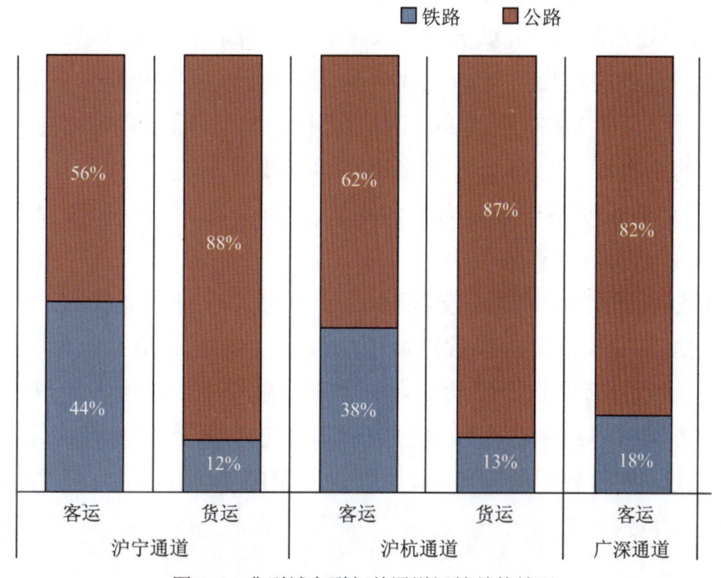

图 6-4　典型城市群相关通道运输结构情况

6.3.2 存在问题

我国城市群运输结构主要存在两方面的问题：一方面是城市群运输结构需要超前引导，尽快形成集约化为主的运输结构，尤其是东中部发展中期、初期的城市群；另一方面，个别城市群城际铁路发展过度超前，造成了资源浪费。

（1）私人小汽车城际出行发展迅速，迫切需要超前引导形成集约化公共交通为主的运输结构

目前我国城市群城际客运基本由公路承担，造成城市群公路交通压力不断加剧，交通拥堵、尾气排放、安全事故等负面影响逐渐凸显，主要依靠公路运输承担不断增长的城际需求不可持续。但是，在我国一些发展较成熟的城市群，联系大城市之间的主要城际通道内，高速公路已经开始饱和拥堵，有的已经或即将修建第二条高速公路，甚至准备修第三条高速公路。城市群形成和成熟的过程，也是城市群交通模式的形成过程，必须在过程中，在发展初期，尽快引导，逐步形成公共交通为主的客运模式，避免走城市交通的老路，出行模式一旦形成，就很难改变，且代价很高。

在发达国家，轨道交通在城市群城际交通中发挥着重要作用，是公共交通的骨干力量。日本东京大都市圈以轨道交通构成了公共交通的骨架体系，轨道交通系统每天运送旅客3000多万人次，担当了东京全部客运量的86%。美国三大城市群、日本三大都市圈以及大巴黎都市圈等城市群发达地区，内部都建立了以轨道交通为骨干的完善的城际交通体系。特别是日本，在国土狭小、人口密集的条件下，都市圈地区交通问题更为突出，采用发达的轨道交通有效解决了交通拥挤问题。世界主要城市群和经济区的发展经验证明，发达的轨道交通是现代化城市群发展的重要支撑。

（2）既有轨道运能未得到充分利用，部分城市群城际轨道建设超前

我国城市群大多处在国家"五纵五横"综合运输大通道节点上，区域内交通网络较为发达，干线交通网络不仅解决城市群对外交通问题，同时兼顾了部分城际交通功能，如干线铁路上城际列车的开行、高速公路上城际间车辆的通行。此外，随着我国高速铁路规模不断增加，大多数城市群的主要城市将有高速铁路或客运专线覆盖，这些线路开通初期，运能一般都有富余，同时，既有干线铁路部分运力得到释放，这都为开行城际列车提供了条件。但目前这些富余运能大部分未得到有效利用。

与此同时，部分城市群城际轨道交通建设过于超前自身发展阶段，客流需求规模不足，运力闲置，线路运营亏损严重。以武汉城市群为例，目前已建成武汉至黄（石）黄（冈）鄂（州）、武汉至咸宁城际铁路，武汉至孝感城际铁路正在建设中。但由于城市群仍处于发展初期阶段，武汉与周边城市的经济社会联系日益增强但仍不够紧密，客流需求严重不足，从已运营的线路来看，线路整体利用效率不足，通勤时间上座率不足30%，日平均上座率不超过20%，运能存在巨大浪费。

6.4　运输结构优化的原则与目标

6.4.1　优化原则

（1）有效满足。满足运输需求促进经济社会发展是交通运输发展的目标。城际交通的发展无疑应当适应人们生活质量不断提高的要求，但必须处理好以人为本与可持续发展的关系。由于客流结构不同、收入水平不同、出行目的不同以及生活理念不同等因素导致了人们对交通运输不同方式、不同层次的运输需求，而交通运输的发展对于需求的满足程度不同，所消耗的资源也不相同。如果以追随需求为发展目标，无限制的满足人们追求物质生活享受对交通运输的需求，将会消耗更多的资源，同时造成运输结构比例不合理。因此，“有限满足”享受型需求，节制欲望的无限性，以引导的方式有效满足快速化客运需求，同时提供多样化出行选择，才是可持续交通发展应贯彻的理念。

（2）经济合理。轨道交通虽然在能源消耗、土地占用以及污染排放等方面都优于公路运输，但其投资巨大，建设周期长，而且由于其具有一定的公共交通属性而致使盈利能力较弱，需要有相当的运量规模、一定的政府补贴以及相应的优惠政策作支撑，才能实现轨道交通的可持续发展。因此，在城际交通发展过程中，必须根据城市群所处发展阶段的运输需求特点及各种运输方式的技术经济特征，充分论证其建设的经济合理性，准确把握城际轨道交通发展节奏。

（3）适度超前。城际交通是城市群形成的条件，也是城市群经济社会发展的支撑和保障，城际交通的发展不仅是为了满足相应时期城市群不断增长的客运需求，而且，担负着改善区域交通条件，为城市群长远可持续发展提供后续支持的重任，特别是轨道交通线网布局形态对城市群空间布局产生着重要影响，引导着城市空间的拓展方向，促使城市群空间布局结构进一步优化和完善。不仅如此，交通设施占用稀缺的土地资源，建成后使用年限久，适度超前规划和建设城际交通系统十分必要。因此，在城际交通发展过程中，必须以综合交通运输思想为指导，结合城市群发展所处阶段及需求特点，正确处理好“经济合理”与“适度超前”的关系。

（4）集约节约。城市群的发展离不开交通运输的支撑，交通发展是经济社会发展必须先行投入的成本，交通发展所需要的资源开发和利用必不可少。然而，城市群是人口和城镇布局密集地区，资源环境压力远远高于其他一般地区，交通发展必须更加重视资源与环境承载能力的限制，统筹考虑城市群发展、交通支撑以及资源利用的关系，以尽可能少的资源占用和消耗来有效满足城市群经济社会发展对交通运输的需求。

6.4.2　优化目标

贯彻可持续交通发展理念，既要充分利用轨道交通节能、环保、快速、高效的优势，满足运输需求量大、出行时间和空间分布高度集中的城际主要通道上的运输需求；又要充分发挥公路短途运输灵活机动的优势，强化公路在城际交通运输中的基础性作用，构建以轨道交通和高速公路为骨架，以国省干线普通公路为基础，内河水运、管道、通用航空网络补充的城市群交通系统，有效满足快速化客货运输需求、提供多样化出行选择，引导形成以集约化为主导的运输结构，同时有效引导城市群空间布局优化，促进城市群健康发展。

优化的核心原则是根据城市群客货运需求分析，结合不同城市群自身特征，逐步形成具有各自城市群特征的运输结构。客运方面一般可形成轨道（铁路）和公路的公共客运为主体，小汽车出行为辅助的运输结构，但是不同城市群需要根据自身发展需求和城市群特征对轨道（铁路）和公路的公共客运进行内部协作优化。货运方面需要根据货运运输的货物类型、运输条件、运输需求等，选择不同的运输方式结构。

6.4.3 优化途径

6.4.3.1 客运结构优化

基于我国城市群发展阶段和城市群运输结构现状，客运结构优化总体上遵循“新建与利用既有相结合”的原则，长远看，以新建交通基础设施，尤其城际铁路为主，通过快速、舒适的城际铁路服务吸引客流，不断提高其在客运中的比重；近期，结合我国国情，充分利用既有资源，包括利用客运专线、干线铁路等开行城际列车，以及道路客运公交化等措施和手段。

（1）充分利用既有铁路富余能力

近年来，特别是“十一五”以来，我国铁路客运专线发展迅速，“四纵四横”客运专线网络基本建成，覆盖程度显著提升，高速铁路里程已居世界首位。一方面，大量客运专线投入运营时间较短，能力存在较大富余；另一方面，既有普通铁路客流向客运专线转移，部分运力得到释放。因此，近期内可在适应城际客流出行特征、优化组织模式的基础上，充分利用既有线路的富余能力，提供城际客运服务，在提供现有交通基础设施利用效率的同时，引导形成合理的运输结构。

（2）合理安排新建城际轨道交通建设时序

长远来看，随着城市群不断发展，客流需求规模进一步增加，通过既有铁路提供城际客运服务的方式将难以满足未来的运输需求。因此，远期新建城际轨道交通十分必要。但城际轨道交通投资大、前期运营亏损负担重、回报周期长，因此，应统筹考虑地方财政实力、客流密度、社会效益等因素，合理选择城际的建设时机，审慎合理的推动城际轨道的发展。此外，对于部分城市群，可考虑优先建设时速200km左右的客货共用铁路，既为产业发展提供条件，又为城际客运出行提供服务。

（3）积极推动道路客运公交化发展

除大力发展城际轨道交通，引导客流向大容量、快速化运输方式转移外，公路运输机动灵活、门到门的特点仍具有一定的优势，而且道路客运本身也是一种集约化的运输方式。因此，应在完善相关基础设施、体制机制的基础上，积极推动道路客运公交化发展，进一步提升道路客运的服务水平，提升道路客运集约化水平。

6.4.3.2　货运结构优化

由于城市群城际间的货物运输并不是大宗物资的大运量货物运输，而是以物流配送方式为主的小批量、多批次的货物运输，同时，时间性要求较强、距离相对较短（50 ～ 300km），因此，城际货运方面，最适合公路灵活机动、门到门运输优势的发挥。当前及未来一段时期，公路运输在城际货运方面将始终发挥着基础性作用。因此，政府应发挥自身的引导作用，使道路货物运输向集约化经营、规模化发展方向转变。

6.5　运输结构优化的主要任务

（1）处于初级阶段的城市群。该类城市群结构形态还具有一定的可塑性，城市群内交通干线网络的规划建设，既要考虑与城市群空间规划的一致性，也要在一定程度上发挥对其引导。

一方面，要根据需求发展完善区域公路网络，充分发挥公路运输的基础性作用，特别是要满足城市群城际货物运输的要求，同时要优化公路客运组织模式，推动城际公交等集约化客运模式的发展。

另一方面，要充分利用既有普速铁路、客运专线的富余能力，发展城际客运，在培育城际客流的同时，引导形成合理的出行结构。

（2）处于中级阶段的城市群。该类城市群客货运输已形成一定的规模，公路运输网络相对完善，要在充分发挥既有资源的基础上，根据不同层次客货运需求，有序合理地推进城际轨道交通建设，促进形成合理运输结构。

一方面，应依托其相对完善的高速公路和高等级公路网络，大力发展公共客运和专业化货物运输，提高公路运输的集约化水平。

另一方面，随着城镇化水平的提高，人口密度不断增大，运量规模增长较快，需求潜力大，加之其客运专线、普通铁路相对较多，要在充分利用已有铁路运力的基础上根据需求逐步按照供需匹配原则开行城际列车。

（3）处于高级阶段的城市群。该类城市群发展已相对成熟，城际客货运输需求较大，城际主通道用地资源不足与运输供给能力紧张的问题并存，因此要充分发挥各种运输方式的技术经济特性，合理安排通道内交通基础设施建设时序与优化客货运输组织模式并举，引导形成合理的客货运输结构。

一方面，仍要优先考虑充分利用既有铁路，利用高铁、客运专线、普通铁路开行城际列车、市郊通勤列车等，充分发挥既有设施潜能。

另一方面，在既有铁路无法满足运输需求的情况下，应积极规划建设城际轨道交通线路，形成城际轨道交通网络。

此外，视公路客货运输需求，特别是城际间货物运输的需求情况，研究城际高速公路改扩建或新建，并积极推进城际客运公交化运营等，引导形成多种形式的、以公共交通为主导的城际客运交通模式。

6.6 运输结构优化的保障措施

（1）创新城际铁路投融资模式

城际铁路是城际主通道交通基础设施建设的重点，建设规模大、资金流需求高，资金来源是需要重点研究的问题。未来，应创新投融资模式，抓住铁路管理体制机制改革契机，更多依靠市场机制和手段，广泛吸引社会资本参与建设、运营城际铁路。目前，广东省已发布《关于完善珠三角城际轨道交通沿线土地综合开发机制的意见》，将城际铁路沿线开发规模分为红线内开发用地规模和红线外开发备选用地规模，实行“以地养路”，将城际铁路沿线的开发收益用来弥补建设和营运的亏损，这对全国而言也是一种新思路和有益的探索。

（2）加强城市群交通建设发展协调机制

城市群交通涉及不同省份和不同城市之间的协调，也涉及交通部门与其他部门之间的协调，需要进一步完善相应的协调机制，特别是加快建设干线公路跨省区和促进既有铁路资源利用等方面的协调机制。各省（自治区、直辖市）在建设干线公路网时，一般对连接东部发达地区路段具有较强的积极性，对不发达地区路网建设积极性不高，出现高速公路“瓶颈路段”和普通国省道的“断头路”，对路网整体联通效果产生影响。因此，各级政府应在审批项目时，应进行统筹考虑，对各路段建设期限予以明确要求，并加强监督检查。另外，地方政府应主动加强铁路部门的协调沟通，充分利用既有铁路资源的富余能力，发展城际客运、市郊铁路以及城市轨道。

（3）探索建立城际客运运营管理和补贴机制

为鼓励集约化、绿色出行，政府应该给予各种形式的公共客运予以补贴，不仅局限于城市公共交通，城际、市域公共旅客运输也应适当予以补贴，推动集约化公共客运的发展。因此，城际铁路建成后，或者开通省际、城际公交后，运营如何管理、亏损如何补贴等问题需要沿途省市进行磋商。特别是对于亏损问题，应科学界定不同地区的权责，建立稳定的补贴资金来源渠道和补贴分担机制[2]。

本章参考文献

［1］赵丽珍．城市群城际交通建设之我见 [J]. 广西城镇建设，2011（2）：26-31.

［2］程世东．新型城镇化背景下交通运输发展思路与重点 [C]. 2013 年中国城市交通规划年会暨第 27 次学术研讨会论文集，2014.

第7章
城市群交通一体化的政策支撑

7.1 我国城市群交通发展的政策需求和存在问题

城市群作为我国城镇化发展新阶段的主体形式，承担着引领国土开发、促进区域融合、统筹城乡发展的职能。交通运输是经济社会发展的基础和先导，在城镇化发展中具有重要作用。在过去几十年的城市群形成和发展过程中，交通运输系统支撑了区域发展要素的集聚，并极大地影响了城市群空间结构和城镇体系。

根据《国家新型城镇化规划（2014—2020年）》中的要求，未来，我国将在《全国主体功能区规划》确定的城镇化地区，按照统筹规划、合理布局、分工协作、以大带小的原则，发展集聚效率高、辐射作用大、城镇体系优、功能互补强的城市群，使之成为支撑全国经济增长、促进区域协调发展、参与国际竞争合作的重要平台[1]。新型城镇化丰富的时代内涵、鲜明的时代特征、紧迫的时代任务，对作为重要先导和支撑的交通运输业提出了新的时代要求。

7.1.1 交通运输在我国城市群城镇发展过程中发挥的作用

城市群城镇的兴起与发展与交通运输相互依存、相互影响，交通运输在推进城镇化发展过程中具有先天优势。实践证明，改革开放以来，我国的交通运输发展极大地推动了城镇化的快速发展，在城市群的形成和发展中发挥着重要的作用。

（1）有力地促进了城镇的空间开发

我国交通基础设施的规划布局和建设有力地促进了城镇空间的开发以及城镇功能的发挥。国家高速公路网、“四纵四横”的快速铁路骨架网、“两纵三横”的水运主通道、24个全国沿海主要港口共同支撑了我国城镇体系的主骨架。高速公路、高速铁路构建了具有全国性政治、经济、国防意义的干线路网，连接了国家和区域性经济中心，承担了区域间、省际以及大中城市间的快速客货运输，带动了城市群的发展。国家干线公路、干线铁路实现了首都辐射省会、省际多线连通，全面促进了城镇化的发展。“长江黄金水道”正在为推进沿江城镇格局的形成和发展发挥着越来越重要的作用。

（2）有力地优化了产业布局

我国快速铁路、城际铁路、高等级公路、沿海港口和黄金水道及航空等交通基础设施直接引领了产业的布局，有力地带动了产业的集聚。近十年来，我国工业分布正在逐渐由分散走向集中，由东北地区和三线城市向东部沿海和中西部中心城市集聚，这与我国交通基础设施体系的逐步完善及沿海港口的发展密切相关。此外，交通的发展有效降低了生产资料与产品的运输成本，减少了运输时间，带动了从产业链上游的机械制造、钢铁建材、冶金、采矿等行业，以及产业链下游的物流、汽车、造船、旅游、房地产等相关产业发展，吸纳了大量农村剩余劳动力转移就业，促进了以产业为核心的城镇化发展。

(3)有力地促进了资源要素的高效流动

改革开放以来，我国国际航空、海运、口岸公路、出境国际铁路发展较快，与国外的交通联系日益密切，打开了我国与国外市场联系的大门。目前，中国与世界 100 多个国家地区和 1 000 多个港口均有航空、海运往来，口岸公路达到 5 000km，交通的便利条件成为 WTO 开放的重要条件，为我国融入全球打下了坚实的基础。同样，国内交通的快速发展也缩短了区域的空间和时间距离，加快了生产资料和产品的流动，促进了贸易的快速发展和市场的统一、开放，加强了城市间的产业分工与协作，推动了专业化市场的发展。

(4)有力地促进了农村和现代农业的发展

公路交通是我国绝大部分农村地区唯一的交通方式，十几年来，近 200 万 km 农村公路的改造和建设，大大改变了农村地区的交通条件。农村公路使农产品的“难销”和农用物资的“难购”问题得到有效解决；促进了农村地区的旅游发展，让游客“进得来、出得去”；吸引了农产品深加工布局乡镇，促进了农产品集贸市场的快速发展，从而带动农村营销、餐饮、农副产品加工的发展，促进了农业社会化分工，增加了农民就业渠道。人流、物流、资金流、信息流在农村地区汇集，使农民的思想观念和意识发生改变。此外，交通的发展还带动了国土开发，吸引了招商引资，提高了行政反应速度和应急救援能力，促进了社会和谐稳定。

7.1.2　我国城市群交通发展的政策需求

7.1.2.1　东部地区城市群对交通的要求

东部地区城市群主要分布在优化开发区域，面临水土资源和生态环境压力加大、要素成本快速上升、国际市场竞争加剧等制约，必须加快经济转型升级、空间结构优化、资源永续利用和环境质量提升。

东部地区长三角、珠三角、京津冀三大城市群是“呈辐射型发展、不同城市分工协作模式”的典型代表。根据《国家新型城镇化规划(2014—2020 年)》，东部地区城市群的发展趋势是加快京津冀、长江三角洲、珠江三角洲 3 个重点城镇群的协调发展和资源整合，明显提高集约化和一体化水平；以优化提升为主，继续发挥带动和辐射作用，加强城市群内各城市的分工协作和优势互补，提高参与国际竞争的能力；引导产业和人口向大城市周边的中小城市、小城镇转移和适度集聚，与中心城市形成网络状的城镇空间体系，防止中心城市人口和功能的过度集聚。

东部地区其他城市群，则要根据区域主体功能定位，在优化结构、提高效益、降低消耗、保护环境的基础上，壮大先进装备制造业、战略性新兴产业和现代服务业，推进经济发展。东部地区城市群对交通发展有如下要求。

(1)要求系统谋划区域交通一体化，推进区域协同发展

东部地区城市群内部城市间的联系较为紧密，核心城市是城市群的核心，具有高强度运输需求，外围的中小城市与核心城市间联系密切，交通需求表现为围绕核心城市的放射状运

输走廊，走廊强度与衔接城市的规模和性质密切相关。同时，由于都市圈范围的不断扩大，远郊区域之间的联系强度在增强，开始出现环形走廊运输需求。城市群交通中客货运输距离、需求量、需求结构以及时间、空间分布等都与区际交通和城市交通不同，如旅客运输距离为中短途运输，其旅行距离在200km以内的短途旅客占总运量的比例为95%左右[2]；城际客货运输需求量大，货物运输则具有小批量、多批次、高密度、快速化、物流配送式以及多样化的货物运输需求特点，对运输的经济性、时效性要求高[3]。城市群交通发展，要打破行政壁垒和市场分割，克服发展不平衡的问题，促进内部资源整合，加强区域经济联系，促进区域一体化发展。

（2）要求全面提升交通运输服务能力，推进产城融合发展

“产城融合”是指以城镇化发展承载产业经济，以产业发展推动城市功能完善，实现产业与城市同步发展、相互促进的城镇化模式。交通运输作为生产性服务行业，加快转型升级，全面提升服务能力，有助于推动产业结构调整。东部地区的交通发展，与城镇空间、产业发展是紧密联系的，东部地区以长三角、珠三角为代表的城市群所形成的专业化分工和产业集群，要求交通运输改造提升产业聚集区的对外连接，加强各种运输方式的衔接配套，通过降低成本、提高效率，实现集约高效发展。此外，现代商业模式的变革，特别是电子商务、连锁经营等新型流通业态的发展，使得多样化、个性化的配送需求不断增加，对城市配送的实效性和便捷性提出了更高要求。

（3）要求交通运输集约高效发展，增强城市综合承载能力

东部地区的自然和社会承载能力已经逐渐饱和，“摊大饼”式的城镇化发展已不能适应新时期城镇化发展的要求，无序扩张和过度开发引发的交通拥堵、住房紧张等“城市病”现象日益突出。未来东部地区的交通发展需进一步探索与城市协调发展的模式与路径，由被动适应向主动引导转变，更加注重质量和内涵的提升，在推进城镇化发展中逐步实现对城市空间结构及功能布局的引导作用，从而增强城市承载能力。如：交通基础设施在规划建设时要按功能开发土地，严守土地红线和生态红线；加强中心城区与新城区的交通联系，增强人口经济集聚功能，提升城市内在品质；强化核心城市与周边城市和小城镇的交通运输连接，引导人口和产业由大城市向周边和其他城市疏散转移；推动低碳交通体系建设，引导公众和企业优先选择使用新能源和清洁能源汽车；积极推进公共交通和慢行交通优先发展，等等。

7.1.2.2 中西部地区城市群对交通发展的要求

我国中西部地区的城市群发展多呈集中型、以核心城市辐射周边城市模式。随着我国区域发展政策从“沿海开放”到“西部大开发”，再到“振兴东北”，直至提出“中部崛起”的战略构想，中西部地区的城镇化发展势头迅猛。国家在中西部地区投入巨资加快基础设施的建设，为调整国家层面的空间布局创造了条件，为培育城镇增长新空间奠定了基础。大型的铁路、公路、水利和产业园区的建设，为中西部许多地处边缘、发展条件欠缺、发展动力不强的后发地区创造了发展动力和契机，为国家对城镇空间布局进行重大调整创造了更为有利的条件。

目前，我国中西部地区城镇化的发展受中央政策和公共基础性投资拉动影响较大，内生

动力还需进一步增强，根据《国家新型城镇化规划（2014—2020 年）》，未来，中西部地区城市群将进一步加大对内对外开放力度，引导有市场、有效益的劳动密集型产业优先向中西部转移，有序承接国际及沿海地区产业转移，依托优势资源发展特色产业，加快新型工业化进程，壮大现代产业体系，完善基础设施网络，健全功能完备、布局合理的城镇体系。此外，还将贯彻落实国家"一带一路"战略，推动形成与中亚乃至整个欧亚大陆的区域大合作，在优化全国城镇化战略格局中发挥更加重要作用。中西部地区城市群对交通发展有如下要求。

（1）要求加快完善交通运输网络布局，优化城镇化战略格局

根据《国家新型城镇化规划（2014—2020 年）》，中西部及资源环境承载条件较好的地区以培育壮大城市群为主，使之成为推动国土空间均衡开发、引领区域经济发展的重要增长极。新型城镇化发展的战略布局要求交通先行、适度超前，完善基础设施网络，强化城市分工合作，提升核心城市辐射带动能力，强化城市群之间交通联系。要求依托国家五纵五横综合运输大通道[1]，加强东中部城市群之间骨干网络薄弱环节建设、适度超前建设西部城市群的对外交通骨干网络。

（2）要求交通运输因地制宜发展，推动不同层次城市协调发展

城市群内部不同层次的城市发展需求和定位有着明显区别：有需要集约优化的大城市，有需要提档升级的中小城市，也有需要培育发展的小城镇；核心城市重在增强辐射带动能力，中小城市重在加快发展、提升质量，小城镇重在服务三农。中西部地区城市群的发展过程中，不同层次城市发展尚不协调，核心城市发展迅速，中小城市及小城镇的发展滞后，因此要求交通发展应针对不同层次的城市发展需求和定位，发挥穿针引线的作用，把各层次的城市联系成有机的整体，缩小城镇发展的差距，以综合交通运输体系将大中小城市和小城镇连接起来，促进各类城市功能互补、协调发展。

（3）要求交通运输统筹城乡一体化发展，促进城镇化和新农村建设同步推进

随着城乡联系的加深，农村人口不断聚集，生产生活半径日益扩大，对城乡交通运输服务均等化的诉求愈加强烈，要求加强城市交通与农村交通的便捷衔接，促进城乡基本公共服务均等化。新型农村社区建设，要求提升和完善农村骨干路网、提高农村公路的养护水平，要求大力发展农村客运，实现网络化运营、标准化服务、规范化管理。

7.1.3　不同区域的城市群交通发展的现状及问题

7.1.3.1　东部地区城市群交通发展现状及问题

东部地区成熟的城市群已初步形成了综合交通运输网络，成为我国基础设施较为齐全、

---

[1] 由《"十二五"综合交通运输体系规划》正式提出，其中，"五纵"综合运输大通道包括：南北沿海运输大通道、京沪运输大通道、满洲里至港澳台运输大通道、包头至广州运输大通道、临河至防城港运输大通道；"五横" 综合运输大通道包括：西北北部出海运输大通道、青岛至拉萨运输大通道、陆桥运输大通道、沿江运输大通道、上海至瑞丽运输大通道。

技术装备水平较高、综合运输能力较强、客货运输较为繁忙的综合交通枢纽区域。以长江三角洲地区、珠江三角洲地区、京津唐地区以及辽中南地区为例，其铁路、公路、水路、航空以及管道运输都不同程度地获得较快发展，不同运输方式之间在功能互补和协调合作方面较以前有较大进步。在不同区域间，各行政单元在区域合作方面进行了有益的尝试，一些大规模、跨区域的交通项目相继展开[4]；在城市密集地区内部，公路和铁路已经成为区域运输的主体，承担着绝大部分的客货运输任务；各个城市密集区已经规划形成和建设了一定数量的综合运输通道，在区域经济和城市群的形成和发展过程中发挥着巨大作用。

尽管各地区不断通过增加交通供给、加速交通基础设施的建设，提高科学规划管理水平来改善交通环境，但收效不尽理想，交通压力依然很大，目前我国东部各大城市群均存在不同程度的交通问题。

（1）交通通道能力不够均衡，存在能力过剩和不足的问题

从现有的交通连接来看，各大核心城市之间具有多种方式相互联系，但从整体来看，贯穿我国东部沿海城镇带的交通通道仍存在巨大能力和地域空间的不均衡，沿海城镇带的交通通道，均全程通了高速公路，航班也较为合理均衡，但铁路差异较大，绕行严重，且“重客轻货”，影响和制约了各主要城市群核心城市之间的要素和人员的交流往来。

（2）路网从核心城市向外放射，过境交通和城市交通互相干扰

城市交通普遍存在着过境交通突出，内部联系不畅的情况，究其原因是由城市内部道路功能层次定位不清，网络结构不完善所造成，主要表现在铁路与公路网络多呈圈层放射状，以核心城市为中心向外放射，没有形成合理的“放射线 + 环线”的体系，现有城际大通道被异化为城市道路，大通道的干线连接仍不多，断头路现象普遍，城市内部干线道路网以过境公路为骨架，过境交通与城市交通相互干扰。

（3）缺乏城际快速通道，轨道交通发展滞后

城市职能和空间的疏解必须与城市地区的公共交通体系的建设，以及周边地区中小城市的建设相配套。核心城市大运量快速交通系统加快建设步伐，但面向周边城市的快速交通系统建设滞后，制约城市人口疏解。城市群内部多以道路交通为主，城际之间、城乡之间交通通达性不高；虽优先发展城市公交，但快速公交和轨道交通的发展依然滞后；缺少便捷的快速通道，尤其缺少可通达市域新城、覆盖重要中心镇、旅游景点和重要功能开发区的快速通道，因而不能很好地满足地区居民生产、生活、出行需求，也不利于旅游业发展和区域经济一体化。

（4）综合枢纽综合集成性不强，多种运输方式衔接问题突出

北京、上海、广州等核心城市率先建成了高速客运专线和城际轨道交通枢纽系统，如北京南站、上海南站等；同时省会核心城市也加快了枢纽系统的步伐，武汉、重庆、南京等城市逐渐成为跨省区的公路交通枢纽。但由于多部门、层级政府间行政区块限制和部门利益，这些枢纽多考虑到部门专项系统内部的集散，而与城市群多种运输系统之间的综合集散与衔接换乘功能较差，如铁路和城际轨道系统之间缺乏集成，城际轨道与航空、公路枢纽缺乏集成等，导致城市群核心城市内部交通与外部交通体系联结不畅。

7.1.3.2　中西部地区城市群的交通发展现状及问题

以省会城市为核心的单中心城市群在中西部数量较多，交通运输体系即以省会城市内部交通系统向外辐射所形成，道路系统以中心式格网布局为主。由于省会城市首位度高，周边其他城市经济规模和地位处在较低的发展水平，城市群的交通体系正在形成之中，空间结构尚未完全定型。因公路、铁路主干线布局较为单一，城市之间的联系必须通过省会中转或经过省会，造成核心枢纽越来越大的交通压力，少数几个交通枢纽显示出交通网络的脆弱性，如兰州、西安和昆明，次级中心城市间的衔接不畅直接影响着区域整体实力的提升。具体来说，中西部地区城市群的交通发展具有如下问题。

（1）城市群交通基础设施相对薄弱

中西部城市群交通基础设施薄弱，与发展成熟的国内外城市群相比，交通设施不成熟，区域交通体系整体仍较为落后，体现在公路网、铁路网密度小、等级低，交通网络还未形成等问题，由于西部城市间相距较远，对发挥经济的集聚效应比较困难，一定程度上影响了城市群地区经济的发展。如何通过交通系统引导和支撑未来城市群的合理结构的形成，承载短时间内积聚较多的城市人口和产业的交通需求，避免重蹈东部城市群过快的机动化发展和交通拥堵，着眼于构建适应于长远发展的更高水平的交通发展模式，是面临的重要问题。

（2）单中心城市群的快速交通通道有限

以省会城市为核心的单中心城市群交通，须依托于省会城市的交通通道，一方面产生大量的过境交通流造成核心枢纽越来越大的交通压力，另一方面，交通系统作为实现客、货运输的载体，中心城市间的衔接不畅直接影响着区域整体实力的提升。因公路、铁路主干线布局较为单一，交通系统完全以省会主城为核心，呈单中心辐射态势，省会到其他次级中心城市间基本依靠单通道的高速公路连通，铁路快速通道较少。

（3）次级中心城市间的联系不便捷

次级中心城市之间的联系必须通过省会中转或经过省会，这给省会的交通势必带来不小的压力。这是单中心向外辐射的经济引力和交通设施的空间形态不可避免的弊端。例如滇中城市群，次级城市曲靖、玉溪、楚雄间的联系不便捷，它们之间的联系必须依托高速公路通过省会昆明中转或经过昆明，这给昆明的交通势必带来不小的压力。滇中区域更次级城市（市县）间的交通设施或通道更少，交通设施十分薄弱，且分布不均匀，而已有铁路路网规模小、分布不均，技术标准低，运行速度慢。

（4）多核心的城市群快速交通通道同样不足

少量多核心城市群快速交通通道同样不足。例如呼包鄂城市群（包头市、呼和浩特市、鄂尔多斯市、榆林市），通过高速公路连接形成三角形的交通结构，而铁路连接通道不足。近年来由于煤炭产业高速发展，省会呼和浩特与煤炭基地鄂尔多斯、钢铁基地包头之间交通量不断加大，而高速公路等级不高，经常出现拥堵现象。交通影响了区域经济的发展。

（5）农村客运运力装备和场站设施落后，服务管理水平较低

中西部地区经济社会发展相对落后，城镇化率相对较低，广大农民群众的出行需求，尤

其是中短途的出行需求量仍然较大。而农村客运发展相对滞后，不能满足基本公共服务均等化和社会主义新农村建设的要求。农村客运运力装备和场站设施落后、客运服务水平总体偏低、安全监管薄弱、经营模式单一、市场不够规范，因而在一些农村地区，尤其是山区、边远地区和经济不发达地区，农民群众“出行难”依然存在。

7.1.4　我国城市群交通发展问题产生的主要政策及相关原因

7.1.4.1　交通运输管理体制依然存在着部门和地域分割的问题

轨道交通方面，轨道交通发展中涉及的轨道交通分为4类：干线铁路、城际铁路、市域铁路和城市轨道交通，规划和建设审批程序涉及不同的部门，缺乏统一的标准和规定，造成规划投资缺乏统筹等问题，是造成轨道交通发展滞后的原因之一。在行业内部，由于长期以来各种交通运输方式都是分部门进行管理，缺乏协调配合、有机衔接的机制，导致交通运输基础设施的规划、建设和管理很难做到统筹协调、一体化运作，行业发展极不平衡。又如通道建设会涉及多省多市甚至多个城市群，传统的行政区域隔阂使得各地在线位选择阶段就开始博弈，往往造成通道地域不均衡和能力不协调。现有高速公路的规划、建设中，各地政府都将其看作自身境内的服务性道路，要求规划设计方在其境内多留出入口，方便各市的道路与过境高速公路的衔接。但如果提出的开口过多将使道路建设的投资和运营管理的难度不断上升、而运行速度反而下降，逐步失去高速性优势。

7.1.4.2　属地化管理导致交通设施共享性差，区域协调难度加大

城市群的大型交通基础设施管理上虽然隶属于所在城市，但其服务范围却是整个区域，是区域所有城市对外交通系统的重要组成部分。因此，这些设施应按服务区域的原则来组织交通网络，但目前的属地化管理使设施以所在城市为主构建其交通组织系统，无法按照设施的服务范围进行规划和组织。结果，由于未拥有区域大型对外交通设施的城市无法获得服务上的保障，纷纷考虑建设自己的机场、港口、综合客运枢纽等设施，造成设施越多，各自的运量越少，服务水平越低，导致设施服务的恶性竞争和低水平重复建设。

7.1.4.3　区域资源开发与管理缺乏协调

任何一个区域内都有一些对区域发展有影响的战略性资源，交通资源也不例外，如建设优良港口、机场、重要铁路的天然选址，交通通道的线位选择等。分税制改革后，中国地方政府既要承担保障当地民生、履行公共服务的职能，又要承担为地方公共服务“融资”的经济功能。全力发展地方经济、汲取各种资源获得财政收入，成为地方政府的现实选择。这一体制有助于资源整合，获得较高的发展效率，但也存在使地方政府过度关注经济利益、导致“公司化”倾向的内在逻辑。此外，行政层级对城镇化的进程影响也很大。一般而言，行政等级越高的政府，资源配置的能力也就越强。小城镇处于行政层级的末端，在土地、财政和税收等

方面掌握的资源有限，发展乏力、人口和经济集聚能力弱也就在所难免。这一现象在全国都有存在，尤其在中心部地区更为突出，由于中西部城市群大多是以省会城市为核心的单中心城市群，战略性资源常被划入核心城市的行政区划内，在目前区域交通基础设施越来越地方化和市场化的情况下，这部分资源常常被超前违反区域利益进行开发。一些有悖于合理时序的交通基础设施超前建设，导致供过于求，形成重复建设和浪费。另一方面，无战略资源的其他城市在发展中对区域性战略资源的使用没有发言权，导致这些城市对区域战略资源使用并不关心。因此，战略性交通资源的开发应该随区域发展，实事求是，因地制宜来评估其实际的开发时序。

7.1.4.4　资金筹措能力不足，难以支撑庞大的交通基础设施建设需求

交通运输基础设施建设所需资金数量巨大，建设周期长，在建设中面临资金投入需求巨大而实际投入能力不足的矛盾，而且交通基础设施建成之后还有运营维护的要求，面临长期运营维护的资金需求。虽然，国家每年都要投入大量的资金进行基础设施建设，但由于国家财力的制约，我国交通运输基础设施以及现有基础设施的维修所需资金严重不足。中西部地区的对外交通干线和内部交通网络相对较差，经济发展水平又较低，基础设施建设缺乏资金保障。一些地区的建设发展没有结合实际、统筹考虑，超出了自身的财政能力，一些地区地方筹资手段单一，已出现配套资金到位困难，且农村公路管理养护、农村客运的可持续发展将面临重大考验。

7.2　城市群交通一体化发展的政策思路

交通运输是国民经济的基础性、服务性产业，交通运输的发展关系到我国经济社会发展的全局，关系到新型城镇化建设的进程。为此，迫切需要尽快建立能力充分、组织协调、运行高效、服务优质和安全环保的运输系统，构筑布局协调、衔接顺畅、优势互补的现代综合交通运输体系。

7.2.1　推进规划立法，完善规划制度

为改变规划法律地位欠缺的问题，应大力推进综合交通运输规划法立法进程，确定区域交通规划的法定地位，使区域交通规划中对于大型交通基础设施、区域内保护的资源等通过区域规划确定交通设施的布局、走向和发展时序；通过区域规划，从技术上充分反映和协调区域内城市之间交通基础设施的优化布局和衔接协调问题；建立规划与实施相分离制度；建立规划评估及督察制度；建立规划协调机制。主要包括推进国家、省级和市级综合交通规划与城镇体系规划建立协调机制，并着力推进建立城市综合交通规划与城市总体规划的协调机制。

7.2.2 调整规划理念，科学合理编制综合交通规划

我国城镇化正进入加速时期，但地区差异巨大。以国家区域发展和城镇发展政策分区为基础，推行区域差别化交通发展战略。要站在科学发展观、区域整体观、空间发展观和城乡统筹观的角度，对自然、经济、资源、生态环境、区域规划和人口聚居等各种因素全面考虑、深入分析论证，将交通规划的不同方案加以遴选、评价和修改，通过科学的程序和量化分析方法，优化产生最佳方案。同时，加强交通规划与区域规划、土地利用规划、城市总体规划及详细规划等的密切配合与协调，促进规划的有机结合。

按照城镇与区域，城镇之间协调发展的要求，将根据国家交通发展大区域（东部地区、中部地区、西部地区和东北地区）对其重点的交通发展对策进行分类总结和指导。考虑地区发展的差异性，对于东部沿海发达地区，在逐步完善各类交通走廊和城市群交通建设之后，应将提升管理效能、发挥基础设施潜能为重点；中部地区地处我国内陆，承东启西，接南连北，是我国生产要素流动的桥梁和纽带，区位十分重要，应保证国家各大片区城镇之间要素自由流动，同时应强调综合交通运输系统与城镇发展、产业、空间相适应，一方面满足东部地区产业梯度转移和东西部之间连接的需要，一方面满足中部地区城镇化快速发展的需求；西部地区应因地制宜，注重发展与保护相结合，合理选定合适的方式、合适的布局原则和合理的运输功能结构。

7.2.3 适应产业结构调整，不断完善城市综合交通运输体系

城镇化的发展进程，同时也是我国工业化程度继续深化的过程。产业结构是城市空间优化要考虑的重要因素，产业结构的调整不仅能强化城市的辐射功能，而且还会引起城市功能系统在空间分布格局上的巨大变化。当城市产业结构由第二产业主导型向第三产业主导型发生转变时，生产方式也会相应地由劳动密集型向资本、技术密集型过渡，这种经济结构上的根本性转变将改变一个城市的交通需求规模和结构。城市群内的一个或几个城市发生产业结构调整，将会为整个城市群带来交通需求规模和结构的巨大变化。因此，优化城市群内城市的产业结构和用地布局的协调发展，对城市内外的交通影响很大。在交通布局上相应城市作为区域中心的集聚和扩散，不仅促进产业在城市内部的重新分布，调整土地结构和运输结构，而且促进区域整体发展。

7.2.4 根据城市群发展阶段，协调和优化区域内各种交通方式

打破部门分割，建立区域交通一体化的协调机制。充分发挥区域资源对区域发展的作用，达到区域基础设施的共享，避免无序开发与恶性竞争，维护区域的可持续发展；突破属地化管理局限，建立轨道交通、公路规划建设、运行管理和信息资源共享等多方面的一体化管理定期协调机制；结合各种运输方式的技术经济特性，调整优化交通结构，统筹基础设施建

设，如机场、港口、综合交通枢纽等，建立区域内城市间及部门间的协调机制，养护与运输服务协调发展，并从指导城市客运入手，逐步建立统一协调的城际班线和城市客运交通市场，杜绝恶性竞争。

7.2.5 改进行业管理，推动区域交通一体化

主要包括建立跨区域交通一体化管理协调机制和消除运输市场壁垒等举措。主要包括：①规划管理层面；②建设管理联动方面；③运行管理联动方面；④信息管理联动方面等4个方面的一体化管理协调机制；针对城际和城市内部交通管理方面，将城市公交、出租、轨道交通运营以及城际班线运输等统一纳入交通运输部门管理，并实施统一票务、统一线路资源分配、统一市场准入管理和统一执法等管理改进。

7.3 京津冀城市群交通一体化发展案例研究

课题组委托专业调查公司，在京津冀三地机场、火车站、汽车站、高速公路服务区等地点，开展了交通用户出行需求和满意度调查。被采访调查的3 200多名对象包括三地旅客、小汽车驾驶员以及货车驾驶员。调查选定在2014年7月12日—7月22日开展，包括了工作日和节假日两个时间段。最终获得有效问卷3 000份，整理出以下结论。

7.3.1 三地的交通出行者为什么往来三地？他们有什么特点？

（1）1 000多名乘小汽车出行的人，具有以下特点：

①有55%的人每月平均在京津冀跨区出行2～4次，有19%的用户每月平均在京津冀跨区出行超过5次；他们每次出行距离在101～200km的用户占比为44%，出行距离在200km以上的用户占比为40%；他们选择小车出行45%是为公务，32%是为旅游。

②三地小汽车出行者当中，北京地区用户长、中、短途出行距离分布相对较为均衡；天津地区用户出行距离主要在101～200km（占比达84%），河北地区用户出行距离主要在200km以上（占比达77%）。这组数据说明：河北出行者在三地间每次出行的距离最远，其次为天津。

③三地出行者当中，公务出行的比重基本都是44%～45%，但在北京地区，来京就医出行的占比高达13%；在天津地区，通勤出行占比达21%；在河北地区旅游出行占比高达40%。这组数据表明：开小车出行的人，除去商务外，就是“到北京看病，在天津上班，来河北旅游”。

（2）1 140名乘坐公共交通出行的旅客具有以下特点：

①总体看来，乘公共交通（长途客车、火车、长途公交）出行的1 140人中，男性约占55%；每月出行2～4次的用户达到57.1%；出行距离在101～200km的用户占比为

33.7%，出行距离在200km以上的用户占比为42.0%；第一出行目的是公务/商务/培训，占比35.2%，比小汽车公务出行占比低10个百分点；休闲/旅游出行占比30.8%，基本与小汽车持平。可以看出，商务和旅游是旅客出行的主要目的，特别是旅游出行非常值得关注。

②与小汽车出行距离规律接近，北京地区用户长、中、短途出行距离分布相对较为均衡；天津地区被访用户出行距离在101～200km（占比达50.9%）和200km以上（占比达46.4%），河北地区被访用户出行距离主要在200km以上（占比达62.7%）。

③在三地公共交通出行的乘客中，选择长途大巴的旅客占比达到46.6%。分区域来看，北京、河北地区选择长途大巴的旅客占比较高，分别达到55.0%和52.7%，天津地区选择火车出行的旅客最多，达到64.7%。

900多名开货车的司机具有以下特点：

①总体看，货车驾驶员中88.2%的出行是有固定线路的。其中，每周出行2～4次的用户占比达到54%，5次及以上的达到22.8%。80.7%的司机每次出行距离在200km以上，95%的用户会首先选择高速公路出行。同时，72.3%货物运输的起点和67.7%的货物运输的终点都在市区，但北京和天津市区白天都禁止一般货车通行，所以他们大都是“早出夜归”，十分辛苦。

②河北地区被访用户的出行起点较北京和天津更为分散，56%线路起点和49.3%线路终点在市区，另有12.3%的出行起点和13%的出行终点不确定；说明河北的货物运输的组织化程度低于京津两市；河北地区货车司机每次出行的距离都超过200km，当中98.3%的司机首选高速公路出行。

③北京地区被访用户有77.3%的出行起点和78%的出行终点位于市区，每次起点和终点不确定的出行只有1%和6.7%；他们当中长、中、短途出行距离分布相对较为均衡，所以北京地区选择高速公路的比重相对其他两个地区最低，但也达到了86.3%。

④天津地区运输线路始于市区的比重最高，达到了83.7%，运输线路终点在市区的75.3%。天津地区货车司机每次出行的距离都超过200km，他们出行时100%会选择高速公路。

7.3.2 三地用户对三地交通的感受，满意？还是不满意？

（1）小汽车司机乘客的感受：

①78%的小车司机对京津冀交通基础设施感到满意

总体来看，小汽车用户对京津冀交通基础设施的满意度较高，表示满意和非常满意的用户占78.2%。分地区来看，天津地区被访用户对京津冀交通基础设施的满意度最高，表示满意和非常满意的用户占92.1%；北京与河北地区被访用户的满意度比较相近，约为75%左右。图7-1为小汽车用户对京津冀交通基础设施的满意度图。

②40%的小车司机认为三地跨区域交通比较畅通

被访小汽车用户对京津冀三地跨区域交通的畅通度不十分满意，认为非常畅通和比较畅通的用户占 40%，认为畅通程度一般的用户占 37%，认为比较拥堵和非常拥堵的用户占 23%。分区域看来，北京地区用户对三地跨区域交通畅通度的满意度较高，认为非常畅通和比较畅通的用户占 52%；天津地区用户对三地跨区域交通畅通度的满意度表示一般的占 51%；河北地区用户认为非常拥堵和比较拥堵的占 26%。

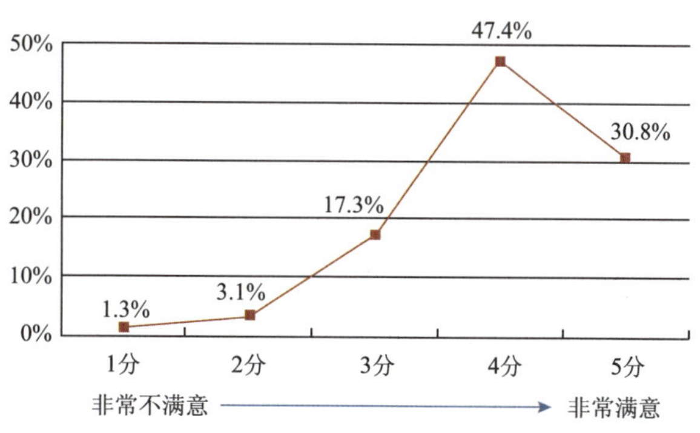

图 7-1　小汽车用户对京津冀交通基础设施的满意度

③40% 的小汽车司机认为限行政策对跨区域出行影响较小

在这个问题上，用户的感受比较分散。总体上，认为非常有影响和比较有影响的用户占 35%，认为影响一般的用户占 25%，认为影响较小和没有影响的用户占 40%。分区域看来，北京地区被访用户受限行政策影响较小，认为影响较小和没有影响的用户占 54%；天津地区被访用户受限行政策影响较大，认为非常有影响和比较有影响的用户占 43%；河北地区被访用户对限行政策的感受差别较大，认为没有影响的占 21%，认为非常有影响和比较有影响的占 36%。

④近 40% 的出行者第一关心出行安全

被访小汽车驾驶员对京津冀跨区出行中，最关注的问题总体排序如图 7-2 所示：39.3% 的出行者首先关注安全保障；29.4% 的出行者其次关注三地拥堵信息是否方便获得；28.1% 的出行者第三关注的是三地路况信息是否共享和及时发布；28.1% 的出行者第四关注标志

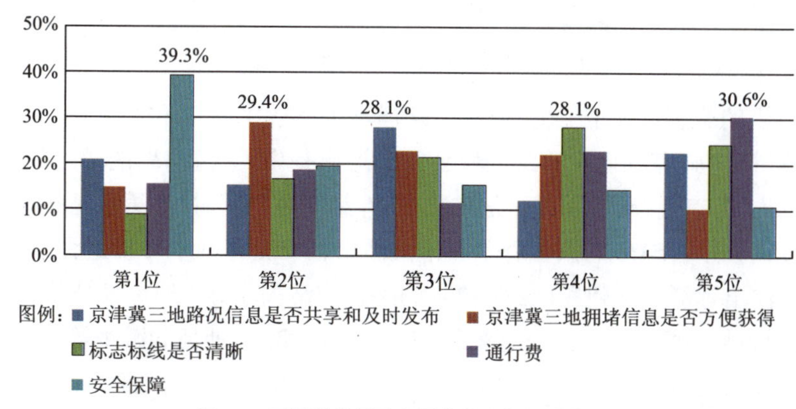

图 7-2　不同的发展阶段用户关注的问题分布

注：每位被访者对五个问题进行关注度排序，按照排位结果统计。

标线是否清晰；30.6% 的出行者第五个关注的问题是通行费。但是，三地用户的关注点的排序却有较大不同。北京用户首先关注安全保障，其次关注拥堵信息；天津用户第一关注三地路况信息，其次关注拥堵信息；河北用户首先关注安全保障，其次关注通行费。这组数据表明：不同的发展阶段用户关注的问题会发生变化。

⑤近 60% 的出行者表示非常关心出行安全、路况和拥堵信息

在对影响因素关心程度的调查中，三地合计对安全表示非常关注的人数超过 60%；对三地拥堵信息和三地路况信息表示非常关注的人数占比均为 58%。同时，三地用户在这个问题上的差异比较明显。北京 80% 以上用户表示非常关注安全；天津 80% 以上用户表示非常关注三地拥堵信息；河北 80% 以上用户表示非常关注三地通行费问题。

（2）乘坐公共交通出行旅客的感受

①73% 的旅客对京津冀交通设施一体化程度感到满意

总体来看，旅客对京津冀交通设施一体化程度的满意度较高（图 7-3），表示满意和非常满意的用户占被调查者的 73.3%。分地区来看，天津地区用户的满意度最高，表示满意和非常满意的占 84.5%，其中表示非常满意的高达 55.5%；而北京与河北地区被访用户满意和非常满意的分别占 68.1% 和 66.2%，其中，北京表示非常满意的用户仅为 14.9%，远低于天津。另外，河北地区对京津冀交通设施一体化表示不满意和非常不满意的用户占 5.1%，较其他两地高。

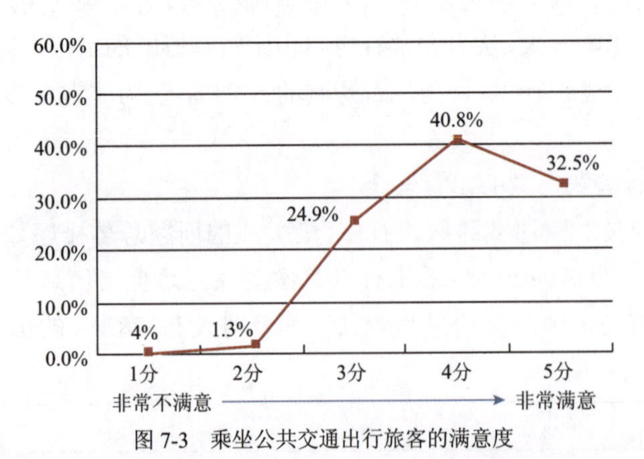

图 7-3　乘坐公共交通出行旅客的满意度

②40% 以上的旅客对安全卫生、舒适性、等车时间和票价非常关心

总体来看，被访旅客在京津冀跨区域公共交通出行中，关注问题的排序如图 7-4 所示：第一是安全卫生，第二是舒适性，第三是路况拥堵，第四是等车时间，第五是换乘次数。在不排序的关注度调查中，54% 的乘客表示非常关注出行安全和乘车环境是否干净；47% 的乘客表示非常关注出行舒适性问题；还有 42% 的乘客非常关注等车时间和票价。这组调查数据说明，三地应该从提高公交（大公交概念）出行安全、舒适、便捷和减少等车时间等角度吸引更多人利用公共交通出行。

③78% 的北京旅客关注安全卫生，47% 的天津旅客关注站点设置

总体来看，旅客对安全卫生、舒适性、票价的关心程度更高一些，对等车时间、路况的关

心程度次之。但是，三地被访用户对不同影响要素的关心程度存在较大差异。如北京地区被访用户中，表示非常关注安全卫生和舒适性的用户分别高达 78.5% 和 67%；河北地区被访用户中，表示非常关注安全卫生的用户为 49.5%，表示非常关注票价和舒适性的占 38%；天津地区被访用户对交通站点布设的关心程度最高，表示非常关心的用户占比为 47.1%，其次有 44.5% 的用户关注换乘次数，有 42% 的用户非常关注出行信息和票价。

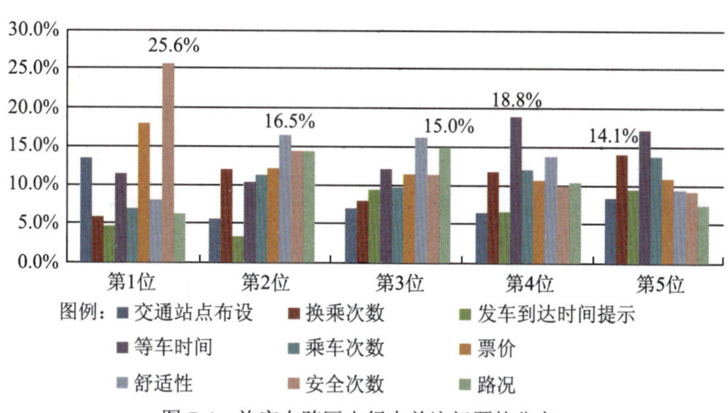

图 7-4　旅客在跨区出行中关注问题的分布

注：每位被访者选取五个最关注问题并进行排序，按照排位结果统计。

（3）货车司机在三地出行的感受

①80% 的货车对京津冀交通设施一体化程度感到满意

总体来看，货车司机对京津冀交通设施一体化程度的满意度较高（图 7-5），表示满意和非常满意的用户达到 80%。分地区来看，天津地区用户表示满意和非常满意的占 95%，其中表示非常满意的高达 52%；而北京地区被访用户满意和非常满意的占 69%，其中表示非常满意的用户仅为 3%。另外，尽管在公路基础设施上北京比河北的发展水平高，但两地货车司机对京津冀交通设施一体化表示不满意和非常不满意的用户均为 6%。

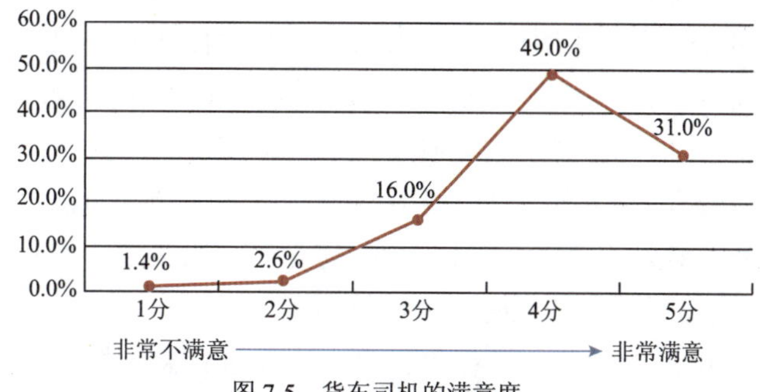

图 7-5　货车司机的满意度

②40% 的货车司机认为三地跨区域交通比较畅通

总体看来，货车司机与小车司机的感受十分相近。在被访的货车用户中，认为非常畅通和比较畅通的用户接近 40%，认为交通畅通水平一般的用户占 38.1%，认为比较拥堵和非常拥堵的用户占 23.8%。分区域看来，河北地区用户满意度最高，认为非常畅通和比较畅通的用户占 58%，认为非常拥堵和比较拥堵的占 15%；北京地区用户认为非常畅通和比较畅通的用户占 47.6%，略低于河北，认为非常拥堵和比较拥堵的仅占 12%；天津地区被访用户对三地跨区域交通畅通度的满意度较差，没有人认为非常畅通，仅有 8.7% 认为比较畅通，认为非常拥堵和比较拥堵的高达 44%，远远高于其他两地。天津货车司机和小汽车司机对道路畅通的感受有较大反差，原因可能出现在限行政策方面。

③仅 16% 的货车司机认为限行政策的影响较小，京津地区十分不满意

总体看来，认为非常有影响和比较有影响的用户占 49%，认为影响一般的用户占 34.5%，认为影响较小和没有影响的用户占 16.4%。分区域看来，天津地区被访用户受限行政策影响很大，认为非常有影响或比较有影响的用户高达 68.7%，另有 25.3% 的被访用户认为一般，仅有 6% 认为影响较小或没有影响；北京地区被访用户受限行政策影响也较大，认为非常有影响和比较有影响的用户占了 56.4%，认为影响较小或没有影响的仅有 4%；相比之下，河北地区被访用户对限行政策的感受差别较大，认为非常有影响或比较有影响的占 22.1%，而认为没有影响或影响较小的占 39.5%。

④75.7% 的货车司机受到过路政人员的处罚

被访货车驾驶员在京津冀三地出行途中受处罚情况比较普遍。总体看来，有 75.7% 的被访用户受到过路政管理人员不同程度的处罚。分地区看，北京和天津的司机受处罚比重更大，分别为 86.3% 和 98.3%；河北司机受处罚的比重则相对较低，为 42.3%。这个数据比较奇怪，司机认为河北路政更愿意处罚北京和天津两地的货车，而对本地货车较为“客气”。

⑤42.3% 的货车司机认为三地路政人员的执法行为比较规范

总体来看，认为执法行为比较规范和规范的司机占 42.3%，评价为一般的占 17.6%。分区域来看，天津地区认为执法行为比较规范和规范的司机占 65.7%，；北京 60.2% 的用户认为执法行为一般，25.5% 的司机认为执法不规范，评价最低；河北地区认为路政执法比较规范和规范的司机占 44.8%，认为不规范的占 33.1%。

⑥40.5% 的货车司机认为三地路政人员的执法是比较合理的

总体来看，仅有 40.5% 的被访用户认为执法行为比较合理或合理，22% 的被访用户认为执法行为不合理或非常合理。分区域来看，天津地区 56.6% 的司机认为比较合理，北京地区仅有 20.3% 的被访用户认为执法合理或比较合理、25.8% 的用户认为不合理；河北地区 44% 的司机认为比较合理，另外的 28.4% 认为三地路政人员的执法行为不合理。数据说明，三地货车司机对路政执法合理性的认同不高，这是一个比较主要的问题。

⑦75.7% 的司机在出现紧急情况时得到过救助

总体看，三地被访用户中的 75.7% 在出行途中出现过紧急救情况并得到路政或交警的救助。但三地具体情况有所差异，天津地区 98.3% 的被访用户在京津冀三地出行途中出现过紧急情况并得到救助；北京地区的这个比例数据为 86.3%，而河北地区仅有 42.3% 的被访用户得到过路政或交警的救助。

⑧只有 27% 的司机认为救助是比较及时的

总体看，被访用户对三地交通救援的及时性评价不高，仅有占 27% 的用户认为救助比

较及时或及时，而认为救助不及时或非常不及时的用户占比达到 40.9%。但是，天津和北京的用户在这个问题上的感受截然相反。天津认为救助比较及时的比例达到 60%，而北京仅为 11.8%；北京用户认为救助缓慢和非常缓慢的比例高达 50.3%。

⑨仅有 20.4% 的用户对救援收费价格表示认同

被访用户对三地交通救援收费合理性持较为负面的评价，表示合理及非常合理的用户仅占 20.4%，表示不合理和非常不合理的则占 44.4%。从区域看，天津用户“爱憎分明”，80% 的被访用户认为收费比较合理，另外 20% 的用户表示非常不合理；北京地区用户评价较为负面，仅有 12.4% 的用户认为基本合理，49% 的用户认为不合理；河北地区用户的评价则基本是三分之一认为合理，三分之一认为还行，三分之一认为不合理。

7.3.3　三地用户最需要的是什么？

（1）小汽车驾驶员的需求

①66% 的用户最希望获得及时的道路拥堵信息

总体来看，小汽车用户对道路拥堵信息服务的需求较高（图 7-6），66% 的用户均希望获得此信息。其他需求强烈程度排序分别为：自驾车出行路径方案建议（44.7%），封路、施工、事故情况（44.3%），沿途服务区的详细位置和设置（40.2%），目的地旅游、餐饮、住宿信息（39.5%），交通气象（38.3%），目的地附近停车信息（36.8%），基于动态路况的交通引导信息（36.3%），收费站及收费标准（32.9%），特殊事件短信或电话提示服务（25.8%），特殊事件可变情报板提示服务（15.2%），其他（0.4%）。分区域看，北京地区 87% 的用户及河北地区 53.5% 的用户表示最需要道路拥堵信息服务，天津地区 64.8% 的用户最希望了解目的地旅游、餐饮、住宿信息。

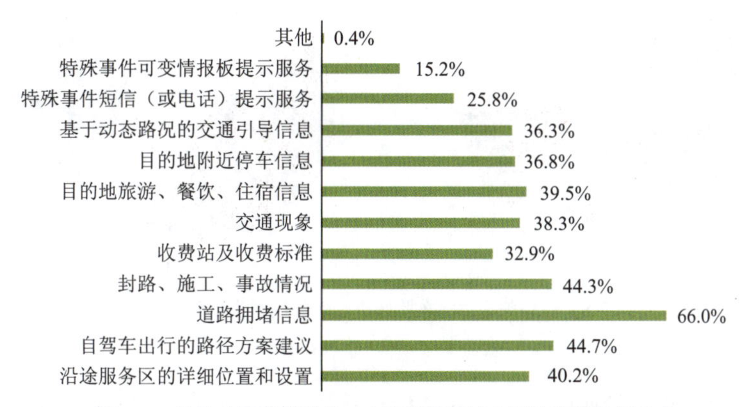

图 7-6　被访小汽车驾驶员对京津冀跨区域出行信息服务的需求

② 79% 的用户表示会使用京津冀三地一体的“ETC”

被访小汽车驾驶员对京津冀交通“ETC”一体化服务的需求较高（图 7-7）。被调查用户表示使用和肯定使用的用户占 79.3%。分区域看来，北京、天津地区被访用户对“ETC”一体化服务的需求更强烈，表示使用和肯定使用的用户分别占 85.8% 和 87.3%。

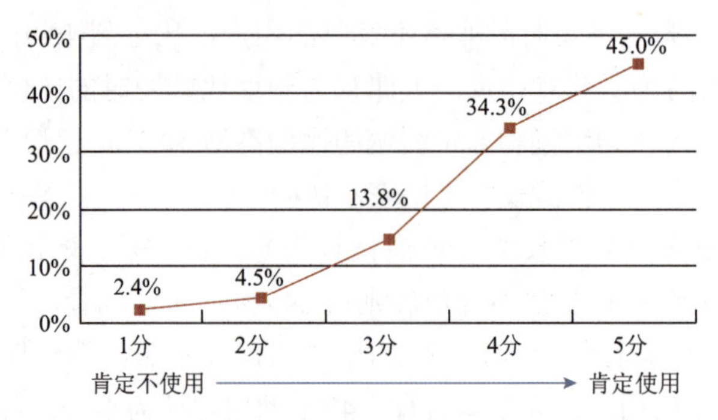

图 7-7 被访小汽车驾驶员对京津冀交通“ETC”一体化服务的需求

(2)乘坐公共交通出行旅客的需求

①42% 的乘客希望实现“零换乘”,实际比例为 26%

被访旅客认为跨区出行合理需换乘次数为 1 次者占比达到 43.5%,其次是不用换乘(占 41.8%)和换乘 2 次(占 12.1%)的旅客。分区域来看,北京地区认为跨区出行最好不需换乘(零换乘)的比例最多,占到 64.2%;天津和河北地区认为换乘 1 次合理的最多,分别占 72.2% 和 46.3%,如图 7-8a)所示。

目前实际是,被访用户跨区出行需要换乘 2 次的占比较高,达到 32.8%,其次是不用换乘和换乘 3 次,分别占 26.0% 和 22.8%。分区域来看,北京地区跨区出行实现零换乘的旅客占比已达 51.4%。天津、河北地区跨区出行需换乘 2 次的旅客占比最多,分别为 47.6% 和 31.8%,如图 7-8b)所示。

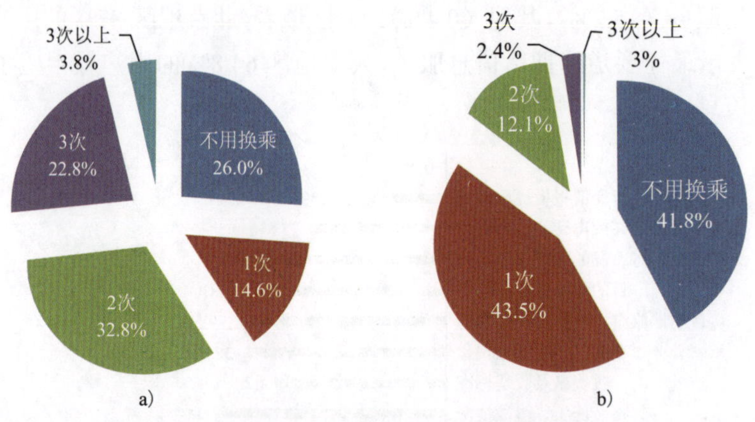

图 7-8 被访旅客京津冀跨区出行实际换乘次数分布图

a)实际换乘次数;b)期望换乘次数

②40% 用户希望换车等候时间为 5min 以内,而实际 56.6% 的乘客等候时间超过 15min

总体来看,40.1% 的被访用户认为在公交站候车 5min 以内最为合理[图 7-9a)],其次是 6 ~ 10min(39.1%)和 11 ~ 15min(17.1%)。分区域来看,北京地区认为候车时间在 5min 以内的比例高达 62.1%,而天津和河北分别为 24.6% 和 29.6%。但实际数据为[图 7-9b)]:用户在公交站候车 20min 以上的占比最多,达到 29.8%,其次是 16 ~ 20min(26.8%)

和 11 ～ 15min（19.3%）。等候时间 5min 以内的仅占 6.5%。数据表明：缩短换乘次数和时间将有利于提高公交新引力。

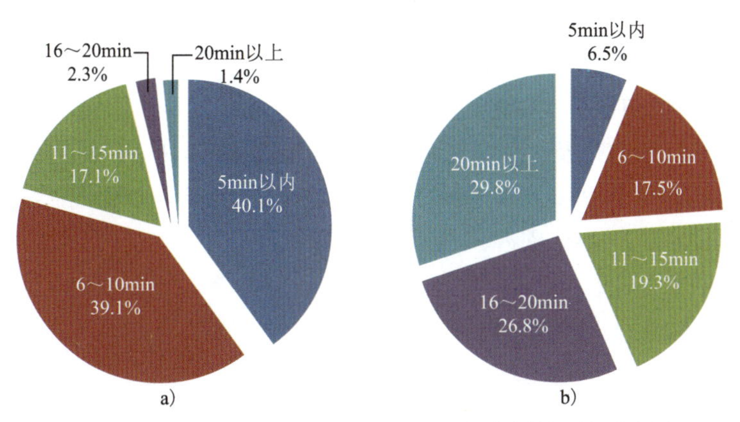

图 7-9　被访旅客认为合理的乘公交跨区出行站台等候时间分布图

a）期望换乘时间；b）实际换乘时间

③83% 的旅客希望获得京津冀公交"一卡通"服务

被访旅客对三地公交"一卡通"服务的需求较高，表示使用及肯定使用的用户占 83.1%。分区域来看，北京、天津地区被访用户对"一卡通"一体化服务的需求更强烈，表示使用及肯定使用的用户分别占 84.7% 和 90.0%。

（3）货车司机的需求

①70% 的货车司机最期望了解封路、施工和事故信息，对其他各类信息的需求也十分迫切

货车驾驶员对封路、施工、事故信息的需求较高（图 7-10），70% 的用户均希望获得此信息；其他信息服务根据需求强烈程度排序分别为道路拥堵信息（62.7%），收费站及收费标准（54.7%），出行路径方案建议（43.2%），沿途服务区的详细位置和设置（42.2%），交通气象（40.2%），基于动态路况的交通引导信息（40.1%），目的地附近停车信息（35%），特殊事件短信或电话提示服务（31.8%），目的地旅游、餐饮、住宿信息（27.2%），特殊事件可变情报板提示服务（21.1%），其他（0.2%）。分区域来看，北京地区对跨区域出行信息服务的需求更多，

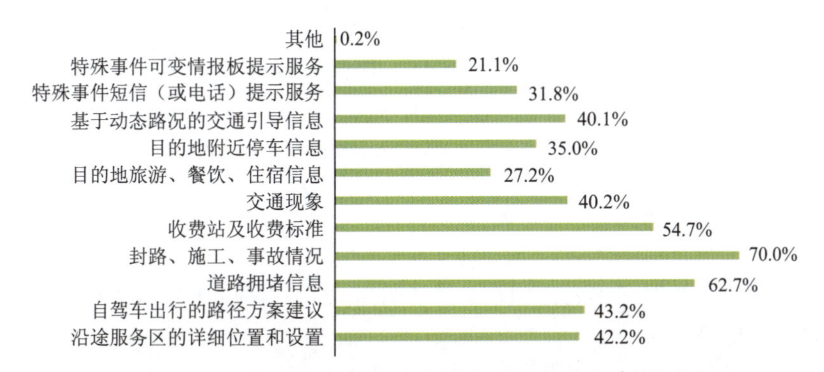

图 7-10　被访货车驾驶员对京津冀跨区域出行信息服务的需求

有8种信息的需求比重超过了50%，其中对封路、施工、事故情况和道路拥堵信息的需求最高；天津地区被访用户对5种信息的需求超过了50%，其中68%的用户希望了解各地收费站及收费标准；河北地区被访用户最多的两项服务需求是封路、施工、事故情况和道路拥堵信息，分别为53%和51.7%。

②对京津冀交通"ETC"一体化服务的需求

货车用户对货车"ETC"及一体化服务的需求也很高，表示使用及肯定使用ETC的用户占77.1%。分区域看来，北京和天津地区被访用户对"ETC"一体化服务的需求更强烈，表示使用及肯定使用ETC的用户分别占80.3%和89.7%。

7.3.4 三地用户给出的建议

（1）小汽车驾驶员对三地交通政策一体化的建议

①对交通基础设施管理方面的意见和建议最多

被访用户在京津冀交通基础设施管理方面的意见和建议最多（图7-11），占22.9%；在京津冀交通收费标准、京津冀交通运输信息一体化、京津冀交通运输市场规则一体化等方面的建议也比较多，此外还有一些其他方面的建议，占21.7%。分地区看来，北京地区用户在京津冀交通基础设施管理方面的意见和建议最多，占29.5%；天津地区在京津冀交通运输市场规则一体化方面的建议最多，占38.9%；河北地区在其他方面和京津冀交通收费标准方面的建议比较多，分别占31.9%和22.4%。在选择其他选项的被访用户提出的建议主要有两条：第一是反映收费、执法等管理人员态度不好，素质有待提高；第二是希望加强对大货车的管理，能够客货分道行驶，并加强对大货车违规超速、超车行为的管理。

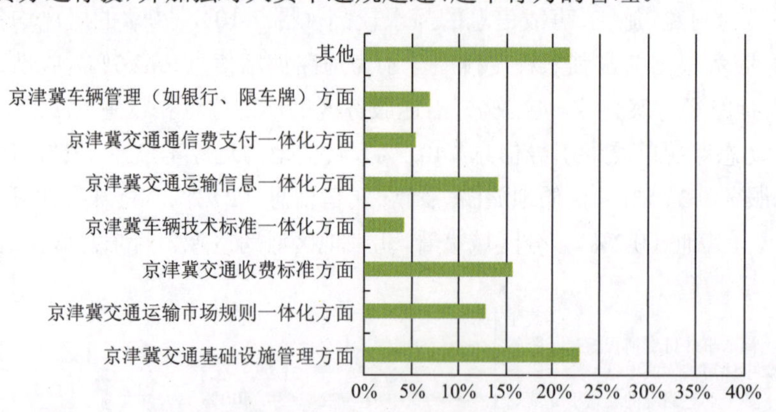

图7-11 被访小汽车驾驶员对京津冀协同发展交通一体化的建议总体分布

②交通基础设施管理方面具体建议

a. 基础设施应定期修理维护。

b. 路程远的地方增加服务区；服务区位置要明显、容易看见；增加服务区功能；增加普通公路上公共卫生间数量。

c. 增加标志标牌和路灯；标志标牌要更规范清晰；三地标志要统一；拍照标示要清晰。

d. 加强应急车道管理，避免被非法占用。

e. 客、货车分道行驶，增加安全性。

f. 加强道路绿化美化；建议道路两边多种没有絮毛的环保树；隔离带绿化挡不住对面汽车的远光。

g. 改善交通状况，减少拥堵。

h. 建立城市间专用客车通道；建设城市间地铁和公交系统。

i. 减少急转弯和障碍物，拓宽应急通道。

③三地运输市场规则一体化方面的具体建议

a. 各地运输市场准入规范化、规则一体化。

b. 减少审批和管理手续，方便快捷。

④三地交通收费标准方面的具体建议

a. 明确道路收费标准，降低收费。

b. 希望对当天往返的车辆道路收费给予优惠。

c. 希望运行多年的高速适当降低通行费。

⑤三地车辆技术标准一体化方面具体建议

a. 推出车辆标准相关行政法规。

b. 提高货运车辆安全性要求。

c. 标准化不够。

⑥三地交通运输信息服务一体化方面具体建议

a. 采用多种形式及时准确通报道路拥堵和特殊路况（施工、封路、事故等）、天气信息。

b. 三地信息服务要共享。

c. 提供各地餐饮、旅游、住宿、停车等多种信息。

⑦三地交通通行费支付方式方面具体建议

a. 简化进出口收费和支付方式，提高通行速度。

b. 尽早使用“ETC”一体化服务。

c. 希望能够办理使用一卡通，并且使用一卡通付费能够打折。

⑧三地车辆管理（如限行、限车牌）方面建议

a. 放宽津、冀牌照在北京的禁行时间，最好不要限行；希望进京证办理更方便快捷一些。

b. 三地限号政策要统一；希望每天限行的车辆尾号能固定下来；在节假日也可以进行限号出行；无须限行；限行、限车牌提前通知；方便知晓异地限行限号信息。

c. 建议大货车也有限行限号。

⑨其他方面具体建议

a. 收费、执法等管理人员态度不好，素质有待提高。

b. 路上大货车太多；大货车车速太快、超车，很危险，需要加强管理。

c. 加强服务区和公路沿线卫生管理。

（2）旅客对三地交通政策一体化的建议

①对交通基础设施和服务衔接方面的建议最多

被访用户在京津冀交通基础设施和服务衔接方面的意见和建议最多（图7-12），占38.0%，在京津冀交通运输市场规则、收费标准、公共交通价格方面的建议也比较多。此外还有一些其他方面的建议，占23.1%。分地区看来，北京、天津地区被访用户在京津冀交通基础设施衔接方面的意见和建议最多，分别占41.5%和35.0%；河北地区在京津冀公共交通价格方面的建议比较多，占34.4%。

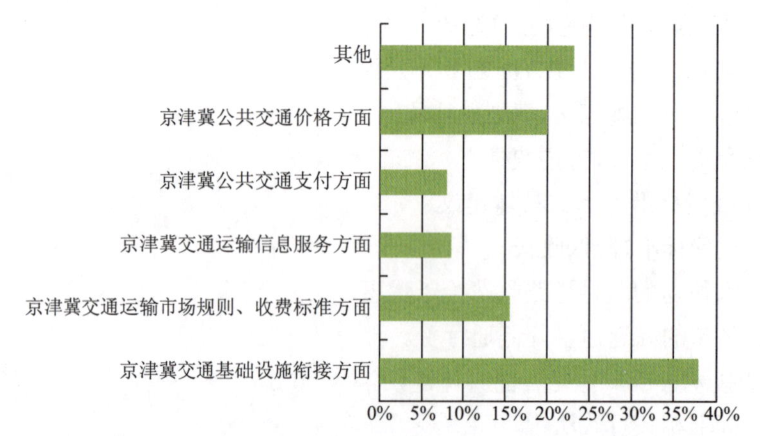

图7-12　被访旅客对京津冀协同发展交通一体化的建议总体分布

②三地交通基础设施服务衔接方面的具体建议

a. 高峰时段、节假日增加火车车次，加开夜班车辆。

b. 公交站点布局应更加合理，实现交通无缝连接，减少换乘次数，减少候车时间。

c. 改善交通指示牌数量少、不清晰的现状，增加服务询问台数量，加强车站安保。

d. 延后晚间公交车停运时间。

e. 增加高速公路服务区数量。

f. 增加火车站出站检票口，避免拥堵。

g. 增加高峰段时段的火车、地铁进站口安检数量，加快进站速度，避免拥堵。

③三地交通运输市场规则方面具体建议

a. 尽快实行京津冀地区交通“一卡通”政策，方便民众出行。

b. “一卡通”办理方便快捷，手续简单，可办理的网点多；功能全面，一卡可以乘坐京津冀三地的公交车、购买火车票，可在高速公路收费站刷卡缴费，有打折优惠。

c. 高速公路设立大货车、客车各自的专用车道，避免应急车道被占用的情况，城市道路开辟公交专用道。

d. 放宽外地车辆进京条件，津冀牌照车辆应享有和北京车一样的待遇。

e. 加大力度整治路面，严查挂车超载情况。

④三地交通运输信息服务方面具体建议

a. 京津冀跨区出行交通信息（列车增开、停运、延时等）发布应准确及时，各地统一播报。

b. 城市交通管理部门应提前播报堵车信息，提醒司机合理规划行驶路线，避免拥堵。

⑤三地公共交通支付方式方面的具体建议

a. 京津冀三地交通支付方式应统一标准。

b. 购票机支持的银行种类应更加多样，最好能支持支付宝等多种理财产品。

c. 增加交通卡充值网点。

⑥三地公共交通价格方面的具体建议

a. 加大收费监管力度，杜绝不合理收费现象。

b. 适当调低高铁、城际列车票价。

c. 高铁列车上餐饮价格太贵，工薪族负担不起。

d. 京津冀地铁票价应一致，天津地区地铁票价过高。

⑦其他建议

a. 改善候车大厅内环境，改善温度高、卫生差、空气不流通的现象，提高广播音量。

b. 车站内增加电视节目等娱乐设施。

c. 应加大对长途客车司机的监督力度，目前存在部分客车司机开车分心聊天的现象。

d. 建议高铁、长途客车车上能有网络。

e. 根据气温变化合理调节高铁、长途汽车车厢内的空调温度，避免温度过高或过低。

f. 查处部分火车站出站口存在黑车揽客现象。

g. 改善长途车厢内卫生调件，定期更换座椅座套。

h. 杜绝地铁内乞讨现象。

（3）货车司机对三地交通政策一体化的建议

①对交通收费标准方面和其他方面意见和建议最多

被访用户在京津冀交通收费标准方面的意见和建议较多（图7-13），占19.7%，在京津冀交通基础设施管、京津冀交通运输信息一体化、京津冀交通运输市场规则一体化等方面的建议也比较多，此外还有一些其他方面的建议，占24.2%。交通基础设施管理方面的意见和建议最多，占29.5%；天津地区在京津冀交通运输市场规则一体化方面的建议最多，占38.9%；河北地区在其他方面和京津冀交通收费标准方面的建议比较多，分别占31.9%和22.4%。此外，大部分选择其他的被访用户提出的建议是两大类，一类是服务站丢东西、偷油的问题，另一类是进京证办理手续的问题。

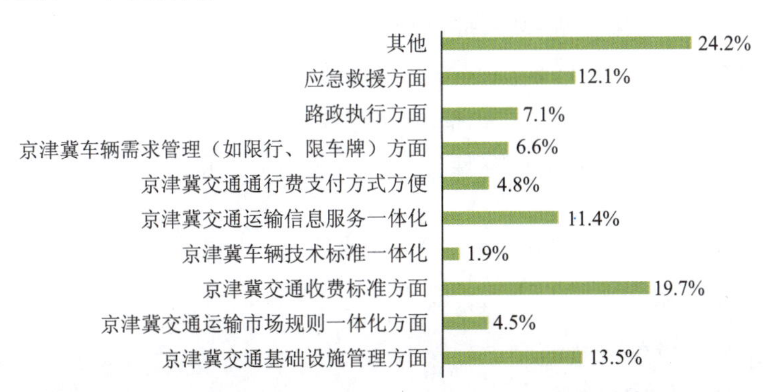

图7-13　被访货车驾驶员对京津冀协同发展交通一体化的建议总体分布

②三地交通基础设施管理方面具体建议

a. 基础设施保证定期维护，并能尽量再完善一些。

b. 服务区信息不明确。

c. 服务站设施不完整，提高监督系统，经常有偷油现象发生。

d. 增加路灯、反光指示标、路牌、道牌。

e. 降温池水不够。

f. 高速路应加宽。

g. 希望管理措施能更加透明化。

③三地交通运输市场规则一体化方面具体建议

a. 提高服务质量。

b. 适当提高限速标准。

c. 车辆管理规定尽量统一。

d. 运输市场管理不够完善，并应尽量统一管理。

④三地交通收费标准方面具体建议

a. 费用太高，希望减少跨省费、通行费等。

b. 尽量简化收费方式，提高收费速度。

c. 收费不稳定，有时乱收费，建议实行统一的收费标准，执法人员有标准可以依据。

⑤三地车辆技术标准一体化方面具体建议

a. 技术标准规范化。

b. 提高服务质量。

⑥三地交通运输信息服务一体化方面具体建议

a. 信息系统需要建设得更加先进。

b. 建议信息一体化，整合后及时发布。

c. 及时发布最新的消息，保持更新。

d. 及时发布施工信息、拥堵信息、特殊事故信息、限行信息、特殊天气封路信息等。

e. 除了广播以外，建议提供更多途径获取信息，例如提前在路上报板发布。

⑦三地交通通行费支付方式方面具体建议

a. 推出一卡通，尽量简化收费程序，提高速度。

b. 建议能提供多种支付方式，例如刷一下卡就成功。

⑧三地车辆需求管理（如限行、限车牌）方面建议

a. 及时通过标牌等方式发布限行车牌号与时间等相关信息。

b. 加强车辆安全的检验措施。

c. 开辟大货车专用道。

d. 不希望限行黄标车。

e. 限行政策最好能够统一规范。

f. 政策上，希望对司机有利些。

⑨三地路政执法方面建议

a. 建议制定完善的管理标准，合理收费罚款，保证路政人员公正执法，避免乱收费的现象。

b. 执法人员执法态度和效率都有待提高。

c. 反映有的执法人员有收黑钱、偷货的现象。

d. 希望路政人员工作执法能够更加透明。

⑩三地应急救援方面建议

a. 提高救援速度，救助应更加及时。

b. 适当降低救援费用。

⑪ 其他方面建议

a. 高速路环境绿化卫生很好，尽量维护保持。

b. 隔离带有时无法挡住远光灯。

c. 进京证办理太麻烦。

d. 提高服务区的安全监督工作，减少丢东西、偷油等情况。

e. 尽快畅通京石路。

调查结果显示：无论是小车司机还是公共交通出行的乘客或是货车司机，最满意的是三地交通基础设施一体化程度；最关注的是如何实现安全、畅通、便捷出行问题；最希望得到的是更多各类出行信息服务；最希望改进的是执法规范和提高救助的及时性；最多意见是相对集中的三地限行政策方面；最多建议则比较集中于交通管理的改进方面。

7.4 京津冀三地企业眼中的交通一体化

2014 年 8 月 11 日至 20 日，课题组针对京津冀三地相关企业开展了调研工作，调研对象见表 7-1。

调研对象 表 7-1

企业类型	调研对象
客运企业	北京八方达公司、北汽公司、新月公司、新国线公司；天津市交通集团，天津中国青年旅行社，天津山华客运，天津长途汽车公司，天津市公交集团
货运企业	京东商城、顺丰快递、朝批商贸、绿源达货运集团，天津市交通集团，天津市邮政速递物流公司，天津百世汇通顾问，振华物流，天山国际

7.4.1 京津冀三地企业对交通一体化的评价

（1）客运企业

北京客运企业主要提出了京津冀三地道路客运发展政策不一致、市场环境不统一，客运新能源应用受限等方面的问题，具体包括：①河北省对本省营运客车高速通行费给予优惠政策，对其他地区营运客车造成不公平；②由于地方性政策保护，客运企业在开辟新线路协调过程中受到较大制约，企业开拓外埠地区客运市场难度大；③京津冀地区道路客运基本还是各自经营的状态，存在班线重复、运力过剩、运输效率低、收益低等问题；④随着公交不断向津冀延伸，其与原有省际班线形成冲突，同一线路，两种方式的扶持政策不一致；⑤京津冀城际客运新能源车辆应用有限，配套的加气站、快速充电设施缺乏；⑥大客车司机人力资源紧缺，出现老龄化问题。

天津客运企业主要提出了法律法规滞后，收费政策不一致，审批烦琐，市场竞争无序，通行权不对等方面的问题，具体包括：①道条中有关"加班包车从异地返程时不能载客""班线客运中途不能载客"等规定，不符合实际需求，对客运企业和乘客都不利，造成资源浪费；②河北省对本地客运车辆通行费给予50%的减免，对北京和天津的客运企业造成很大压力，不利于客运企业公平竞争；③车辆更新、线路调整审批手续麻烦，办理周期长；④一条线路多家经营，各自为政，不利于企业发展；⑤天津客运车辆进不了北京三环以内，北京的客运车辆能进入天津，对天津的客运企业不利。

（2）货运企业

北京货运企业主要集中针对限行政策提出了一些问题，目前，因为限行政策，京津冀三地城市之间往返受阻，形成壁垒；北京部分企业仓库布设在五环，限行政策导致车辆必须绕行，造成资源浪费；而且，企业现有的通行证难以满足货运需求，廊坊办理河北送货通行证非常困难。

天津货运企业主要就法律法规、政策标准、资源配置以及企业成本等方面提出了问题：①法律法规政策标准。天津市道路运输管理条例没有明确规定负责对超限车辆进行执法处罚的相关部门，造成各部门间职责混乱，执法力度不统一；现行的道路限行政策制约了货运企业的发展，各地各自制定的限行政策阻碍了外地牌照的货车早晚进城通行，一些特色服务（实时配送等）无法开展，快递业务发展受限；天津交管局不允许货车车身喷涂企业logo，与其他省市的相关政策不统一；国际标准超长、超高集装箱在河北省道路运输中不被认可，交管部门处罚力度不统一，少则几百，多则几万，给货运企业造成了很大的经济损失。建议从交通部层面修订全国通用的集装箱货车超高超限运输政策；外省市交管部门对大型货车收取通行费的政策不合理等；②资源分配的问题。京津冀三地大部分航空资源集中在北京，但北京现有机场已极度饱和，航线资源紧张，天津机场未能发挥应有作用。

7.4.2 京津冀三地企业对交通一体化的政策建议

（1）客运企业

北京客运企业提出的建议主要有：编制京津冀城际道路客运专项发展规划，明确发展原则、方向、服务目标群体；在政府主导下，对省际客运班线进行规模化资源整合、提高线路经营效益和服务质量；从法制层面解决公交与省级班线协调发展的问题；能够明确省际线路与公交政策；搭建京津冀城际客运信息管理平台，在原有京津联网售票的基础上，逐步过渡到一卡通；创新省际客运班线运营方式，改变点对点运营模式，应根据需求在城市沿线增设上下客站；统一京津冀营运客车高速公路通行费优惠政策；在两省收费站建立营运客车专用快速通道，甚至考虑取消交界处收费，减少客车排队时间，提高运营效率；周边河北省地区高强度土地利用加大公交场站建设难度，希望外埠地区在城市建设同时考虑公共交通场站位置、面积和基础设施配置，为地方公共交通发展提供便利；目前市内票价与省际不同，一体化则应该要统一票价；重新明确异地经营的问题；统一证件管理（司机从业资格证等）、统一执法标准，三地执法信息共享。

天津市客运企业提出的建议有：建立三地、不同运输方式之间联网售票系统；三地统一通行费等收费标准和运价政策，让企业公平竞争；简化车辆、班线审批手续；将线路走向等审批权下放到地方区县；异地客运证换发能够在当地办理手续；各地黄标车限行时间统一；建立三地管理部门与客运企业定期会商机制，对固定线路建立合作公司；在公路收费站附近设置班线客运站，解决班线不能中途载客的问题；三地通行权要对等。

（2）货运企业

北京货运企业提出的建议主要有：统一车型标准、统一执法标准，统一收费标准，互认通行证件；设置京津冀统一绿色通行证；希望运输车辆可以使用厢式货车，提高运输效率，优化资源利用；物流园区位置应当与限行政策相协调，从而减少不必要绕行；建立统一平台对危险品运输进行监控；三地应急救援进行统一网络布局规划；一体化后，三地危险品运输企业门槛应该提高；建立联网统一的三地司机数据库，便于对司机进行管理。

天津市货运企业提出的建议有：交通委有关部门对货运市场进行宏观调控，加强对价格的监督，设定价格的上下限，促使企业间进行有序竞争；办理超限运输手续的权力下放到各地级市，方便运输企业办理；京津冀三地交管部门应联合制定相关限行政策，适度开放，方便货运企业送货进城；调整现行海关管理政策，实现通关一体化；各地交管部门应对车辆年检、车辆二级维护等给予便捷政策，开放异地审验；京津冀三地建立货运甩挂联盟，解决空载率高的问题。

7.5　京津冀管理部门促进交通一体化发展的工作及政策建议

7.5.1　京津冀三地管理部门开展的工作及遇到的问题

北京市交通管理部门针对推进京津冀协同发展中交通一体化，开展的工作，包括：北京市交通委就交通基础设施和运输服务两方面与津冀交通主管部门进行了交通一体化对接，确立了结合各自特点和需求编制区域交通“一张图”规划；北京市路政局开展了接线公路的前期工作，其中，京津接线普通公路2项，京冀接线普通公路10项；北京市运输局与津冀相关部门就货运物流、城市公共交通、道路客运、信息化等方面进行了对接，确定了14项任务，北京将牵头推进，三地城市公交一卡通、公交线路信息共享、节能减排、统一公共交通服务运营标准、统筹优化三地道路客运资源、合理精简行政审批流程，统一处罚尺度等方面的工作；三地在治超方面，互相定期进行案件移交；三地近年建立了联合执法相关工作机制，设立了交通执法联席会制度，建立了联络员制度；实行了联席会议和召集人制度。

北京市相关管理部门提出了新机场建成后的运营管理、大外环、治超、信息化、公共交通、执法等方面的问题，具体包括：公共交通缺乏统一规划和指导；交通综合行政执法缺乏顶层进行设计、交通联合执法能力不足；三地信息化推进速度不对称，北京建设领先其他两地；省际连路线突发事件信息共享有待提高等。

天津市交通管理部门针对推进京津冀协同发展中交通一体化，开展了大量工作，也提出了许多问题，包括：

（1）公路。完善了合作机制，京津两市签署协议和《交通一体化合作备忘录》，明确了工作推进机制、重点工作等，近期将进一步与河北省签署相关协议；编制区域交通发展规划，正在加快完成公路网规划“一张图”；共同推进公路重点项目对接；实现了京津冀区域ETC联网，于北京、河北高速管理部门签订了省级机构联动协调机制，与河北省实现了高速省界收费站10～20km范围内视频图像及实况路况信息实时共享；三省建立健全京津冀治超联席会议制度。但存在的问题包括：①公路规划建设方面。津冀港口集疏运等专项规划需推进，重大建设项目建设时序不一致，跨省市公路命名编号缺乏统一规划；②信息化建设方面。信息孤岛问题，缺乏道路路况、交通状况、交通流量、应急管理等方面的信息共享；信息化不成系统，投入大，后续运行维护成本高；多头管理，事权责任不清；部路网中心信息与地方高速路网中心不共享；③路政治超方面。缺乏治超信息和交通信息的共享机制，联合执法机制不完善，计重收费标准不统一；④应急处置方面。三地缺乏普通公路应急联动协调机制方面尚处于空白，缺乏联合应急演练，恶劣天气封路放行以及应急处置标准不统一；⑤关于收费政策。京津唐收费问题，京津唐有100km在天津，希望能统一到天津联网收费系统。

（2）机场。目前天津机场的运输能力尚未得到充分发挥，从规模来看，没有首都机场大，T2航站楼即将投用，位置条件很好，但货运量得不到满足，需要优化资源配置，承接北京机场的溢出资源。

（3）铁路。天津—北京段铁路大部分为城际高铁（总计387对，城际占80%以上），货运方面无法满足；北京各站间没有互联互通，乘客换乘不方便；北京不应再成为交通中转中心，否则会增加城市压力，铁路交通中心功能需要调整，客运布局和规划定位上需要重新考虑。

（4）港口。渤海湾深水航路只有两条，大船基本走曹妃甸附近深水航线，两个正局级海事部门均有管理权；津冀港口引航、拖轮、理货等公共服务资源缺乏统筹调配；天津港集疏运体系中，公路占比过高，达到70%，造成港口与城市之间的矛盾。

（5）运输组织与管理。目前已建立了三地交通运输协商机制，轮职安排、定期召开交流会议，河北牵头信息化（包括综合运输体系信息化）；开展了相关研究，包括对运输服务的有关规定等；就多式联运方面与两省市运管局进行了沟通，建立了 5 个异地候机厅（保定、白沟、廊坊、唐山、北京南站），与客运站对接，实现了候机厅进驻客运站；为机场开通了 3 条机场巴士专线。据了解，运输组织存在的主要问题有：受限于道路管理条例规定，三省市毗邻线路需要省级部门审批，但监管都在两县，非常不便；三省市现有的客运线路存在重复、交叉严重的问题，导致运营吃不饱；新能源车辆在能源补充方面没有保障，加气站数量太少；限行政策对物流配送车辆、旅游车辆造成很多障碍；信息化水平尚待提升；空铁联运问题没有形成规模；天津机场异地候机厅的安检问题还没有解决，办购票和值机较为不便。

河北省交通管理部门反映推进京津冀交通一体化发展中的主要问题集中在：面临巨大的资金土地缺口、综合运输服务体系建设、制度标准不统一等方面。

7.5.2　京津冀三地管理部门对交通一体化的政策建议

北京市交通管理部门提出的建议包括：针对京津冀交通运输发展，建议在国家层面提出总的政策导向，指出三地具体在哪些方面需要协同，哪些方面需要一体；建议统一高速公路和国道标示；建设三地一体化信息资源共享平台，实现路政管理信息共享，并三地共同发布公众出行服务信息；提高省际连路线突发事件信息共享度；研究新机场建成后的运营管理问题；研究合理引导客货车使用大外环；道路运输方面可借鉴浙江地区的线路联盟；统筹研究京津冀公共交通发展问题；统一三地市场，统一执法体制、统一执法机制、统一执法标准。

天津市交通管理部门提出的建议包括：

（1）统筹规划引领。开展综合交通一体化顶层设计，形成区域交通整体发展规划；

（2）强化政策保障。加快编制京津冀协调管理、服务、安全应急保障等方面的政策措施；加强京津冀交通运输信息服务的标准统一、系统对接和平台共享；

（3）加大重大建设项目支持。包括：普通国省道省际瓶颈路段、普通国道重要路段升级改造，智能、绿色、安全交通项目，区域重大信息互联共享项目等；

（4）加快推进交通信息共享与资源整合。探索区域公路信息管理需求及模式，形成区域公路信息资源共享机制；

（5）进一步推进京津冀区域联动治超。统筹研究三省市治超规划，完善三省市路政、运政、交管三网联合，统一高速公路称重设备允许误差值标准；

（6）推进应急处置联动。完善区域公路应急相应联动机制，定期开展联合应急演练，统一恶劣天气封路放行标准，建立区域应急指挥调度平台等；

（7）加强高速公路广播区域协调，明晰运营模式；

（8）打造京津冀物流园，促进电商、海外仓储、海外邮购的发展；

（9）明确天津河北港口定位；

（10）实现通关一体化，通过与河北的合作，加强内贸货运运输；

（11）为港口一体化创造公平的经营竞争环境；

（12）建立渤海湾内指挥管理 VTS 系统，实现海事调度、指挥一体化；

（13）统筹调配引航、拖轮、理货等公共服务资源；

（14）将京承和蒙冀铁路相连，纳入铁路体系，保证疏港系统的畅通；

（15）加快空铁联运，以及民航与铁路订票系统的一体化建设；

（16）三地统一限行政策；

（17）下放三省市毗邻线路审批权限；

（18）下放港口招投标备案、竣工验收等行政审批。

河北交通主管部门提出的建议包括：

（1）铁路：①城际铁路网的运营仍由北京铁路局负责；依法授权河北省铁路管理局监督管理地方铁路。②尽快制定铁路运价与公路运价联动机制。③统一整合由省交通运输管理部门负责河北省铁路管理工作，避免职能交叉、政出多门、多头管理。

（2）公路：①出台资金补助、统贷统还等优惠政策，妥善解决普通公路收费问题。②建立京津冀地区公路交通多层级协调联动机制。京津冀三省市成立高层协调机构，在此基础上进一步完善三省市交通运输部门合作协调机制，在交通基础设施规划布局、技术标准、养护工程、保通保畅、联合执法等方面实现全面对接，统筹推进跨省市事项，确保同步推进，合理安排。③京津冀三省市有关部门协调统一收费模式和标准。④ 2015 年三省市交界收费站实现至少 2 入 2 出的 ETC 专用车道。⑤进一步落实京津冀联合治超机制，统一相关标准与政策。

（3）港口：①研究建立津冀沿海航区海事统筹监管新模式。推进区域航道、锚地等公共水域资源的共享共用。②对津冀港口经营资质互认机制予以认可，或修改相关规定。

（4）民航：①增加空铁联运票源，探索火车和民航联网售票。②参照首都机场、天津机场标准和实际执行情况，明确规定国内重点机场为河北机场提供较好航班时刻，支持河北特别是石家庄机场完善航线网络，吸引低成本航空公司直飞石家庄机场。③逐步推进石家庄机场对亚洲和俄罗斯等周边国家的航权开放，争取国际低成本航空公司分流至石家庄机场。

（5）运输服务：①加快推进城市客运行业立法进程；推进京津冀省际客运班线许可制度的改革；三省市共同出台《汽车维修连锁经营企业技术条件》。②搭建京津冀甩挂运输企业联盟。③实现京津冀营运驾驶员信息共享。④我省所有设区市享受国家对出租汽车信息管理系统建设试点城市同等待遇。

（6）科技信息化。交通运输部统筹规划、统一技术要求，统一联动，建设京津冀区域交通基础网络，实现京津冀区域交通“一张图”、“一张卡”和“一个共享交换平台”等管理与服务。

7.6 京津冀交通一体化的政策建议

（1）建立综合交通运输规划协同工作机制。按照京津冀协同发展领导小组和推进京津冀交通一体化领导小组的工作部署，三地交通运输主管部门，国家局和部内司局形成合力，着眼于京津冀区域城市群空间布局和结构，共同做好《京津冀交通一体化规划》的组织实施工作，推进京津冀综合交通运输“一张图”规划。三地交通运输主管部门要加强与本区域相关部门沟通，做好综合交通规划与经济社会发展规划、城乡规划、土地利用规划、生态环境保护规划的有效衔接，主动争取纳入“多规合一”改革试点工作，切实发挥规划引领作用。在推进京津冀交通一体化领导小组框架内，完善区域交通运输部门合作协调机制，分别建立铁路、公路、港口、民航、客货枢纽、公共交通等规划的协调机制，在基础设施规划布局和技术等级、标准等方面实现全面对接，统筹推进跨省市的重大基础设施项目审批和立项工作，确保前期工作同步推进，合理安排建设时序，共同推动规划同步实施。

（2）建立港口群和机场群的协同发展机制。按照国家对津冀港口的功能定位，协同打造北方国际航运中心和港口群。推进区域航道、锚地等水运公共资源共享共用，深化三地无水港合作，加强内陆口岸物流服务设施、集疏运能力、货物分流储运等处理能力建设，共同推进津冀港口群集疏运通道建设。鼓励社会资本全面进入港口市场，以成立渤海津冀港口投资发展有限公司为平台，引导津冀地区港口投资运营商通过合资、合作、联盟等方式合作发展，跨行政区域投资、建设、经营码头设施，对津冀港口经营资质互认机制予以认可，实现港口资源在区域内的优化配置。以北京新机场、石家庄机场二期、北戴河、承德、张家口机场建设为契机，明确京津冀机场群的功能分工，利用价格调节手段提供差异化的运输服务，完善机场换乘衔接体系，促进市场腹地共享和航线网络互补，缓解北京首都机场的能力瓶颈，发挥津冀两地机场的潜力。

（3）建立路网调度和运营管理的协调沟通机制。建立京津冀公路养护和运营管理协调联动机制，探索建设京津冀三地收费公路清分结算系统，逐步撤（并）收费公路省（市）界主线收费站。加快推广ETC应用，提高京津冀三地ETC收费车道、服务网点的覆盖率，提高收费站通行效率。统筹京津冀三地机动车尾号限行政策，加强与公安交通管理部门的沟通与协作，实行同日同尾号限行的政策，方便京津冀跨区域公众出行。

（4）建立交通运输管理服务信息互通机制。完善京津冀跨区域综合交通管理服务信息服务系统，强化路况、养护施工、交通管制、气象等实时信息的采集和发布，积极推动跨区域综合交通管理服务信息的互联互通和交换共享，在完善服务热线、短信平台等服务方式的基础上，充分利用固定和移动式可变情报板、服务区查询终端、车载终端等服务手段，为跨区域出行者提供覆盖京津冀的一体化出行信息服务。建设三地统一的交通运输公众出行服务监督电话平台，畅通服务咨询和监督渠道。加快三地物流公共信息服务平台交换节点的拓展和连通，实现跨区域、跨方式的物流公共信息共享。

（5）建立交通运输安全和应急的协同机制。加强京津冀交通安全保障和应急处置方面的协作与配合，全面提升自然灾害、突发事件应急处置和抢险能力。京津冀三地交通运输部门联合制定应急预案，共同完成应对重大活动和重大自然灾害、暴力恐怖袭击等突发事件的交通运输保障任务。探索建立交通应急和保障队伍区域联动机制，实现遭遇突发事件或遇有重大活动保障任务时能够相互支援。加强信息共享和措施联动，共同应对京津冀区域高速公路拥堵问题，保障京津冀区域高速公路畅通。加强对京津冀区域内“两客一危”车辆的监控，并实现信息共享和协同管理。建设津冀沿海水上搜救系统，建立津冀两地海上搜救合作机制。

（6）建立统一的交通运输市场信用体系。建立健全区域统一的交通运输市场信用机制，推进交通运输行业信用体系建设，建立交通运输从业单位诚信档案、信用等级制度，落实交通运输企业质量信誉考核制度，重点建立区域道路运输违法信息互联互通机制，实现客货营运车辆、营运驾驶员、道路运输违章处罚信息联网。联合打击无证经营、违章经营，加强运输市场监管，保护合法经营者和旅客、货主的权益。

（7）加快推进城市公交"一卡通"。加快推进城市公交"一卡通"在京津冀区域的互联互通，制定出台"一卡通"行业发展指导意见，开展区域清分结算平台系统设计，研究制定区域互联互通清分结算业务规则，修订完善 IC 卡技术规范，制定业务管理规范，在北京、天津、石家庄、保定等地开展试点，拓宽"一卡通"的应用领域和范围，将"一卡通"全面应用于公交、地铁、轻轨、出租车、省际长途客运及城际高铁等公共交通工具，并逐步扩展到三地区域内的停车场、自行车租赁等公共服务领域。

（8）建立客运联程及联网售票系统。在京津冀三地先行实施铁路、公路、水路、民航等运输方式之间的联程运输发展政策，提升天津机场与石家庄机场的服务能力和吸引力，缓解北京首都机场压力。逐步推进京津冀跨区域多元化联网售票和电子客票业务规范化，实现京津冀区域间公路客票信息、班线信息等互联共享，实现基于网络、手机等多种渠道的同城和异地购票、退换票服务。探索综合交通运输信息的互联互通与共享开放，加强铁路、民航、公路以及城市交通之间票务和售票系统等衔接，实现不同运输方式间客运"联程联运"。

（9）实施京津冀毗邻地区客运班线公交化改造。在京津冀毗邻地区积极探索实施道路客运班线公交化运营改造，统筹城市公共交通和道路客运发展，研究建立道路客运班线公交化改造工作机制，明确公交化运营模式和组织方式，加强车辆停靠站点专项建设，稳步开通公交化客运班线。研究制定公交化运营服务标准，推动新能源车辆的使用，降低车辆污染物排放。

（10）以多式联运为突破口提升物流效率。在京津冀地区大力发展铁水、公铁、公水、空陆等多式联运模式，培育市场主体，强化基础设施与标准规范的衔接，统一服务规则，推广快速转运装备技术，加快信息系统和智能化建设，推进京津冀地区厢式货车标准化改造工作，大力发展集装箱运输和甩挂运输，不断提升货运的组织效率和便利化水平。推进邮政和快递业务与综合交通运输各种方式的融合，发展高铁快递和电商快递班列，允许公路客运班线代运邮件快件，提升综合运输服务整体效率和水平。

（11）提高区域城市货运配送便利性。统筹规划建设功能完善、干支结合的城市货运枢纽场站和多层次的货运配送节点网络，优化区域间和城市内部的物流配送体系的衔接，研究完善货运配送车辆通行政策，调整城市配送车辆的运行路权与时间规定，鼓励发展共同配送、统一配送模式，统一配送车辆标识、标准，推广使用厢式货车，推动区域间城市货运配送信息的互联互通。

（12）实现交通运输政策法规的有效对接。主动适应区域交通一体化发展需要，发挥政策法规的引领和规范作用，系统梳理区域内地方性交通运输政策法规，及时启动立、改、废等立法程序，着力解决交通一体化进程中政策法规不对接的问题，实现区域交通法制的协调、统一。重点清理规范妨碍区域市场统一开放和公平竞争的各类规定，在客货运输服务市场准入和交通基础设施投资、建设和养护市场准入等方面取得突破。清理区域间不一致、不协调的特殊规定和特殊条款，按照地方立法程序及时修改或废止。加快完善体现交通一体化发展的政策法规，由区域交通一体化领导机构组织制定示范性文本，交由各地方转化为地方性政策法规颁布施行。交通运输部探索制定适用于京津冀地区的规章文件，破解政策法规方面的突出障碍和问题，在京津冀三地行政区划内直接统一适用。

（13）统一规范交通行政执法行为。统一区域交通行政执法的主体、程序、行为规范和裁量标准，着力解决执法效率低下、执法标准不一和地方保护等问题，坚持做到严格规范公正文明执法。深化交通行政执法体制改革，按照减少层次、整合资源、提高效率的原则，实现交通运输领域的综合执法。完善和落实交通行政执法程序和规范，细化、统一区域内各类执法裁量标准。优化区域交通执法协作机制，通过联动执法等方式加大对违法营运、超限运输等重点领域执法力度，建立信息共享、案情通报、案件移送制度，实现省际执法协作无缝对接。建立统一的执法监督平台和执法责任倒查追究机制，重点纠正选择性执法和歧视性执法等现象，形成区域交通行政执法合力。

（14）率先推进交通行政管理职能转变。推行交通运输管理部门权力清单制度，实现机构、职能、权限、责任法定化，厘清政府和市场的边界，充分发挥市场在交通运输资源配置中的决定性作用，激发市场活力。进一步深化交通行政审批制度改革，统一区域内交通运输审批事项的办理手续，精简申请要件，优化审批流程，明确许可条件，缩短办理时限，全面提升行政审批效率；建立客运证等跨区域运营的行政审批项目异地办理机制，实现“一地受理，首问负责，协调各方，三地互认”；统一驾驶员从业资格、危险品运输运营资质、港口经营资质、汽车维修企业资质等交通运输行业职业资格和企业运营资质许可条件，实现“一地发证，三地互认”，促进区域内从业人员、运力等各类交通运输资源共有共享。

（15）加强交通运输标准规范体系对接。推动交通运输服务标准化，加强京津冀三地交通标准化的交流与合作，按照先行先试的原则，推进京津冀三地交通运输服务、质量、安全标准的协同建设，探索建立京津冀三地相对统一的交通运输服务标准体系。京津冀三地联合推广国际标准化集装箱运输，推进物流作业托盘标准化，统一货物安全标准、集装箱多式联运管理规则、集装箱电子数据交换（EDI）规则等，促进多式联运的顺利对接。规范公路交通标志设置，按照交通运输部的统一部署，进一步规范和完善京津冀三地公路交通标志，着力解决标志设置不科学、指示不清晰、标准不统一的问题，建立京津冀区域一体化的公路交通标志系统。统筹产品质量监管，联合开展监督抽查、产品认证、符合性审查、配件追溯等工作，加强对京津冀三地重点交通运输产品监管，强化汽车维修配件使用监督，着力解决交通运输产品质量不过关、汽车维修假冒伪劣配件多等问题。

（16）强化交通科技创新应用。推动京津冀交通运输科技人才的共同培养和相互交流，促进京津冀三地交通运输专家资源的优化配置，加强交通运输科技管理干部的沟通与交流。

实施创新驱动战略，促进京津冀三地交通运输科技成果的相互借鉴和推广应用，发挥整体效能和综合效益。交通运输部以及京津冀三地交通运输主管部门在区域交通运输共性问题和关键性技术等方面组织联合攻关，破解区域交通运输一体化发展的难点和瓶颈。

本章参考文献

[1] 中共中央，国务院 . 国家新型城镇化规划（2014—2020 年）[EB/OL].（2014-03-16）[2016-03-16]http://www.gov.cn/zhangce/2014-03/16/content_2640075.htm.

[2] 郭小碚 . 城镇化发展中要加强轨道交通系统建设 [J]. 综合运输，2013，8.

[3] 秦永平 . 及早规划建设我国市郊铁路和城际铁路 [N]. 铁道工程学报，2014-1-1（184）.

[4] 申康 . 都市圈综合交通发展战略规划研究 [D]. 长安大学学位论文，2011.

第8章 武汉城市群交通发展战略与情景分析

8.1　武汉城市群概述

8.1.1　概况

武汉城市群由武汉、黄石、鄂州、黄冈、孝感、咸宁、仙桃、天门、潜江9个城市所组成（图8-1），总面积5.8万km^2，常住人口3 073万人（2013年数值，下同），地区生产总值达15 630亿元，分别占湖北省总面积的31%、总人口的53%以及GDP总量的63%[1]。在更大的区域层面，武汉城市群同时也被纳入《国家新型城镇化规划（2014—2020年）》出台后国家批复的第一个跨区域城市群规划——《长江中游城市群发展规划》，于2015年4月获国务院批复。该规划提出以武汉城市群、环长株潭城市群、环鄱阳湖城市群为主体形成特大型城市群——长江中游城市群。国土面积约31.7万km^2，2014年地区生产总值6万亿元，年末总人口1.21亿人，分别约占全国的3.3%、8.8%、8.8%。

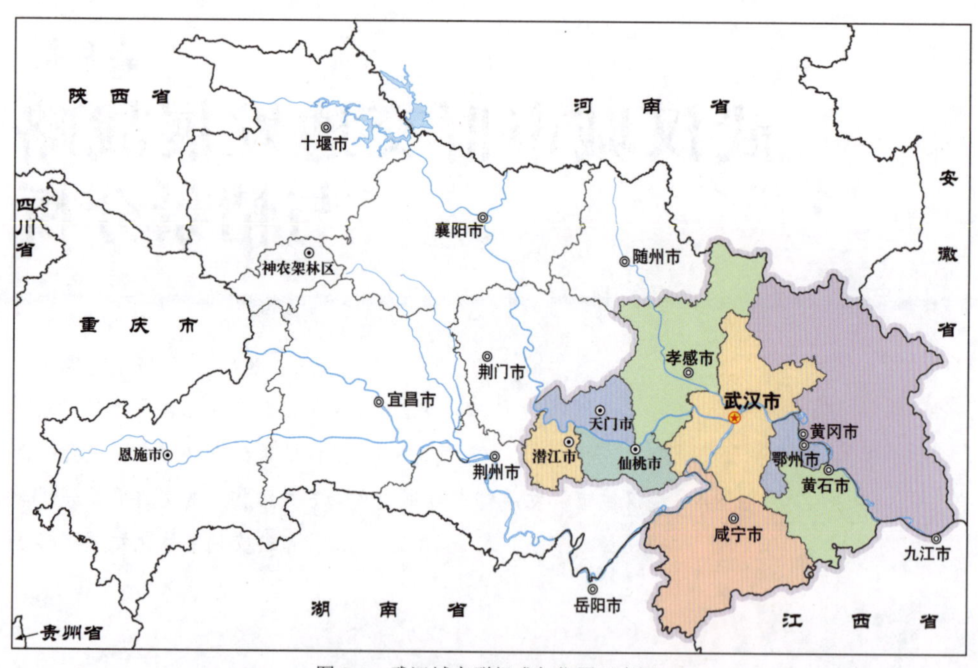

图8-1　武汉城市群组成与位置示意图

2013年，武汉城市群常住人口3 073万人，其中城镇人口1 817万人，城镇化率达59.1%。地区生产总值达15 630亿元，第一、二、三产业值分别为1 491亿元、7 767亿元和6 371亿元，人均GDP达5万元。武汉城市群人口和GDP分布如图8-2所示。武汉城市群以不到湖北全省三分之一的面积，集中了湖北省一半的人口、六成以上的GDP总量。武汉城市群主要社会经济指标见表8-1。

武汉城市群主要经济社会指标(2013 年)　　表 8-1

指　　标	武汉市	黄石市	鄂州市	孝感市	黄冈市	咸宁市	仙桃市	潜江市	天门市	合计	全省	比例(%)
土地面积(平方公里)	8 494	4 583	1 594	8 910	17 446	9 861	2 538	2 004	2 622	58 052	189 500	31
常住人口(万人)	1 022.00	244.50	105.70	485.30	625.19	248.50	118.49	95.24	128.90	3 073.82	5 799	53
城镇人口(万人)	—	—	—	—	—	—	—	—	—	1 816.69	3 163.03	57
城镇化率(%)	—	—	—	—	—	—	—	—	—	59.1%	54.5%	108
地区生产总值(亿元)	9 051.27	1 142.03	630.94	1 238.93	1 332.55	872.11	504.28	492.70	365.19	15 630.00	24 668.49	63
第一产业(亿元)	335.40	95.21	78.51	243.13	356.79	162.90	80.17	65.00	74.30	1 491.41	3 098.16	48
第二产业(亿元)	4 396.17	699.20	375.08	602.31	521.28	423.09	268.77	290.97	190.04	7 766.91	12 171.56	64
第三产业(亿元)	4 319.70	347.62	177.35	393.49	454.48	286.12	155.34	136.73	100.85	6 371.68	9 398.77	68
人均地区生产总值(元)	89 000	46 750	59 791	25 582	21 348	35 166	42 559	51 787	27 792	50 940	42 613	120
全社会固定资产投资(亿元)	5 974.53	947.69	567.19	1 215.35	1 365.57	953.00	306.78	303.26	260.75	11 894.12	20 753.9	57
地方公共财政预算收入(亿元)	978.52	78.36	38.43	89.05	79.98	58.71	21.00	20.00	15.02	1 379.07	2 191.22	63
民用汽车拥有量(辆)	—	120 424	97 021	132 075	202 439	122 510	47 379	124 011	37 249	2 203 879	3 636 753	61
社会消费品零售总额	3 878.60	461.03	205.10	602.64	626.41	320.64	202.50	131.56	202.40	6 630.88	10 885.9	61
进出口总额(亿美元)	217.52	28.53	4.92	10.25	5.36	3.36	6.64	4.14	0.67	281.38	363.9	77

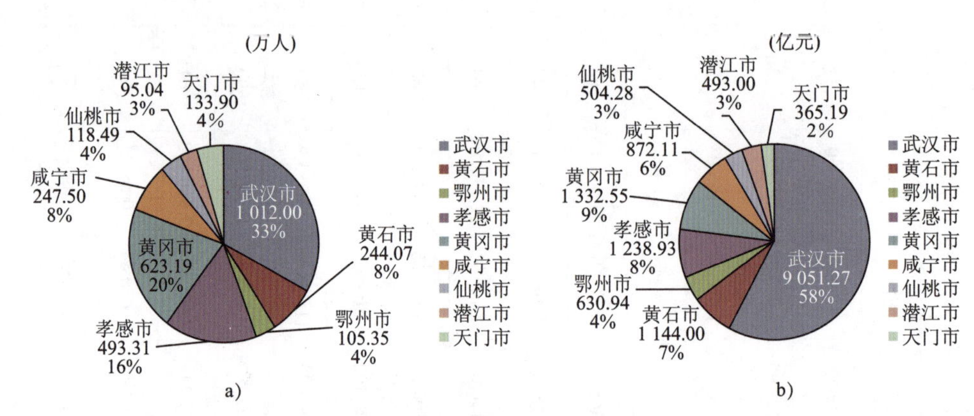

图 8-2　武汉城市群人口和 GDP 分布

a)常住人口；b)地区生产总值

在武汉城市群 9 个城市中，武汉市占武汉城市群总人口的 33%，生产总值比例却达到了 58%，处于龙头地位。2013 年末，武汉市常住人口 1 022 万人，其中户籍人口 822.05 万人，非农业人口为 555.6 万人，常住人口城镇化率约 75% 左右，户籍人口城镇化率约 67.6%。2014 年，武汉市 GDP 首次突破万亿，达到 10 069.48 亿元，在全国排第 8 位（图 8-3）。

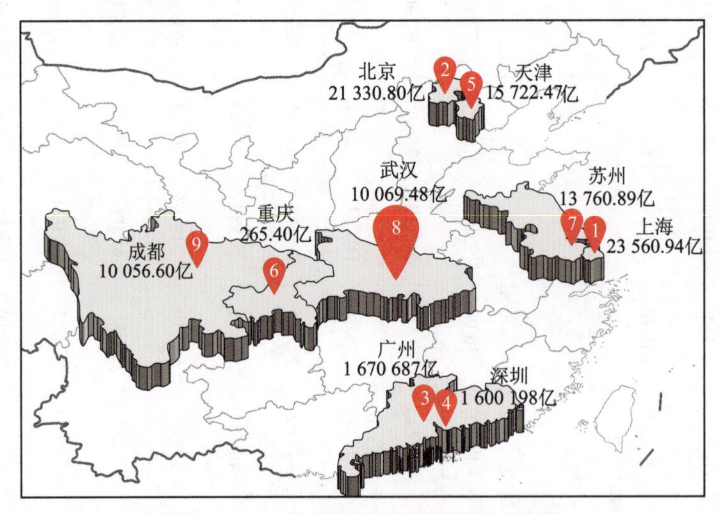

图 8-3　2014 年全国 GDP 过万亿城市分布图

从武汉城市群城镇体系结构来看，正式成员包括 1 个副省级城市、5 个地级市、3 个省直辖县级市、7 个地级市辖县级市和 15 个县。武汉城市群城市等级结构一览表见表 8-2。现状城镇体系缺少中间层次，城镇结构有待优化。

武汉城市群城市等级结构一览表　　表 8-2

级　别	规　　模	数量	名　　称	平均人口规模（万人）
超大城市	>1 000 万	1	武汉	1 022
中等城市	50 万～100 万	1	黄石	77
Ⅰ型小城市	20 万～50 万	7	7 个地级市首府	28

续上表

级　别	规　　模	数量	名　　称	平均人口规模(万人)
Ⅱ型小城市	10 万～20 万	15	8 个县级市、4 个区首府、4 个县城	13
	<10 万	13	2 个区首府、11 个县城	7

另一方面,武汉城市群“扩容”的需求和趋势也日益加大(图 8-4)。2008 年 7 月,湖北省正式将洪湖接纳为武汉城市群“观察员”,参加城市群实际活动。2008 年 9 月,湖北省正式批准京山县为武汉城市群“观察员”。2009 年 2 月,广水被批准为“观察员”。2012 年 9 月,荆州监利县被批准为武汉城市群“观察员”。目前,荆州正在积极争取纳入武汉城市群。

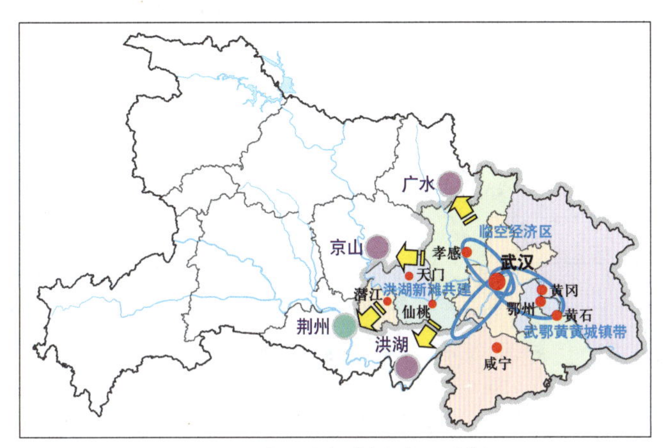

图 8-4　武汉城市群空间拓展分析

8.1.2　武汉城市群发展特征

8.1.2.1　经济总量规模偏小,整体实力有待提升

与沿海城市群相比,武汉城市群经济总量规模偏小,整体实力不强,见表 8-3。根据国际通用的划分标准,还处于 1 200～2 400 美元的工业化阶段的结构优化升级阶段,也处于世界中下等收入水平的初期。

武汉城市群与国内其他城市群的指标比较(2012 年)　　表 8-3

指 标 名 称	人均 GDP (元 / 人)	经济密度(万元 /km²)	人口密度(人 /km²)
珠江三角洲	50 017	2 481.5	493.5
长江三角洲城市群	36 051	2 754.7	765.6
京津冀城市群	20 639	738.8	358
辽中南城市群	21 956	636.5	294.5
山东半岛城市群	25 829	1 390.7	539.9
武汉城市群	12 300	658.4	529

与珠三角、长三角相比，武汉城市群外向经济相对落后，产业结构也有待调整。产业结构中传统型工业所占比重仍然很大，缺少核心技术和拥有自主知识产权的强势企业是城市群制造业发展软肋，三产业比重小，尤其新兴服务业（金融、保险、信息咨询、法律服务、旅游服务等）所占比重还比较低。武汉城市群各城市的外向经济指标见表 8-4。

武汉城市群各城市的外向经济指标（2013 年） 表 8-4

城　　市	地区生产总值（亿元）	对外进出口总额（亿元）	外贸依存度（%）
武汉市	9 051.27	1 316.71	14.55
黄石市	1 144	73.24	6.40
鄂州市	630.94	29.66	4.70
孝感市	1 238.93	62.05	5.01
黄冈市	1 332.55	32.43	2.43
咸宁市	872.11	21.73	2.49
仙桃市	504.28	38.80	7.69
潜江市	493	31.54	6.40
天门市	365.19	4.05	1.11

8.1.2.2　中心城市首位度高，发展不平衡问题突出

武汉近几年首位度已经超过 6，武汉市地区生产总值占武汉城市群总量的 58%。武汉市与 1+8 城市群的联系量（图 8-5）占湖北省总通讯量的 14%；城市群各城市与武汉关联密切；外围城市之间联系相对松散。高的首位度既是城市群发展的优势，形成发展的"向心力"和集聚带动作用的同时，也形成了周边城市实力普遍弱小、城市群梯级层次不合理、城市功能相互趋同的局面。武汉城市首位度与其他城市比较见表 8-5。武汉城市群人口密度、人均 GDP、城镇密度和城镇化率的空间分布如图 8-6 所示。

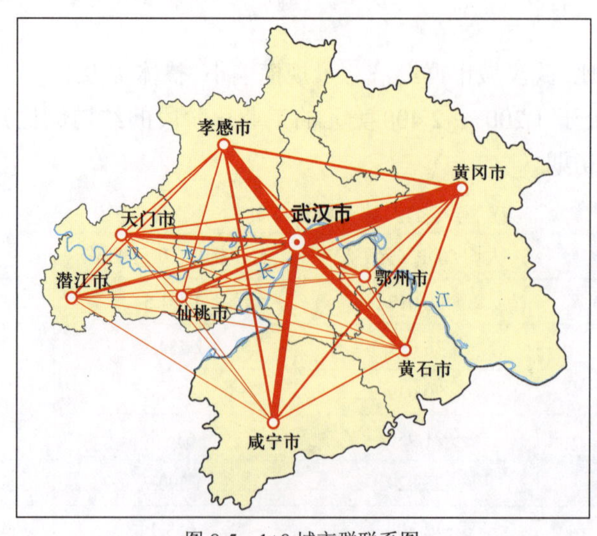

图 8-5　1+8 城市群联系图

武汉城市首位度与其他城市比较　　　　表 8-5

城市	武汉	北京	上海	广州
城市首位度	6.8	1.4	1.9	1.8

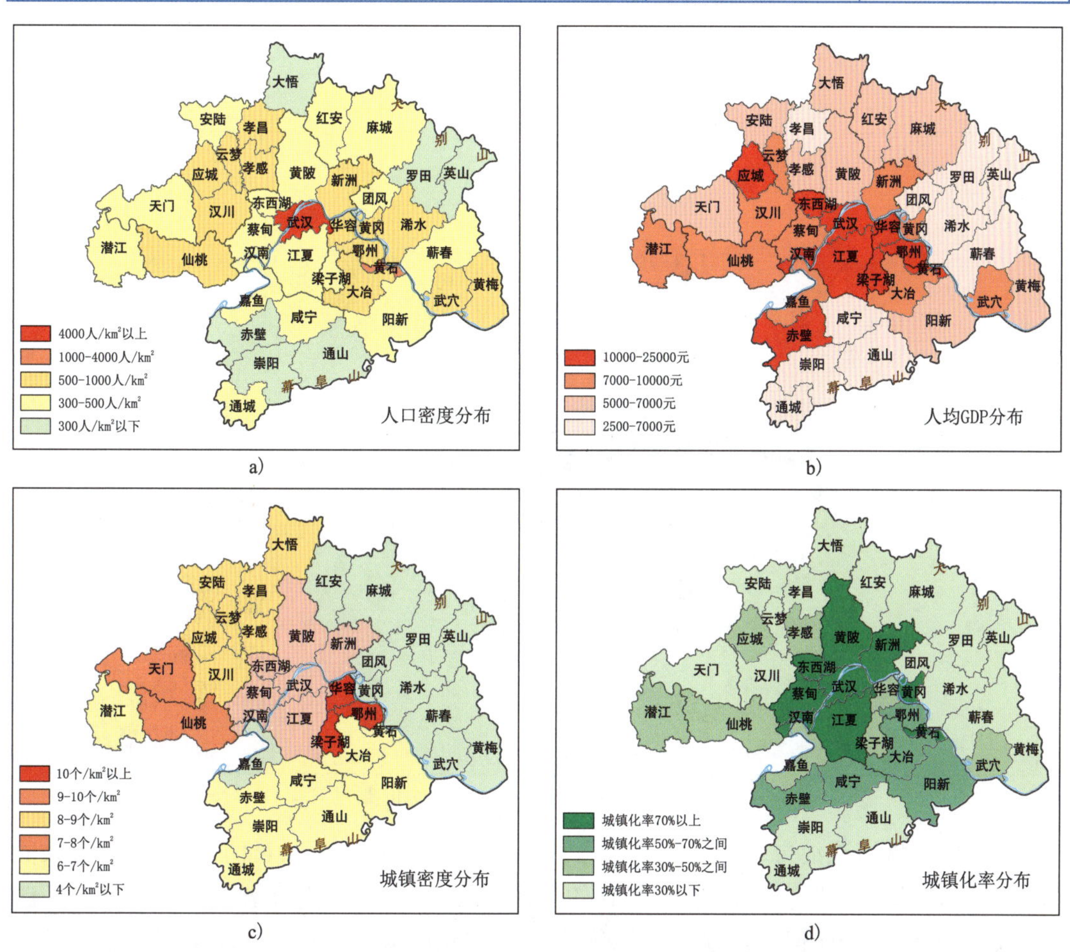

图 8-6　武汉城市群人口密度、人均 GDP、城镇密度和城镇化率的空间分布

a)人口密度分布；b)人均 GDP 分布；c)城镇密度分布；d)城镇化率分布

目前，武汉市已经形成 11 个主导产业和 6 个千亿产业集群。2013 年，11 个主导产业总产值 10 193 亿元，占全市的 98%，6 个千亿产业共 8 187 亿元，占全市 79%。在“四大板块”产业驱动下，武汉城市空间结构正由主城强核发展向都市发展区一体化发展强势迈进。初步形成四个工业空间集聚区。大汽车、大光谷和大临港板块已初显雏形，大临空板块呈现园区化发展，即将进入板块化发展阶段。

按照“极化—反哺—辐射—区域带动”的发展理论，武汉市工业产业门类全覆盖，尚处于极化阶段，对城市群其他城市形成遮蔽效应。武汉城市群整体上强干弱枝、产业缺乏区域带动，武汉一枝独秀，二级城市难以发挥竞争优势，差距悬殊，难以形成相互支撑和协作的局面。

8.1.2.3 整体空间结构分散，局部呈现城镇连绵发展带

武鄂黄黄城镇连绵带、大临空经济区板块和孝感临空经济区，不仅与武汉的空间距离较短，与武汉接壤处已逐步出现了城镇连绵带的发展趋势，而且也是未来城市群重点发展的区域（图 8-7），因此这些地区未来将有可能出现打破既有行政界线，与武汉同城化发展的趋势。

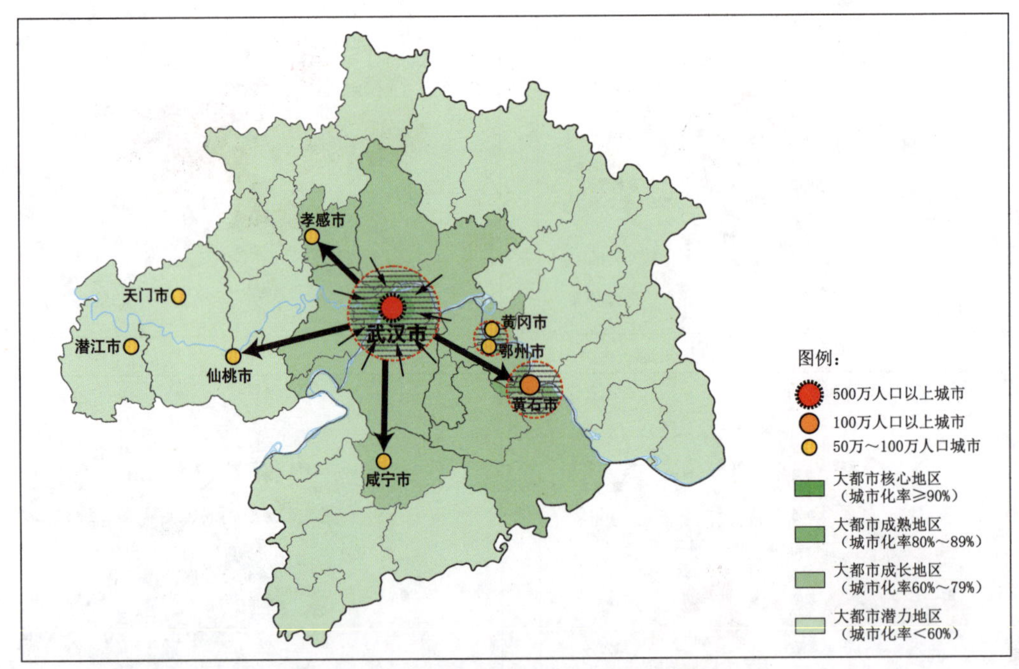

图 8-7　武汉城市群现状空间结构分析图

武鄂黄黄城镇连绵带即以武汉东部组群、鄂州市区、黄石市区、黄冈市区为主体，共同构成的城镇连绵带，是武汉城市群城镇化的主体和核心密集区。沿沪汉蓉高速公路—长江黄金水道，由武汉延伸至鄂州、黄石，是武汉城市群现状城镇经济实力最为雄厚、产业基础最好的一条产业发展带，也是交通条件最好、最具发展潜力的地区，规划以交通为导向，突出城镇、产业的集聚，形成的沿江城镇、产业、交通复合的城镇连绵带。

根据《武汉建设国家中心城市重点功能区体系规划》和《武汉市四大板块综合规划》，未来武汉将打造“大临空”板块（图 8-8），“大临空”板块的发展目标为国家重要的临空现代制造业基地和国际航空港，促进中部崛起的国际临空新城和中部地区的航运中转、周转中心，武汉城市群“港、产、城”一体化的示范区和武汉市西北部的经济增长。

根据《武汉市大临空板块综合规划》和《孝感市城市总体规划》，在孝感市区毗邻天河机场的地区，打造孝感临空经济区（图 8-9），与武汉共建临空经济区。《孝感市城市总体规划》提出联合临空经济区、孝感和云梦打造孝感主城带城镇密集发展带。该地区具有较为突出的人口集聚能力和社会经济发展优势，是孝感市区未来发展的重要发展带，也是促进孝感融入武汉，打造汉孝一体化“隆起带”的重要战略地区。

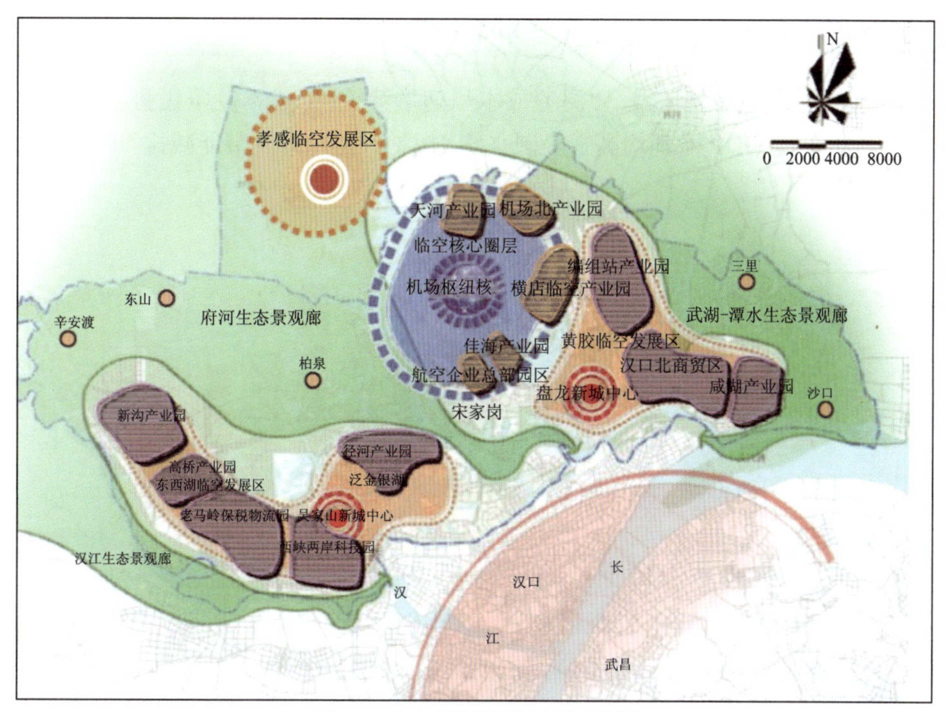

图 8-8　大临空板块规划布局示意图

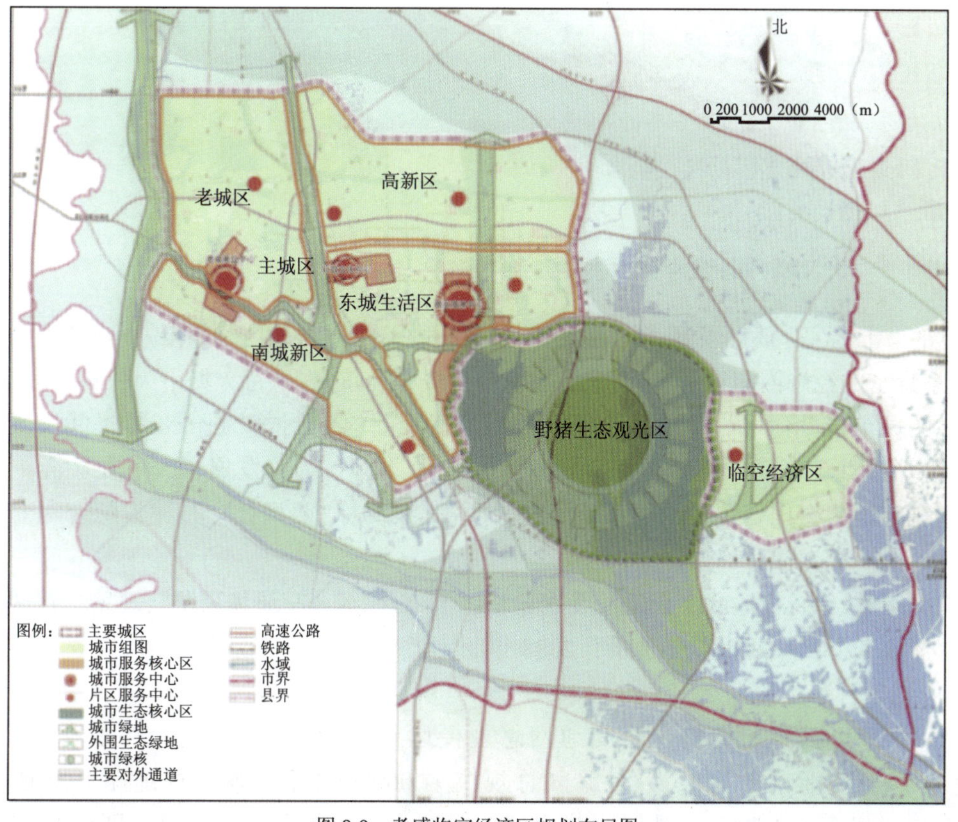

图 8-9　孝感临空经济区规划布局图

8.1.2.4 资源环境矛盾日益凸显和加剧

历年城市群统计年鉴显示，综合商务成本呈递增势头，低成本竞争优势正在受到削弱，城市群各个城市单位 GDP 能耗均高于全国平均水平（图 8-10），“节能减排”压力增大。

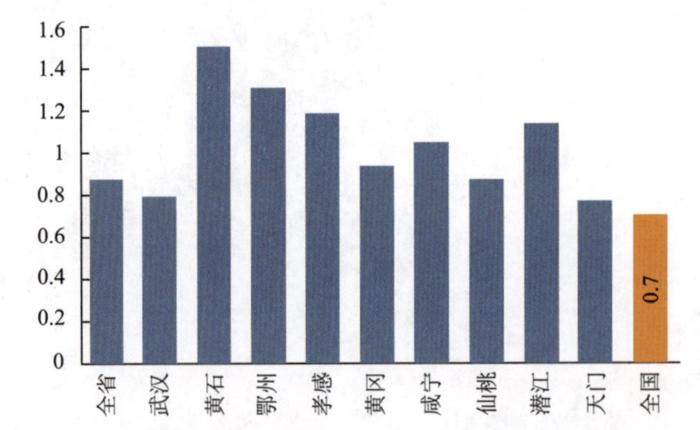

图 8-10 武汉城市群各城市的单位 GDP 能耗（单位：吨标准煤 / 万元）

与此同时，武汉城市群耕地资源相对欠缺，人均耕地面积逐年减少，不及全国平均水平 0.106 公顷的一半，低于联合国粮农组织提出的最低警戒线。

8.2 武汉城市群交通发展现状与规划

8.2.1 城市群既有规划回顾

8.2.1.1 武汉城市群综合交通发展规划（2010—2020 年）

党的“十七大”报告强调，要“遵循市场经济规律，突破行政区划界限，形成若干个动力强、联系紧密的经济圈和经济带”“以增强综合承载力为重点，以特大城市为依托，形成辐射作用大的城市群，培养新的增长极”。湖北省第九次党代会要求，“进一步推进武汉城市群一体化，形成九市联动、共同发展的格局”。2007 年 12 月，国家发展和改革委员会正式批准武汉城市群为全国资源节约型和环境友好型社会（简称“两型社会”）建设综合配套改革试验区。

根据国家《综合交通网中长期发展规划》《“十一五”综合交通体系发展规划》与《武汉城市群总体规划纲要》，湖北省交通厅于 2008 年制定了《武汉城市群综合交通发展规划》。

（1）规划目标

到 2012 年，武汉城市群综合交通网总规模达到 79 500km（不含空中航线、城市内道路）。综合交通网的构成为：公路网总规模 71 000km（不含城市内道路），高速公路 2 000km，一级公路 1 100km；铁路网总规模 1 768km，复线率和电气化率分别达到 85% 和

92%，其中铁路客运专线和城际轨道交通线路 639km；城市轨道交通线路 73km；高等级航道 730km，五级以上航道 1 200km；港口货物吞吐能力达到 1.18 亿吨以上，其中集装箱吞吐能力达到 200 万标准箱；武汉机场吞吐规模力争在区域性枢纽机场中名列前茅，国内机场吞吐量排名进入前十位；国际航线达到 5 ～ 10 条，国内航线达到 100 条左右；高压、次高压油气管道 2 996km。武汉城市群综合交通发展与经济社会发展的关系由“基本缓解”向“总体适应”跨越。

到 2020 年，武汉城市群综合交通网总规模达到 89 000km（不含空中航线、城市内道路）。综合交通网的构成为：公路网总规模 80 000km（不含城市内道路），高速公路 2 500km，一级公路 2 000km；铁路网总规模 2 230km，复线率和电气化率分别达到 88% 和 95%，其中铁路客运专线和城际轨道交通线路 928km；城市轨道交通线路 227km；高等级航道 800km，五级以上航道 1 800km；港口货物吞吐能力达到 1.78 亿吨以上，其中集装箱吞吐能力达到 320 万标准箱；武汉机场旅客吞吐量规模达到 5 000 万人次，货邮吞吐量规模达到 200 万吨；高压、次高压油气管道 3 130km。武汉城市群综合交通发展与经济社会发展的关系由“总体适应”向“全面适应”或“适度超前”跨越。

（2）重点发展内容

根据城市群发展战略和“两型社会”建设的要求，立足于充分发挥城市群综合交通发展的突出优势，以推进城市群综合交通一体化为抓手，率先实现“五大突破”：率先在推进武汉新港建设上取得突破；率先在加快城市群道路运输一体化发展上取得突破；率先在铁、公、空等重点交通工程建设上取得突破；率先在优化各种交通方式的衔接上实现突破；率先在打造“两型交通”实践上取得突破。

（3）规划方案

根据《武汉城市群“两型社会”建设综合配套改革试验总体方案》的要求及《武汉城市群总体规划纲要》中确定的城镇和产业布局规划，结合国家有关交通规划在城市群内的布局特征，通过“完善七通道”适应城市群轴向辐射的城镇空间布局，形成向外连接周边中心城市、城市群和区域经济中心的放射状通道布局，为武汉城市群承接沿海发达地区产业转移，实现跨区域的经济交流与协作提供快进快出和大进大出的运输保障；通过“构筑三圈”适应城市群梯度推进的圈层发展战略，形成连接城市群各市的环型放射状网络，实现对各运输通道的有效连接，为城市群内城市共同发展，参与区域产业分工协作提供交通运输支持；通过“打造六枢纽”加强通道和各圈层的联系，促进各交通方式的优化衔接和协调配套发展，和整体效益的发挥；通过“建设一系统”完善城市群交通发展的保障体系，促进各交通方式的信息共享和系统融合发展，提高交通基础设施的服务能力和运行效率。即按照“完善七通道、构筑三圈、打造六枢纽、建设一系统”的思路构建一体化的武汉城市群综合交通体系。

8.2.1.2　武汉城市群区域发展规划（2013—2020 年）

为全面落实党的十八大和十八届三中全会、中央城镇化工作会议精神，加快转变经济发展方式，全面深化改革，根据《国务院关于大力实施促进中部地区崛起战略的若干意见》（国发〔2012〕43号）和国务院批复的《武汉城市群资源节约型和环境友好型社会建设综合配套改革试验总体方案》（国函〔2008〕84号）精神，湖北省发展和改革委员会（省发展战略规划办）组织编制了《武汉城市群区域发展规划（2013—2020年）》，以指导和推进武汉城市群资源节约型和环境友好型（以下简称“两型”）社会建设。规划期为2013—2020年，分近期和远期两个阶段，近期到2015年，远期展望到2020年。

（1）规划目标

到2015年，武汉城市群经济社会发展更加协调，经济持续健康发展，城镇化发展质量稳步提升，产业结构持续优化，培育一批“两型”企业，战略性新兴产业和高技术产业快速发展，努力实现居民收入增长与经济发展同步，基本公共服务水平和均等化程度全面提高，水、大气、土壤等污染防治成效显著，城乡居民生活条件明显改善，资源节约集约利用水平显著提高，科技、金融、财税、土地等支撑“两型”社会建设的重点领域和关键环节体制改革取得突破性进展，初步形成节约资源和保护环境的产业结构、增长方式和消费模式，在科学发展、改革创新、扩大开放、保护环境和改善民生等方面走在中西部地区前列。

到2020年，率先建成有利于科学发展的体制机制，形成比较完善的现代市场体系、自主创新体系、社会保障体系和基本公共服务体系，政府公共服务职能不断加强，基本形成城乡、区域一体化发展新格局，转变经济发展方式取得重大进展，人口资源环境与经济社会协调发展，成为城乡经济繁荣、生态环境优良、社会文明和谐、人民生活富裕，在全国具有重要影响力的城市群。

（2）发展重点

此次规划提出构建现代综合交通运输体系，发展重点包括以下两项内容：

①推进城际交通网络建设。加快武汉至孝感、黄石、黄冈的城际铁路建设，研究并适时启动武汉至天门（延伸至京山）等城际铁路建设，形成城际铁路网。加快城市群内国家高速公路网建设，形成以武汉为中心的高速公路环形和放射状路网布局。进一步提高普通国省干线的覆盖范围，加大国省干线改造力度。着力完善农村公路网结构，提升整体服务能力。强化铁路、公路、水路、民航等多种运输方式的衔接，形成网络完善、布局合理、运行高效的一体化综合交通运输体系，建设1h城市群。

②加快综合交通枢纽建设。按照客运零距离换乘和货运无缝化衔接的要求，加强各种运输方式衔接配套，加快形成全国铁路网重要枢纽、国家公路运输枢纽、区域性枢纽机场和长江中游航运中心。重点建设咸宁站、鄂州站、孝感北站等铁路站点和武汉市内轨道交通，加快建设公路客货运站、交通物流设施及相关集疏运线路，推进武汉港、黄石港等港口专业化、规模化、现代化港区建设以及长江等内河高等级航道建设，完成天河机场三期扩建等工程。优先发展城市公共交通。优化运输结构和场站布局，提升运输服务能力。加快交通信息化进程，推广应用智能交通系统。

（3）规划方案

规划提出构建“一核一带三区四轴”区域发展格局。

"一核"即武汉都市发展区。全面提升武汉中心城市功能，着力建设国家重要的创新中心、先进制造业中心、商贸物流中心，打造生态宜居武汉、文明武汉、幸福武汉。

"一带"即鄂（州）黄（石）黄（冈）组群。以鄂州市区、黄石市区、黄冈市区为主体，加强城市空间和功能对接，打造产业集聚走廊，培育黄石成为区域副中心城市，形成武（汉）鄂（州）黄（石）黄（冈）城市带。

"三区"即仙（桃）潜（江）天（门）、孝（感）应（城）安（陆）、咸（宁）赤（壁）嘉（鱼）3个城镇密集发展区，培育孝感成为区域副中心城市，重点推进产业协作、功能互补，加强基础设施共建共享和生态环境共建共保，增强生产要素集聚能力，成为武汉城市群的重要支撑。

"四轴"即以交通为导向，以城镇为依托、以产业为支撑的4条区域发展轴。东部发展轴对接环鄱阳湖城市群、皖江城市带，西部发展轴对接宜（昌）荆（州）荆（门）城市群，西北发展轴对接襄（阳）十（堰）随（州）城市群，南部发展轴对接长株潭城市群。围绕四条发展轴，加强高速公路、铁路、水运交通基础设施建设，推进城市功能整合，促进产业和人口集聚发展，成为武汉城市群拓展功能、发展辐射带动作用和对接圈外空间的重要通道和载体。

8.2.1.3　武汉城市群综合交通一体化发展研究（2007—2020年）

在"中部崛起"的历史发展背景下，湖北要成为促进中部地区崛起的重要战略支点，必须加快工业化、城市化步伐。在区域经济一体化发展的大趋势下，以武汉为龙头，带动周边1h交通范围内的黄石、黄冈、鄂州、咸宁、孝感、仙桃、潜江、天门8市发展，形成武汉城市群，依托运输体系整合区域资源、优化经济结构，带动更大区域范围的经济协同发展，是21世纪建设小康社会的必然选择。

2007年，武汉市启动《武汉城市群综合交通一体化发展研究》，兼顾考虑交通建设的时效性和交通发展的战略性，研究期限确定为2007—2020年，其中2007—2012年为近期，2012—2020年为远期。

（1）规划目标

总体战略目标为：遵循交通发展的客观规律，以区域协调发展为目标，坚持高起点、高标准、可持续原则，建设一个布局协调、衔接顺畅、安全便捷并且高效可靠的现代化综合交通运输体系，使之成为支撑经济运行、促进社会发展必不可少的重要基础，为武汉城市群全面发展、中部崛起发挥重大功效。

（2）重点发展内容

高速公路网络是区域运输网络主骨架的重要组成部分，是区域共同的资源，其规划必须构筑在区域和综合的观念之上。作为交通骨架之一的高速公路网络，应服务并服从于区域发展、综合运输系统发展，与经济发展相协调，与城市群城镇体系和产业空间布局相协调。交通运输与国民经济之间存在着"交替推拉关系"。城市群形成和发展首先沿主要交通轴线集聚，然后呈带状向外扩展，交通主轴往往也是城镇空间的经济发展轴。

公路交通是综合运输系统的组成部分，应支持综合运输发展战略，其规划应着眼于建立现代化多方式、多层次的综合交通运输体系。国际航空港、航运中心和重要港口以及客货运输综合枢纽，是区域共同的基础设施资源。通过高速公路集疏运网络和快速集疏运通道在更大范围内发挥枢纽吸引和转换作用，不仅有利于改善区域综合运输服务水平，有利于提供多样化的运输服务，也有利于提高重大枢纽型设施的建设效益。依托高速公路和城市快速道路网络，将为建立完整的有多种交通选择的快捷、方便、安全、舒适、可靠的综合交通运输体系提供基础设施条件。

在以上 3 个层次上，武汉城市群将形成“两环十三射六联线”的公路网骨架系统。“两环”即：武汉市外环、由大广高速—赤武高速—仙洪赤高速—随岳高速—随麻高速组成的高速环线；“十三射”即：京珠高速（北段、南段）、武麻高速、武英高速、武鄂高速、关葛高速、武黄高速、青郑高速、汉洪高速、汉蔡高速、沪渝高速、福银高速、汉天高速；“六联线”即：应天潜高速、天仙高速、嘉通高速、咸大高速、杭瑞高速、黄鄂黄高速。

提升武汉铁路枢纽作为全国 4 大铁路枢纽、6 大客运中心之一的地位。积极配合国家搞好京广、沪汉蓉快速客运铁路干线和沪汉蓉沿江铁路三大干线建设，搞好京广线、京九线、汉丹线、武九线等干线的改造扩能工程。

轨道交通是现代国际大都市区的交通骨干，利用武汉城市群现有铁路富裕能力并尽量兼顾区域客运需求，规划形成以武汉为中心，以城市群内的 8 个城市为一级辐射区域，以九江、合肥、郑州、襄樊、宜昌、长沙为第二级辐射区域的“圈层 + 轴向式”布局结构。

根据经济发展水平和客运需求，初步设想开行城际列车的线路有：利用汉丹线开辟武汉—孝感—襄樊、利用沪汉蓉客运通道开辟武汉—仙桃—荆州—宜昌、利用武广线开辟武汉—咸宁—长沙、利用武九线开辟武汉—鄂州—黄石—九江（可延伸至南昌）、利用沪汉蓉客运通道开辟武汉—合肥的城际列车。

近远期由于汉丹线、武九线和沪汉蓉快速客运通道等铁路能力富余，可充分利用铁路富余能力开行武昌（汉口）至襄樊、孝感、宜昌、荆州、黄石、九江等城市的城际客车以方便相关城市的旅客出行；由于沪汉蓉货运通道（汉丹线、武九线）以货为主、兼顾客运的定位要求难以满足大量开行城际客车的需要，远景可规划建设武汉—孝感—随州—襄樊、武汉—鄂州—黄石—九江间的城际客运铁路（速度目标值 200km/h）。

充分利用铁路资源，近期城际轨道可衔接的城市：武汉—孝感、武汉—鄂州—黄石、武汉—仙桃—潜江—荆州、武汉—纸坊—咸宁。

8.2.2 武汉城市群交通发展现状

8.2.2.1 已基本形成了公路主骨架网络

武汉城市群是湖北经济发展的核心区域。从客流层次看，对外客流中武汉与城市群内其他城市的客流占 41%，与城市群外的客流占 59%。目前，武汉至周边城市已建成 12 条高速公路，城市群客流呈现以公路运输为主的特征，占 88%，其中营运性长途客车占 42%；私人小汽车及非营运性客车占 46%。随着武汉城市群经济一体化加快发展，城际客流将大幅增长，武汉与周边城市已经形成的公路快速通道仍不能满足客流需求，迫切需要提供多元化的运输方式，加快大运量的城际铁路等建设。

武汉城市群的公路交通特征主要体现在 3 个层次，一是城市群交通与国家高速公路系统的衔接，二是武汉城区与城市群内城市的交通衔接，三是城市群城市之间的交通联系。

（1）城市群交通与国家高速公路系统的衔接

本层次是国家高速公路网经过武汉城市群范围的道路部分：

①首都放射线京珠高速公路；

②4 条东西横向线：沪蓉高速（上海—成都）、沪渝高速（上海—重庆）、杭瑞高速（杭州—瑞丽）、福银高速（福州—银川）；

③1 条南北纵向线：大广高速（大庆—广州）。

届时将有 6 条国家级公路从武汉城市群通过。

（2）武汉城区与城市群内城市的交通衔接

从现有的城市群交通体系来看，武汉与 8 个城市之间的交通联系，主要存在道路等级较低、进出不畅的问题，由于路网的制约，武汉与周边城市难以形成产业链和产业群，武汉的传统产业和高新技术产业也难以扩散下去。为构筑武汉市一体化快速交通骨架、促进武汉城市群全面发展、发挥中部崛起战略支点作用，武汉市规划了 8 条快速出口路，分别通往武汉城市群的孝感、鄂州、黄冈、黄石、咸宁、仙桃、潜江、天门等 8 个周边城市：

武汉—孝感（汉孝高速）：起于武汉岱黄公路桃园集附近，止于孝感市孝南区华楚湾，通往孝感，是国家规划的银（川）武（汉）大通道汉十高速公路的组成部分，与京珠高速构成通往孝感的两大通道。汉孝高速公路于 2003 年底开工，现已建成通车。

武汉—红安—麻城（武麻高速）：起于武英高速三里桥立交，终点为黄陂区夏家岗，跨武汉外环、318 国道、京九铁路武麻联络线，与武汉至麻城高速公路对接，同时与拟建的红安至武汉一级公路连接。武麻高速于 2005 年 8 月开工建设，于 2007 年底建成通车。

武汉—英山（武英高速）：起于江岸区三环线平安铺互通立交，接汉施公路、三环线、解放大道，经黄陂区三里桥镇、新洲区五湖农场等地，至终点新洲外环线周铺互通立交，与规划建设的武英高速新洲（周铺）至英山段相接。武英高速于 2005 年 8 月开工建设，于 2008 年建成通车。

武汉—鄂州（武鄂高速）：起于洪山区和平乡白马州（三环线青化互通），经和平乡桂庄湾、花山镇邹黄村等地，通往鄂州葛店，与 316 国道相接，通往鄂州，经鄂黄长江大桥连通黄冈市区。武鄂高速于 2005 年 8 月开工建设，于 2008 年建成通车。

武汉—咸宁（青郑高速）：起于三环线青菱乡，在郑店接京珠高速、沪蓉高速，通往咸宁。青郑高速于 2005 年 5 月开工建设，于 2007 年建成通车。

武汉—洪湖（汉洪高速）：起于汉阳三环线梅子路立交，跨京珠高速公路至汉南区乌金农场以南的水洪口，通往仙桃。汉洪高速于 2005 年 6 月开工建设，于 2008 年建成通车。

武汉—蔡甸（汉蔡高速）：起于三环线米粮山，与京珠高速公路相交，在侏儒山街以北接沪蓉国道，通往仙桃、潜江、天门。汉蔡高速于2005年6月30日开工建设，于2008年建成通车。

关山—葛店（关葛快速）：2006年2月，省政府规划建设关山至鄂州葛店一级公路，成为我市第8条快速出口路，起于武汉东湖新技术开发区，止于鄂州葛店开发区。关葛快速项目于2008年建成通车。

快速出口道路建成后，从武汉外环线到达这些城市只需1h，车程的缩短，无异于拉近了武汉与周边城市的空间距离。另外，武汉市绕城高速公路已基本建成，由于这条高速路距离武汉中心城区约30km，紧临周边城市而过，它不但是武汉市域外围经济区的重要连通道，也成为武汉与周边城市及周边城市之间的联系纽带，拉近了城市群内其他城市之间的距离。

（3）周边城市之间的交通网络联系

现状：周边8个城市之间直达道路少，“断头路”多，有些根本就没有道路直达，8个城市之间远未形成互为联通的交通网络，“走回头路”困扰着各个城市，从武汉出发到咸宁，再到鄂州、黄石，再到孝感、襄樊，再到荆州、宜昌，几乎每往一个方向都得先原路返回武汉，再经过放射线才能到达目的地，因此，构建武汉城市群交通网，除了武汉积极“突围”外，还需要周边城市的互动，只有连线成网，互联互通，才能发挥最大效益，武汉城市群大交通网才能最终形成，也就是要加快规划建设第3层道路系统。

规划修建随州至岳阳高速公路，以此拉通天门与潜江的直接通道。

规划随州至麻城高速公路，将随州、大悟、红安、麻城连成快速一线。

仙桃与天门过去隔江相望，规划修建天仙一级公路，修建汉江公路大桥将两个城市一桥连通。

规划经过仙桃、洪湖、赤壁，长约95km的仙洪赤高速公路，拉通咸宁到江汉平原的大通道。

规划赤壁—武穴高速公路，经阳新、通山、崇阳，接仙洪赤高速公路。

规划连通黄冈—鄂州—黄石高速公路，将黄鄂黄组团核心城市快速衔接成一体，同时与武鄂高速相连，形成城市群东部的快速交通网络。

规划连通应城—天门—潜江高速公路，快速连接城市群西部的应城、天门、潜江及云梦，并衔接汉孝高速。

建设嘉鱼—通山一级公路，连接嘉鱼、咸宁、通山一线。

建设咸宁—大冶一级公路，形成咸宁至大冶的快速连接。

在以上三个层次上，武汉城市群形成“两环十三射六联线”的公路网骨架系统，如图8-11所示。

基于高速公路、城市快速路、国道的“1+8”城市群可达性均好（图8-12），东西向联系较南北向更便捷从武汉主城区三环线出发，70min左右到达城市群内大部分城镇。但城市群城市间的快速联络通道还处于空白。

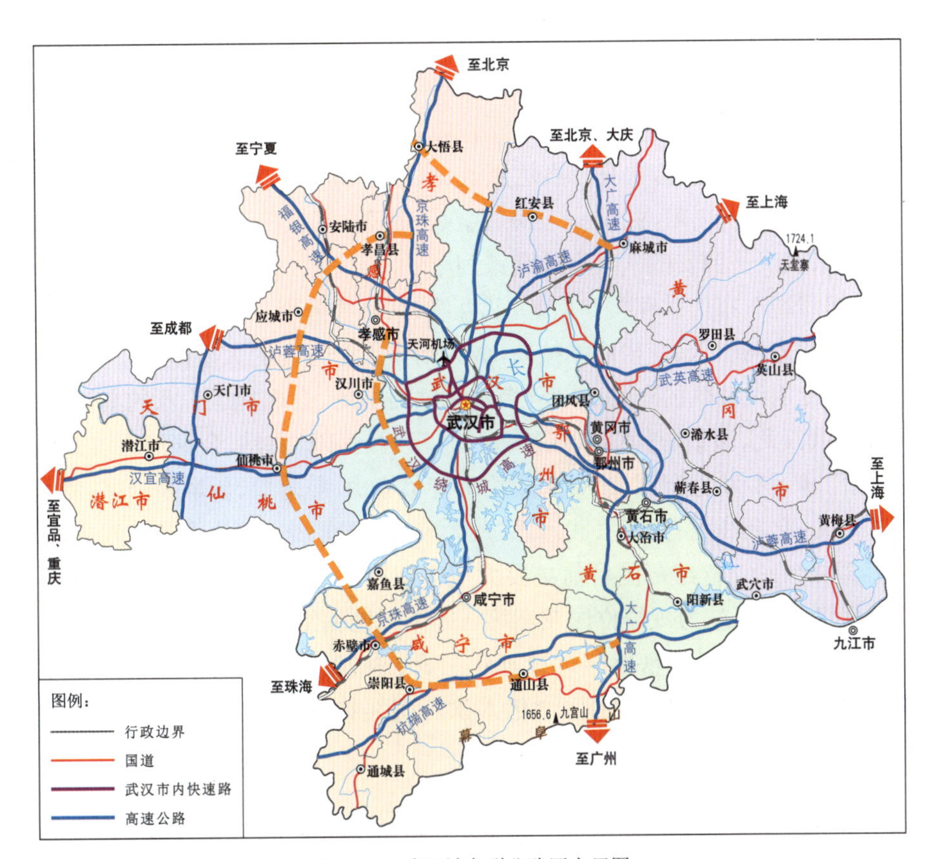

图 8-11　武汉城市群公路网布局图

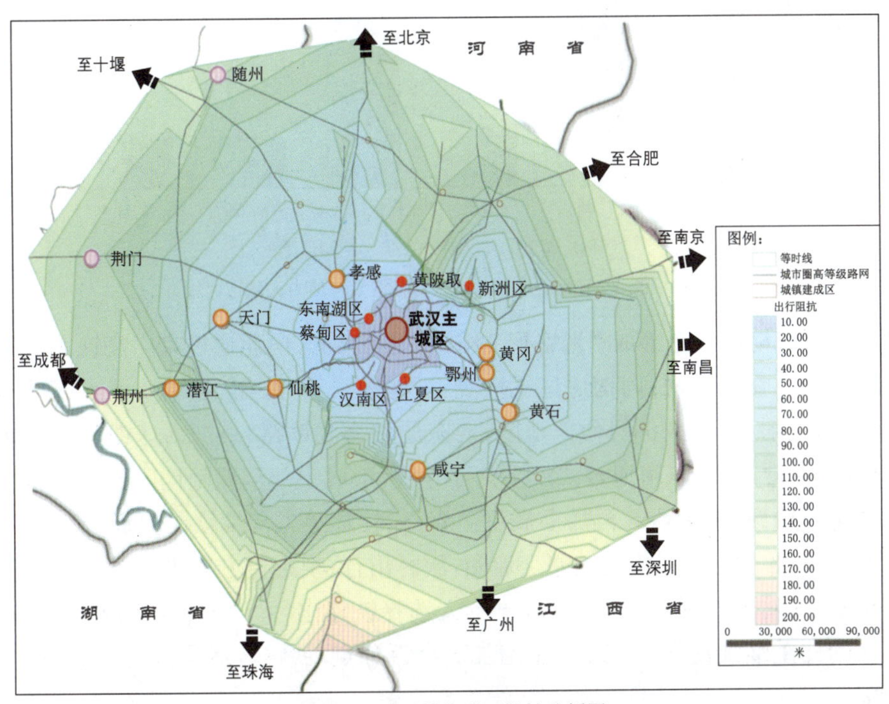

图 8-12　武汉城市群可达性分析图

8.2.2.2 以高速铁路、城际铁路为新型载体的轨道交通模式跨越式发展

(1)武汉城市群对外铁路建设

2014年7月1日起武汉首次开行直达重庆、成都的动车和沈阳、南宁的高铁,开通了武汉—北京、武汉—天津—沈阳、武汉—上海、武汉—福州、武汉广州、武汉—柳州—南昌、武汉—重庆—成都、武汉—西安的八条直达高铁列车。

武汉铁路枢纽现有京广铁路贯穿南北,武九线、武康线分别自东、西方向引入,京九铁路麻汉联络线自东北方向引入、在横店站接轨,成为衔接五个方向的大型枢纽。枢纽内既有车站26座,其中有专用线接轨的车站20座,衔接有铁路货场、办理货运作业的车站15座。京广线上有横店、武汉北、滠口、丹水池、江岸、汉口、汉西、汉阳、武昌、余家湾、武昌南、大花岭等12个站;武广客运专线上有武汉站;武康线上有吴家山、舵落口、新墩3个站;武九线上有何刘、新店2个站;北环线上有沙湖、武昌北、八大家、楠姆庙、老武东、武昌东6个站;南环线上有南湖、流芳2个站。枢纽范围目前主要大型客站有武昌站、汉口站以及2009年投入使用的武汉站,武汉北编组站为规模位居亚洲第一的路网性编组站。

武广高铁开通后,武汉的铁路客运量逐年上升,从2011—2013年,年均增长幅度超过15%,2013年较上年增长24%,达到1.2亿人次。图8-13为武汉市2011—2013年铁路客运量与国内大城市比较。

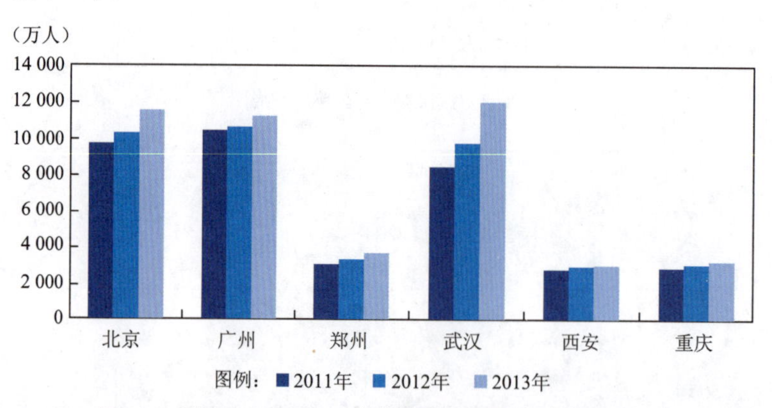

图8-13 武汉市2011—2013年铁路客运量与国内大城市比较

武汉高铁枢纽地位已经形成“米字形”结构(图8-14),向北通过京广高铁北段,连接郑州、石家庄、北京及东北路网;向南通过武广高铁,沟通长沙、广州、深圳及港澳地区;向西通过沪汉蓉铁路,辐射重庆、成都等西部地区;向东通过合武铁路、京沪高速铁路等连接合肥、南京、上海等华东地区;向东南通过武汉至九江专线,形成中部至赣闽地区的快速客运通道;西北方向动车可达襄阳、十堰。再加上武汉至青岛、桂林等方向高铁的开通,形成了辐射全国重点城市1～7h的“多环”快速铁路交通圈,旅客出行、换乘更方便快捷。

数据显示,在对外交通出行中,有近一半人选择铁路出行。2013年铁路客运量在对外交通客运中的比重继续提升,较2012年增加5个百分点,铁路客运量占对外交通客运量总量的40.9%。

图 8-14　武汉铁路枢纽分布示意图

(2)武汉城市群城际铁路建设

武汉城市群城际铁路网规划(图 8-15)于 2009 年 9 月获得国家发展和改革委员会批复。规划以武汉为核心,形成时速 200km/h 以上、“环 + 放射”城际铁路网,总长 1 190km。

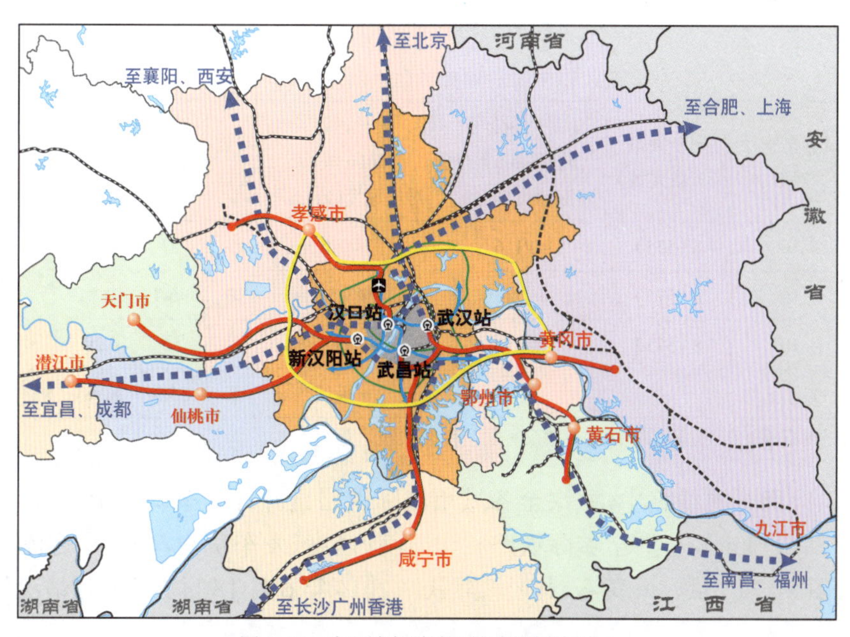

图 8-15　武汉城市群城际铁路规划线网图

目前，武汉城市群城际铁路已实施项目共 4 条。2009 年，开工建设武汉至咸宁、武汉至黄石、武汉至黄冈、武汉至孝感等 4 条城际铁路，合计里程 270.9km、总投资 434.7 亿元，共新设车站 35 个，其中武汉境内 112km。4 条城际中前 3 条已开通运营，武汉至孝感城际铁路预计于 2015 年建成通车。武汉市城际铁路网如图 8-16 所示。武汉城市群已建成城际铁路基本情况见表 8-6。

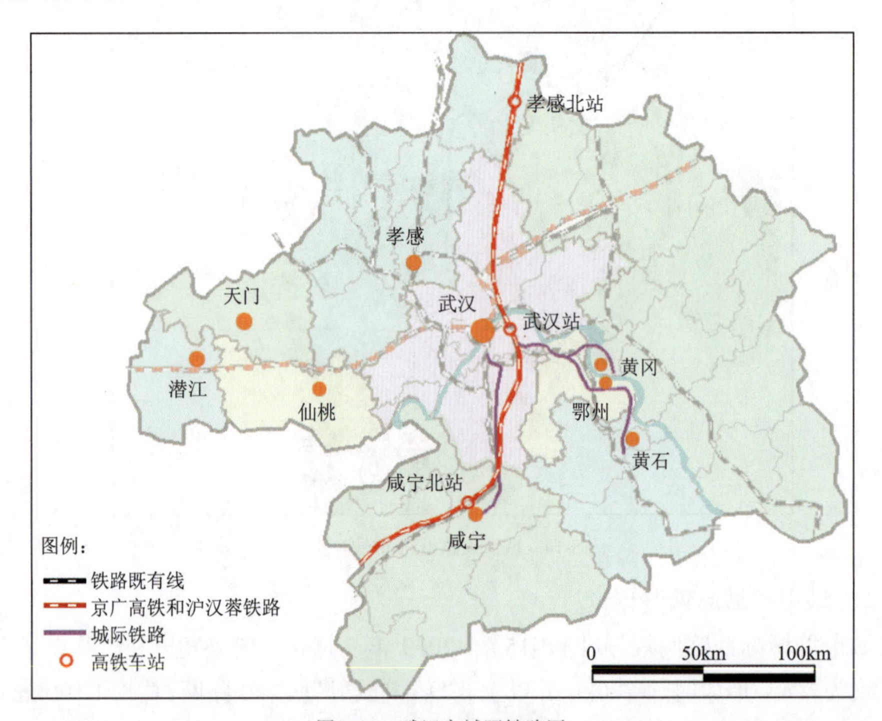

图 8-16　武汉市城际铁路网

武汉城市群已建成城际铁路基本情况　　表 8-6

城际线路名称	日列车开行对数	列车编组（满载人数）	最短运行时间(min）/对应速度(km/h）	最长运行时间(min）/对应速度(km/h）	站点数量	线路长度（km）	站点间距（km）	平均客流强度[人次/(日•km)]
武汉—咸宁	10	8（575）	40/116	97/47.6	13	77	6.42	71
武汉—黄石	10	8（575）	46/126.1	73/9.5	10	96.7	10.74	70
武汉—黄冈	10	8（575）	41/95.1	59/66.1	8	65	9.29	
				葛店南—黄冈东段	5	35.9	8.98	

注：武汉—黄石、武汉—黄冈城际铁路在武汉—葛店南段共线运营。

总体来看，已开通线路中，武汉至各城市城际铁路日开行列车均为 10 对。客流强度约 70 人次 /（日•km），与沪宁城际铁路相比，运营速度、发车班次，特别是客流强度尚有明显差距（图 8-17）。武汉—黄石、黄冈城际铁路 2014 年 6 月 18 日旅客发送情况如图 8-18 所示。

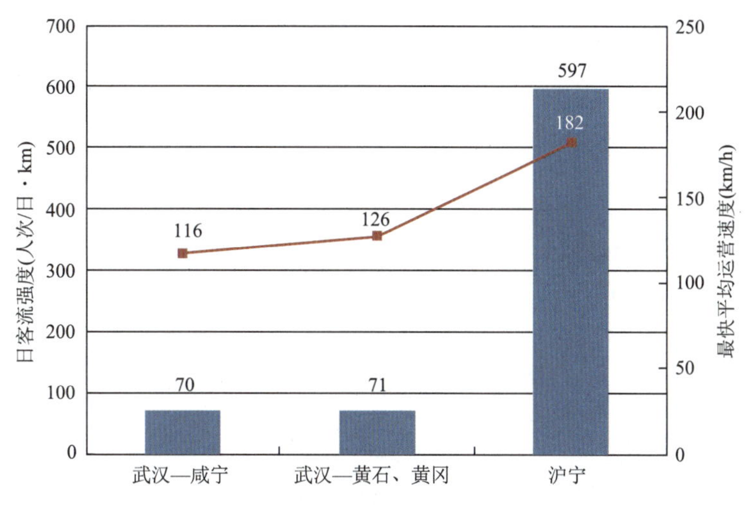

图 8-17 武汉—咸宁、黄石、黄冈城际铁路与沪宁城际铁路运营指标对比

注:数据时间 武汉—咸宁 2014 年 6 月,武汉—黄石、黄冈 2014 年 6 月 18 日—30 日,沪宁 2010 年 7 月 1 日—12 月 31 日(来源:武汉铁路局、中国铁道年鉴)。

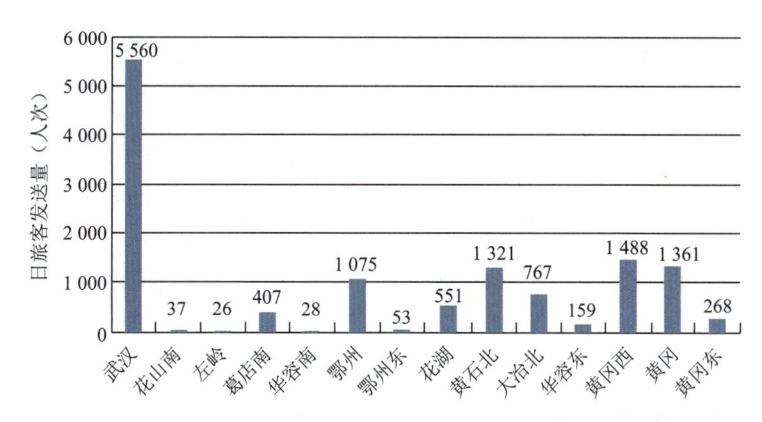

图 8-18 武汉—黄石、黄冈城际铁路 2014 年 6 月 18 日旅客发送情况

(3)武汉城市轨道交通建设

从城市轨道交通的角度,武汉市已全面进入地铁时代。现状开通城市轨道交通线路 3 条,总里程约 95km。到 2017 年建成 7 条线、215km 覆盖三镇的轨道基本网络, 2020 年总规模达到 400km (图 8-19),支撑“主城集约和新城轴向拓展”。

8.2.2.3 T3 航站楼和第二跑道全面建设,航空发展机遇大于挑战

目前武汉天河机场是武汉城市群范围唯一的机场。武汉天河机场现有跑道长度 3 400m,宽 45m,飞行区等级为 4E,旅客设计容量为 1 800 万人次,货邮吞吐能力 32 万吨。机场现有 T1、T2 两座航站楼, T1 航站楼面积约为 2.8 万 m^2,承担国际旅客流程;T2 航站楼面积 15 万 m^2,承担国内旅客流程。航空货站现有货运库建筑面积约为 2.3 万 m^2。

2013 年天河机场共有国际航线 17 条,地区航线 8 条,是中部地区拥有国际及地区航线

最多的城市。天河机场空港旅客吞吐量超过 1 500 万人次，较 2012 年增加 12.3%。客运量达到 995.3 万人次，较 2012 年增加 6.6%。

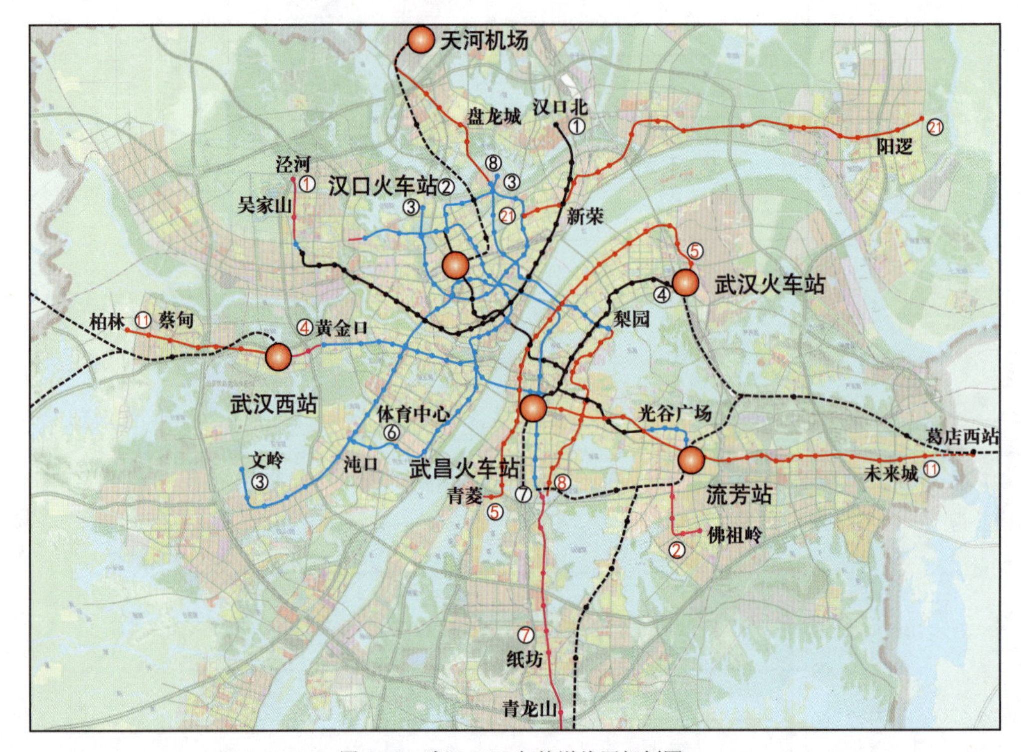

图 8-19 武汉 2020 年轨道线网规划图

按照国际机场标准，武汉天河机场将建设成为辐射全国、面向国际的大型枢纽机场和航空物流中心，建成天河机场第三航站楼和第二跑道，进行机场第三跑道的建设准备工作，加强空港配套设施建设，积极培育和发展国内国际航线。至 2020 年，形成 3 000 万人次、40 万吨货物吞吐量的年运输能力，远景发展成为拥有四条跑道的大型复合枢纽机场，考虑建设武汉第二民用机场或整合其他军用机场为民用机场的可能性。

提高天河机场进出道路疏散能力，将现有机场路改造达到高速公路标准，新建通往机场的环型高速通道，由 3 个路段组成：机场西线（新华下路－机场南门）、机场北连接线（汤家湾－机场北门）、机场东线（谌家矶－汤家湾）。同时建设天河机场与汉孝高速公路的快速联络线。

中部地区机场群激烈竞争，武汉机场区域地位有所下降，与此同时航空与高铁水平竞争程度较大，缺乏有效整合和合作机制。中部地区 3 大机场吞吐量对比如图 8-20 所示。根据民航局提供的相关数据显示，500km 以内，高铁对民航的冲击达到 50% 以上，500 ～ 800km 高铁对民航的冲击达到 30% 以上，1000km 以内高铁对民航的冲击大约是 20%，1 500km 大约是 10%，1 500km 以上没有影响。另外，天河机场缺乏公路长途客运站，无法为武汉城市群乃至湖北省的客流提供高效集散方式，大大降低天河机场对此区域旅客的吸引力。

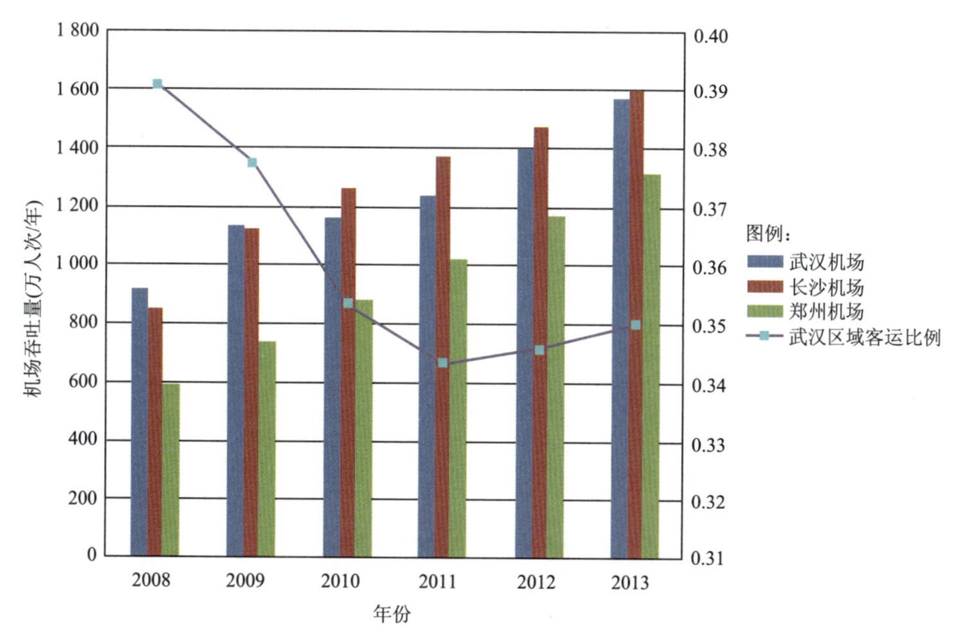

图 8-20　中部地区三大机场吞吐量对比

8.2.2.4　武汉港口建设步伐加快，黄金水道瓶颈亟待突破，航道能力有待优化提升

港口分为主要港口、区域性重要港口和一般港口 3 个层次。

（1）主要港口

主要港口是地理位置重要、吞吐量较大、对经济发展影响较广的港口，有武汉港和黄石港。

武汉港位于长江中游，是长江中游第一大港，国家一类对外开放口岸。武汉港是我国一类对外开放口岸，也是我国华中地区和长江流域的物流中心和内河航运中心。武汉港现有 16 个港区，其中分布在长江上的港区有纱帽港区、军山港区、沌口港区、杨泗港区、谌家矶港区、阳逻港区、林四房港区、金口港区、青菱港区、青山港区、白浒山港区、武汉客运港等 12 个，分布在汉江上的港区有青锋港区、舵落口港区、蔡甸港区、永安堂港区等 4 个。武汉城市群码头泊位数分布图如图 8-21 所示。2010 年，港口货物年吞吐能力 8 484 万吨，其中集装箱通过能力 150 万标准箱，商品汽车通过能力 25 万辆，最大靠泊能力 10 000 吨级。

至 2020 年，预计港口货运吞吐量达到 14 000 万吨 / 年，集装箱吞吐量达到 290 万标箱 / 年，武汉港将建设成为中部重要的近海直达港和远洋喂给港，以集装箱、汽车滚装、大宗散货运输为主的枢纽港。

黄石港位于长江中下游南岸，是长江湖北段的东南门户和水陆交通枢纽，长江中下游主要港口之一，为国家公布的一类对外开放口岸。黄石港主要经济腹地为黄石市、大冶市、阳新县及鄂州、黄冈、咸宁三市的部分区域。预测 2020 年和货物吞吐量为 1 715 万吨（其中集装箱 28 万标箱）。

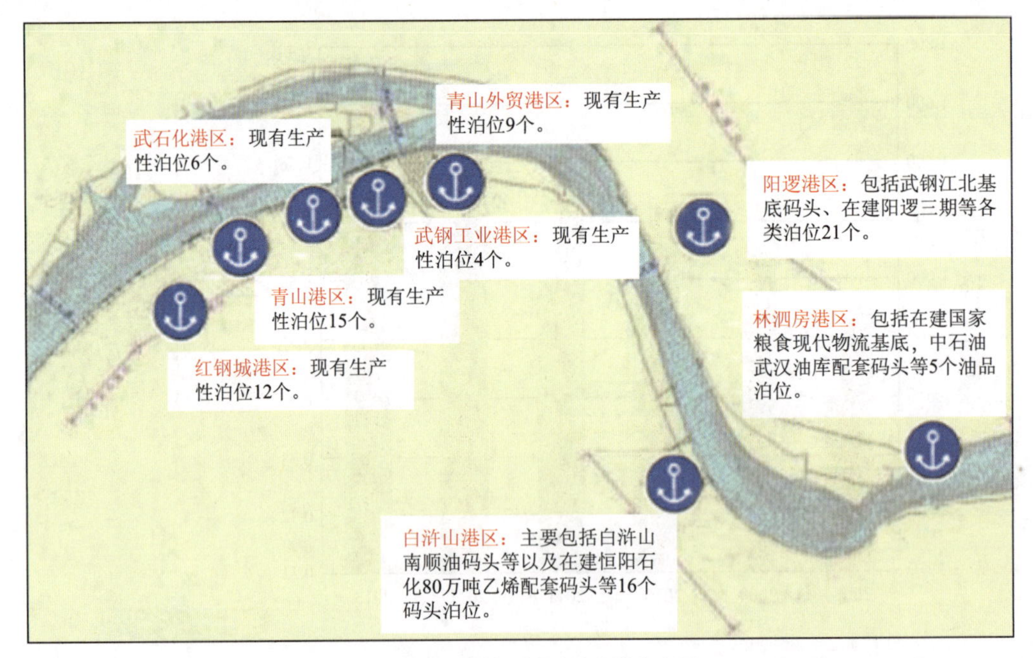

图 8-21　武汉城市群码头泊位数分布图

(2)区域性重要港口

区域性重要港口是位于水运主通道或主要通航河流上，在区域社会经济和交通运输发展中起着重要作用，在城市群范围内有 9 个区域性重要港口：长江干线有嘉鱼港、鄂州港、黄州港、阳新港、武穴港；汉江干线有潜江港、天门港、仙桃港、汉川港。一般港口有 12 个：赤壁、团风、浠水、蕲春、黄梅、云梦、安陆、应城、孝感、大冶、通山、崇阳。

(3)武汉新港

武汉新港是由武汉、鄂州、黄冈、咸宁 4 市港口岸线统一规划建设而成，目标是“亿吨大港、千万标箱”。武汉新港的左岸从武汉市黄陂区武湖窑头至黄冈蔡胡廖，岸线全长 59.72km；右岸从青山武钢运河口至鄂州长港出口，岸线全长 71.31km。港区规划用地 3 225 万 m^2。

(4)航道建设

区域航道网络初步形成，810km 高等级航道，长江干线武汉以下 4.0m 水深。现状港口能力较大，货运通过能力超过 1.5 亿吨，其中集装箱约 150 万标准箱。2013 年货运量吞吐量 1.05 亿吨，集装箱 85.28 万标箱，供应能力满足货运需求。运输货物以矿建材料、金属矿石和钢铁等大宗散杂货为主，集装箱占比相对较低。从运输成本来看，依托黄金水道发展江海联运优于海铁联运，然而受武汉—宜昌段通航能力不足的限制，导致了长江干线中游航道条件不足，制约了江海联运的发展。长江干流通航能力示意图如图 8-22 所示。

武汉城市群规划将形成“一核、一带、三区、五轴”的空间结构，其中，由客运专线、干线铁路、城际铁路、高速公路、普通国省道及长江水系航道组成的“五轴一环”综合运输通道构成了武汉城市群对外及城际交通的主骨架。“五轴”为东向连接鄂黄黄、东北向连接麻城、南向连接咸宁、西向联动仙天潜沟通宜荆荆，西北向联动孝感的五条区域发展轴，是中心城市辐射带动周边城镇的主要纽带，也是满洲里至港澳台、沿江等国家综合运输通道在城市群内的组成部分。同时，随着周边城镇之间的交流日趋密切，形成围绕武汉呈圈层环状的交通走廊，整体呈现“五轴放射线 + 环”的综合交通网络形态（图 8-23）。

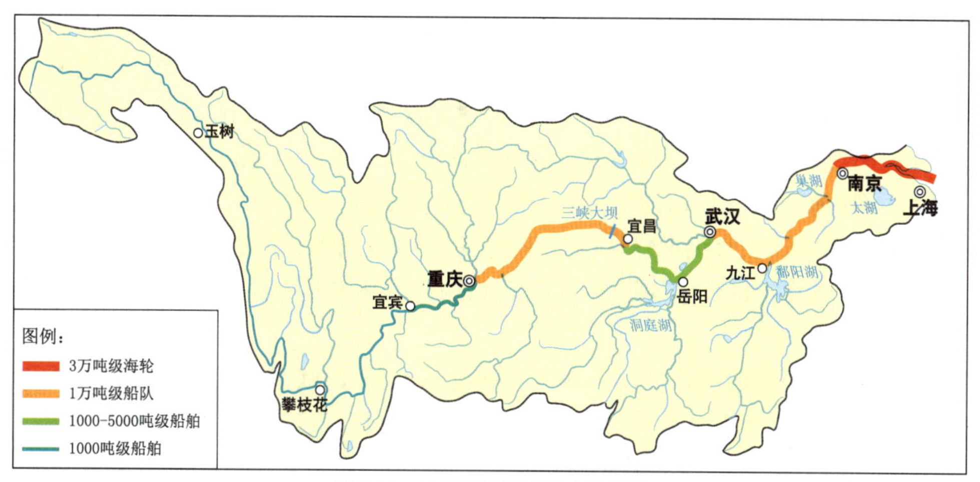

图 8-22　长江干流通航能力示意图

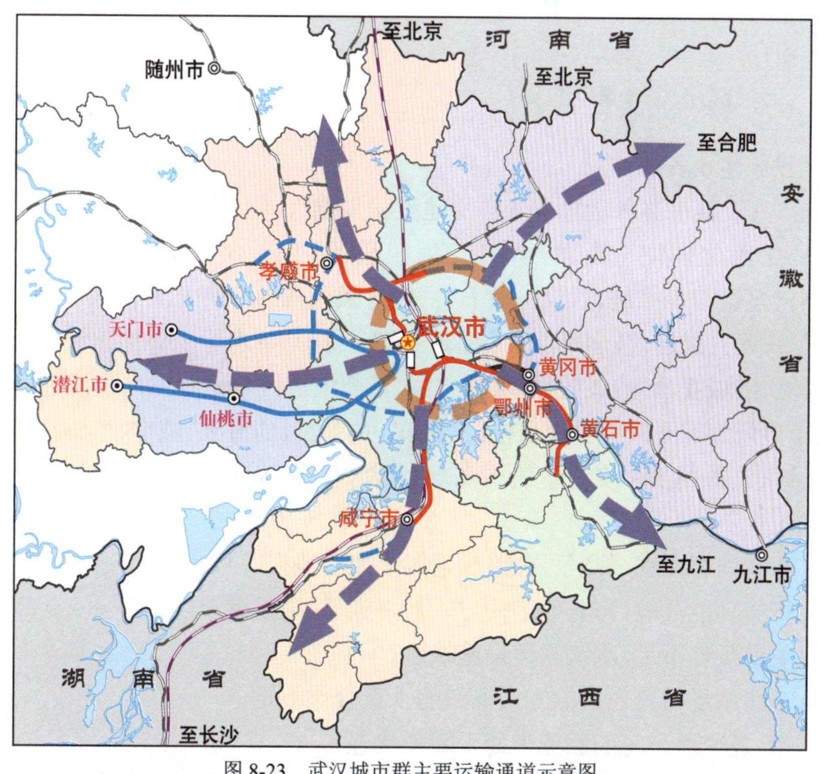

图 8-23　武汉城市群主要运输通道示意图

①武汉至黄黄鄂通道。目前通道内已有武九铁路、京九铁路、福银高速公路、大广高速公路、G316、长江等多种干线交通方式，2014 年 6 月 18 日武汉至鄂州至黄石、武汉至黄冈

城际铁路建成通车。近期规划新建武九客专（武汉至黄石段利用武黄城际）、京九客专、提高长江航道等级；远期规划新建武汉至阳新高速公路、福银高速扩容改造等项目。

②武汉至咸宁通道。目前通道内已有京广客专、京广铁路、京港澳高速公路、G107等多种干线交通方式，2013年12月28日武咸城际铁路建成通车。近期规划新建武汉至深圳高速公路、G107部分地段改建、京港澳高速扩容改造、提升长江航道等级等项目。

③武汉至宜昌通道。目前通道内已有汉宜铁路、长荆铁路、沪蓉高速公路、武荆高速公路、G207、长江等多种交通方式。近期规划新建武汉至天门城际铁路、武汉至仙桃至潜江城际铁路；远期规划新建天门至荆门至宜昌城际铁路、潜江至荆州城际铁路。

④武汉至孝感通道。目前通道内已有京广客专、武康铁路、京广铁路、汉十高速公路、G107等多种交通方式，武汉至孝感城际铁路正在建设。近期规划新建武汉至西安客运专线。

⑤武汉至麻城通道。目前通道内已有武合铁路、武麻高速公路、G106。近期规划新建麻城至六安货运铁路。

⑥环线通道。目前通道内武汉主城区环线已基本形成，联系武汉新城的武汉外环线正在逐段建设中。近期完善联系武汉周边8市的高速公路环线；远期新建城际铁路环线。

8.2.3 现状交通发展存在的问题

8.2.3.1 多式联运发展滞后

（1）基础设施建设各成体系

总体而言，武汉城市群各运输方式自身建设稳步推进，枢纽建设、多式联运发展滞后。

公路一体化建设基本完成，“一环十三射四联线”的武汉城市群公路主骨架网已经完成；铁路一体化建设稳步推进，武汉—黄石、武汉—黄冈城际铁路已经陆续开通，2015年武汉—孝感城际铁路开通运营，届时“半小时通勤圈”将形成；水运一体化建设取得进展，武汉新港“依港兴城、港城互动”的成效显现，武穴港、黄州港等区域重要港口建设进程加快。

武汉城市群规划有6大综合交通枢纽（武汉、黄鄂黄、仙潜天、咸宁、孝感、麻城综合交通枢纽），目前除武汉外的5个交通枢纽均在规划建设阶段，尚未发挥交通枢纽作用。就各个交通方式而言：

①航空：与高铁存在水平竞争，公路长途客运配套缺失。

②铁路：枢纽功能分散，与其他运输方式水平竞争，缺乏整合。

③水运：航道条件不足，水铁联运设施缺乏。

④公路：公路站场与其他运输方式枢纽的垂直合作不足。

（2）各城市、各交通系统的服务尚处于割裂状态

公共交通系统中，城市群之间的长途汽车购票需要单独在当地的客运站排队购票（尚无订票功能），票据形式单独。城市群城际铁路购票采用一般铁路购票方法。一方面与城市公共交通缺少统一，另一方面对于有通勤需求的出行者而言，需要每次购票。

道路交通系统中，武汉 ETC 系统目前仅限于武汉市内桥梁隧道收费以及进出城道路收费，尚未应用于武汉城市群其他城市中。

（3）城市群交通管理一体化体制尚未形成

各交通方式的管理一体化尚未形成。长途客运（汽车）、城际铁路、市内常规公交、市内轨道交通、高速公路等不同交通方式均由不同管理部门进行管理。

各地区之间的交通管理一体化工作机制正在推进。2004 年 12 月，召开武汉城市群“8+1”交通发展联席会，签订“8+1”交通发展合作框架协议，成立武汉城市群“两型社会”试验区建设领导小组办公室，然而规划、建设和管理仍缺乏高效的协调机制，制约城市群交通一体化发展。湖北省发展和改革委员会（省圈办）近年来积极向国家争取城市群建设相关政策，致力于加强对 9 城市的统筹协调，在各地市层面，各个城市的工作体制逐渐健全，与省和其他城市群办的对接加强。

8.2.3.2　交通运输结构不均衡

“五轴”综合运输通道内干线铁路、城际铁路、高速公路等运输方式齐备，特别是城际铁路的建设，相对于武汉城市群在全国的发展水平，其建设进度和规模已处于全国前列。但是，目前武汉城市群城际主通道仍存在部分结构性问题。

（1）交通运输结构仍不合理

2011 年，泛武汉城市群（除 1+8 城市外，还是包括宜昌、荆州、荆门等城市）全社会客运量为 8.8 亿人次，其中公路客运量 8.0 亿人次，占客运总量的 91.4%；全社会旅客周转量为 1 014 亿人 km，其中铁路旅客周转量为 372 亿人 km，公路旅客周转量为 534 亿人 km，分别占全社会旅客周转量的 36.7%、52.7%；全社会货物运输量 8.6 亿吨，其中公路 6.3 亿吨，占货运总量的 73%；全社会货物周转量 3 087 亿吨 km，其中公路 958 亿吨 km、水运 1 555 亿吨 km，分别占全社会货运周转总量的总量的 31%、50.4%。具体见表 8-7。

武汉城市群各方式运输量情况（2011 年）　　表 8-7

主要指标		单　位	完成量	比重(%)
全社会旅客运输量		万人	87 520	100
其中	铁路	万人	6 328	7.2
	公路	万人	80 006	91.4
	水运	万人	232	0.3
	民航	万人	953	1.1
全社会旅客周转量		亿人 km	1 014	100
其中	铁路	亿人 km	372	36.7
	公路	亿人 km	534	52.7
	水运	亿人 km	2	0.2
	民航	亿人 km	107	10.6
全社会货物运输量		万吨	85 906	100

续上表

主要指标		单位	完成量	比重(%)
其中	铁路	万吨	6 585	7.7
	公路	万吨	62 718	73.0
	水运	万吨	16 593	19.3
	民航	万吨	10	0.0
全社会货物周转量		亿吨 km	3 087	100
其中	铁路	亿吨 km	572	18.5
	公路	亿吨 km	958	31.0
	水运	亿吨 km	1 555	50.4
	民航	亿吨 km	1	0.03

由此可见，各运输方式完成的客货运输量，公路占据绝对主力地位，客运量比重超过90%、货运超过70%。从周转量上分析，铁路以承担中长距离客货运输为主、水运则以承担中长距离大宗货物运输为主，公路则主要承担中短途客货运输；全社会旅客周转量公路仍高于铁路，铁路占比略超三分之一，而货运方面由于紧靠长江黄金水道，水运优势明显，水运占全社会货物周转量份额超过50%，铁路次之。总的来看，武汉城市群范围内综合运输分工仍不尽合理，客货运输结构，特别是客运结构失衡比较突出，铁路（轨道）等方式分担比例有待进一步提高。

（2）城际铁路利用效率亟待提升

2009年9月，国家发展和改革委员会批复了武汉城市群城际铁路规划。武汉城市群规划方案为“放射线＋环”城际铁路网络。目前武汉至黄（石）黄（冈）鄂（州）、武汉至咸宁城际铁路已建成通车，武汉至孝感城际铁路正在建设中。

根据规划，武咸城际铁路全长91.25km，设计时速为250km，总投资实际约120亿元，设计日开行城际动车可达200对，可研报告预测开通初期的客流可供日开行50对城际动车。但是武咸城际开通首日只开通了城际动车10对，由于客源严重不足，日均客运量仅仅4 000余人次，上座率也只有一半。而在2014年中旬调整铁路运行图之后，更是缩减至日开行列车7对。2014年6月，武汉至黄石和黄冈的两条铁路同时开通，投入的列车也分别为7对和8对，且上座率低，通勤时间上座率不足30%，日平均上座率不超过20%，运能存在巨大浪费。

（3）枢纽资源配置有待优化

在城际铁路方面，现状是城市群其他城市和武汉之间主要以公务、商务出行为主，且需求量较小（图8-24）；城市群其他城市与武汉之间通勤交通特征不明显发车间隔较大，平均间隔为2h；同一线路上受到高铁动车以及公路客运的竞争影响。目前城际铁路采用国家铁路的运营方式，换乘只能通过武汉火车站与武昌火车站，与城区的公交枢纽缺乏有效换乘。目前城际站点交通衔接方式较为单一、衔接效率较低，需通过完善城铁站点周边区域的交通资源配置，建立与城市群客运需求相适应的城际铁路衔接体系，达到时间和空间上系统衔接一体化。

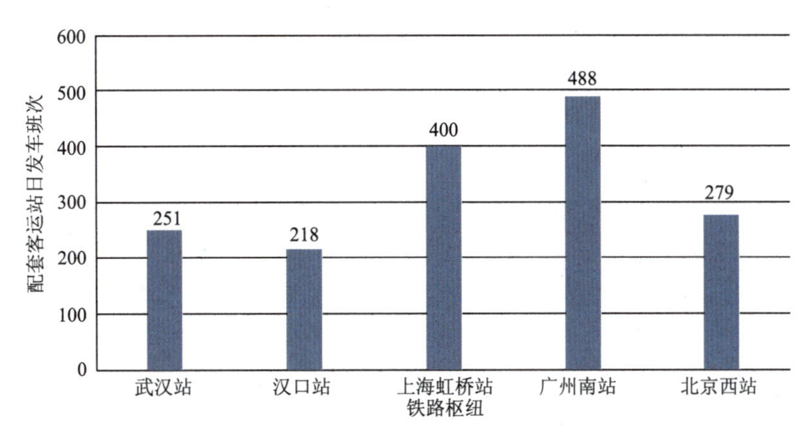

图 8-24　武汉站的配套客运与其他铁路枢纽的比较

在铁路枢纽方面，目前武汉市 3 站（武汉站、汉口站和武昌站）鼎立，功能较为分散，不同方向高铁之间无法高效换乘，高铁站的分散导致服务于高铁站的配套公路长途客运运能比较分散，影响集散效率。3 大车站之间现有城市轨道接驳，可满足主城区居民的乘坐需求，但在城市群范围内，3 大车站与城际公路客运的衔接并不顺畅。

8.2.3.3　城市出入口交通不畅矛盾日益凸显

武汉市域已建成约 550km 高速公路，密度为 6.48km/ 万 km^2。城市群已形成以武汉为中心向 1+8 城市辐射的高速路网，但城市群城市间的快速联络通道还处于空白。

按照《武汉市总体规划》，将建成“五环十八射”快速路系统，其中放射性道路与城市群城市衔接，目前已经基本成型。然而受武汉市道路交通拥堵的影响（图 8-25），城市群城市进入武汉市区后到达目的地时间较长。

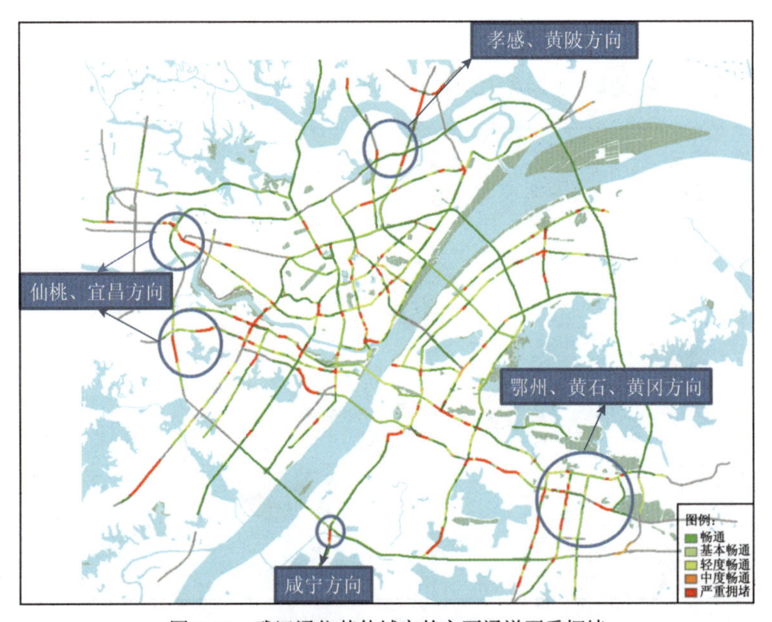

图 8-25　武汉通往其他城市的主要通道严重拥堵

8.3 武汉城市群发展的机遇与挑战

8.3.1 全球化的机遇与挑战

在经济全球化的发展趋势下，全球第四次产业转移，现代服务业和高新产业成为转移热点，产业分工协作体系和产业集群化特征明显。以美国为首的发达国家重点发展具有高附加值的技术知识密集型产业，制造业研发活动表现出加速转移的趋势。目前全球500强企业已有480多家在中国设立了企业或总部。随着发达国家产业结构优化升级，大规模的制造业向中国转移已接近尾声，服务业成为转移新趋势，高新产业、物流交易、产品研发等通过项目外包、业务离岸方式向外转移。与此同时，随着产业分工的不断深化和细化，全球范围内的产业呈现集聚化、规模化的特征和资源优化配置的有效方式，产业链更加完善和明晰，区域化、社会化协作程度更加高效。

随着经济全球化的发展，以大都市圈、城市连绵带或一体化地区等为代表的区域一体化发展趋势日益突显，城市之间的竞争日益转化为“城市—区域”综合体之间的竞争，城市群已经成为各个国家参与全球化竞争的核心力量和重要发展战略。从世界各国的经济空间分布来看，美国、日本、法国、英国等国家的经济增长极均集中在以城市群或都市圈为基本单元的地域上，例如美国的东北部城市群、日本的东海道城市群、法国巴黎都市圈等。

在此背景下，我国提出“四化同步、五位一体”“科学发展”等战略；作为我国中部地区中心城市，武汉应积极融入全球化浪潮，加快发展以武汉为核心的武汉城市群，实施“城市—区域”一体化发展。随着“一带一路”（“丝绸之路经济带”和“21世纪海上丝绸之路”）全球化战略的逐步推进，武汉城市群应把握当前发展机遇，充分发挥铁路和铁水联运的优势，沟通欧洲大陆和东亚、东南亚贸易的中转枢纽，将武汉打造成为“一带一路”中重要的国际贸易节点城市。我国“一带一路”战略规划图如图8-26所示。

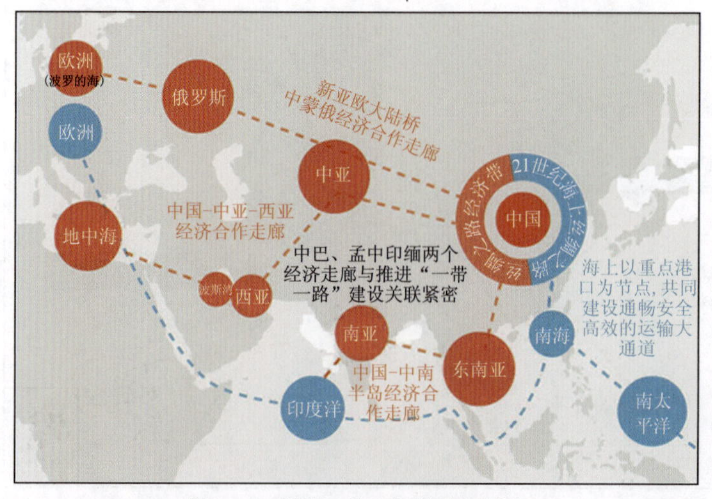

图8-26 我国“一带一路”战略规划图

8.3.2　区域化的机遇与挑战

近年来随着我国城镇化的快速发展，城市群逐步成为支撑和带动城镇化的重要载体和形式。《中国发展报告 2010》中提出“城市化方向要走以城市群为主题形态的城市化道路”。

随着长江三角洲城市群的日趋成熟，国家提出通过长江经济带发展带动东、中、西部地区共同发展的重大战略，2014 年国家出台了《国务院关于依托黄金水道推动长江经济带发展的指导意见》，并完成了《长江经济带综合立体交通走廊规划（2014—2020 年）》。武汉城市群地处长江经济带的中段（图 8-27），作为长江经济带 9 个二级中心城市之一，应依托产业基础优势和广阔的腹地潜力，发挥承东启西的纽带作用。同时，武汉城市群位于国家南北主要发展轴线的京广、京九经济走廊的中段，也是国家经济命脉南北向联系的重要节点。

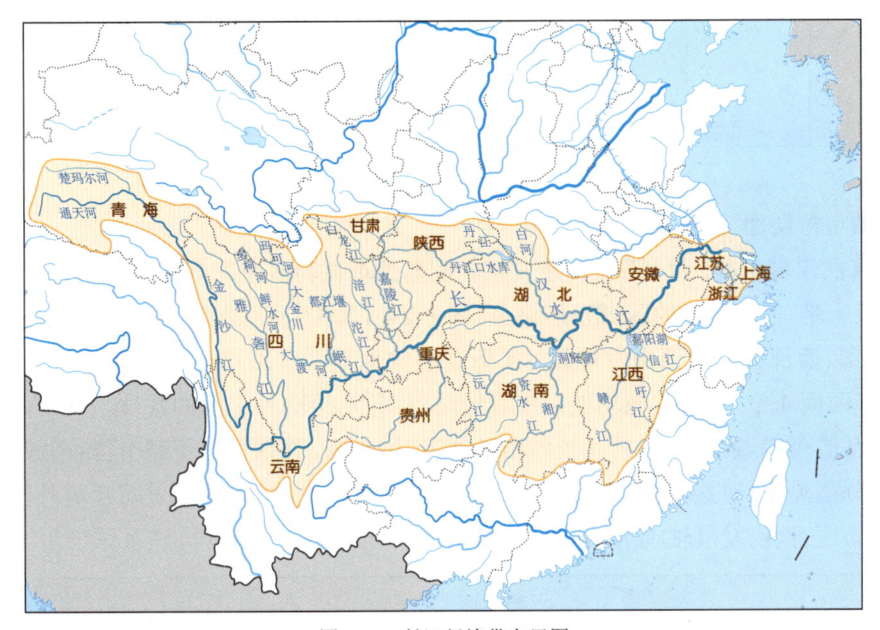

图 8-27　长江经济带布局图

在当前发展阶段，长江经济带中仅下游地区形成了以上海为核心的区域一体发展空间结构，中上游均是以点状集聚发展为主。长江中游地区主要围绕武汉、长沙、南昌、合肥等 4 省会城市集聚发展，沿京广线和长江带状空间形态已具雏形，但发展不足。武汉在区域网络中的联系强度表现为“强弱强”的特征，在 200km 范围即湖北省范围内通信量占 40%（图 8-28），在 200 ～ 500km 范围，也就是在湘、皖、赣、豫、重五省（市）中仅占 8%，在 1 000km 范围，广东、江浙沪、京津冀地区占 23%。如何提高武汉在长江中游地区的发展地位，充分发挥区域辐射和带动作用，是在当前区域化发展背景下的重大挑战。

（1）区域层面

在国家和区域层面，根据《武汉 2049 远景发展战略规划研究》中对长江中游城市群空间结构的判断，未来整个长江中游城市呈“五角形”发展格局，重点突出发展的轴向为西南岳阳方向、东南九江方向、西北孝感方向。

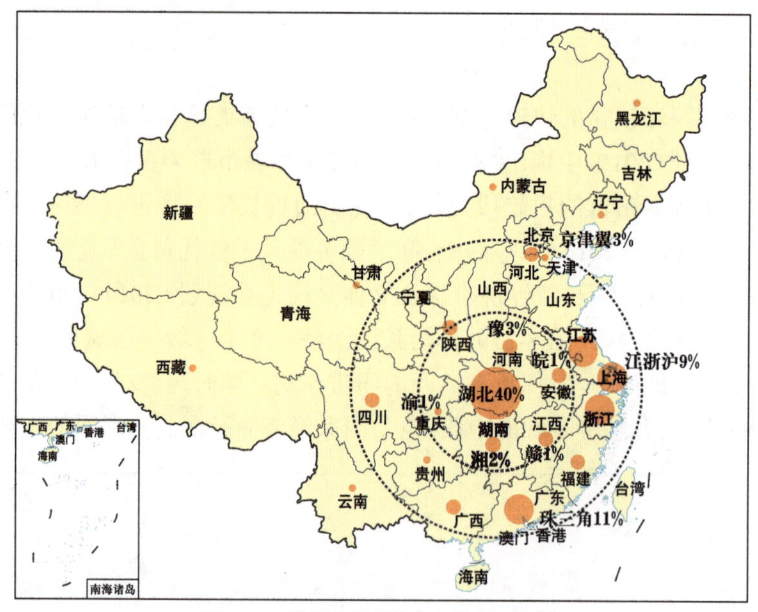

图 8-28　武汉市的通信所占比例示意图

（2）城市群层面

根据《武汉城市群"两型"社会建设综合配套改革试验区空间规划》，未来武汉城市群将构建"一核一带三区四轴"的区域发展格局（图 8-29），其中"四轴"是以武汉为起点，按照方向分别为东部、西部、西北、西南发展轴。4 条发展轴也是武汉城市群向鄂东、西部江汉平原、鄂西北、鄂西南 4 个方向，实施功能拓展和经济辐射、对接圈外空间的载体。其中，东部发展轴辐射九江等外围城市，对接昌九景城市群、皖江城市带，联系长三角城市群；西部发展轴辐射荆州等外围城市，对接宜昌都市区，联系成渝城市群；西北发展轴辐射随州等外围城市，对接襄樊都市区；西南发展轴辐射岳阳等外围城市，对接长株潭城市群，联系珠三角城市群。

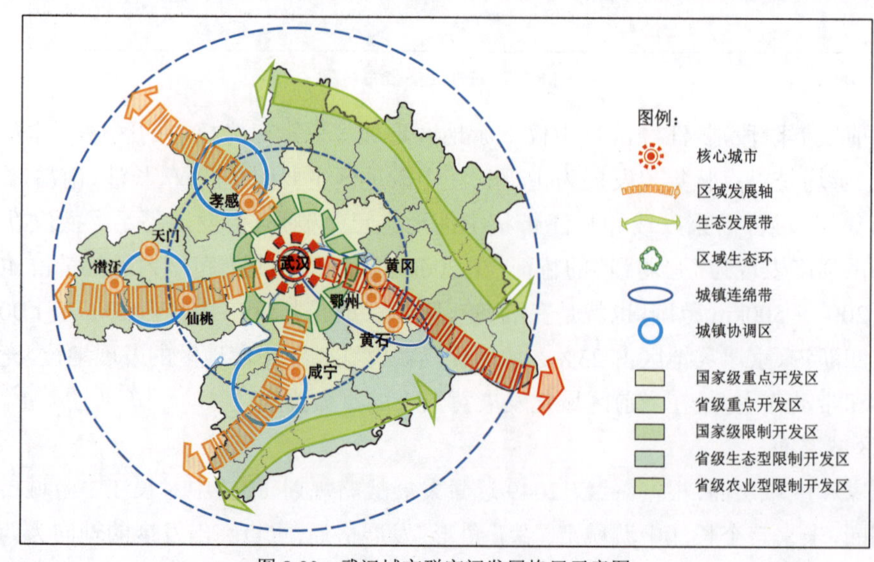

图 8-29　武汉城市群空间发展格局示意图

8.3.3　武汉自身发展的机遇和挑战

武汉市第十二次党代会提出“建设国家中心城市，复兴大武汉”的奋斗目标，结合党的十八大“两个 100 年”目标，武汉市国土规划局立组织了《武汉 2049 远景战略》编制工作，重点围绕“基于国家战略的武汉功能、基于可持续发展的城市模式”问题，提出了战略性谋划，以建设世界城市为目标，形成“三步走”的发展战略，具体见表 8-8。

武汉市建设世界城市目标的三个阶段　　表 8-8

发展阶段	阶段 1（2012—2020 年）：国家中心城市成长阶段（与再工业化交织阶段）	阶段 2（2020—2030 年）：国家中心城市成熟阶段（生产性服务业发展阶段）	阶段 3（2030—2049 年）：世界城市培育阶段（中心职能的突显阶段）
发展目标	中部地区中心城市	国家中心城市	世界城市
发展动力	工业与服务业双驱动	加速生产性服务业发展	服务业主导，核心服务职能提升
空间表现	外围新城与远城区成长	1+8 城市群整体成长	中三角五角形地区成长
产业表现	工业加速，服务强化	生产性服务业快速发展，制造业区域转移	以生产性服务业与区域消费服务业为主导

工业经济的快速增长是当前武汉发展的主要动力。武汉市工业经历低速增长（1978—1992 年）、加速增长（1993—2007 年）后，进入了高速增长阶段（2007 年后），如图 8-30 所示；2013 年，工业总产值突破 1 万亿元，人均 GDP 达到 12 781 美元。按照经济发展的一般规律，武汉市属于工业化发展中后期阶段。这一阶段，经济高速发展，工业经济是经济增长的主要动力源，新型工业化拉动新型城镇化加强，城市扩散与积聚作用并存；主导产业极化发展，产业集聚效应大幅度提升，产业新城成为集聚发展的主要载体。

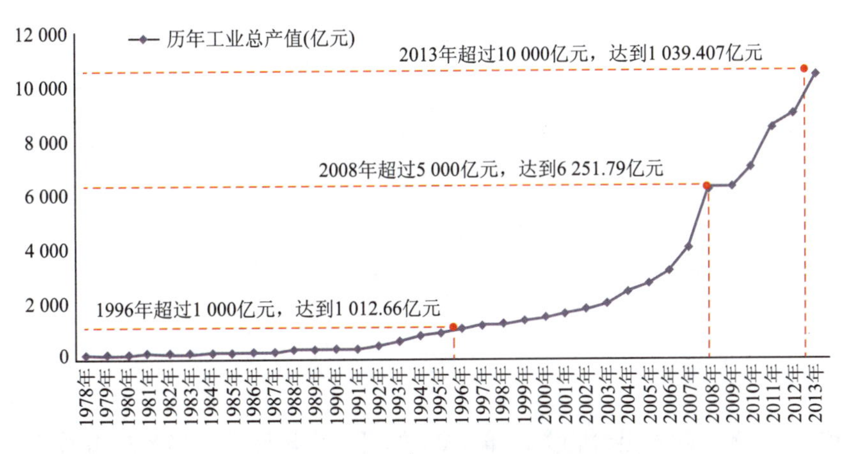

图 8-30　改革开放以来武汉市工业总产值变化情况（单位：亿元）

目前，全市已经形成 11 个主导产业和 6 个千亿产业集群，2013 年，11 个主导产业总产值 10 193 亿元，占全市的 98%，6 个千亿产业共 8 187 亿元，占全市 79%。工业空间趋于“板块化”发展，初步形成 4 个工业空间集聚区。大汽车、大光谷和大临港板块已初显雏形，大临空板块呈现园区化发展，尚未完全进入板块化发展阶段。

与此同时，伴随着武汉市工业化的快速发展，城市规模粗放扩展，武汉市面临较大的生态压力。湖泊水体和山体大多处于自然利用状态，但近年来，随着城市外拓扩张，生态环境面对较大压力，部分山体、湖泊被度假区或居住小区侵占、围合，局部出现围湖造城现象。传统的生产生活方式导致农村地区的生态环境保护问题日益突出。图 8-31 为武汉城市群区域现状生态格局示意图。

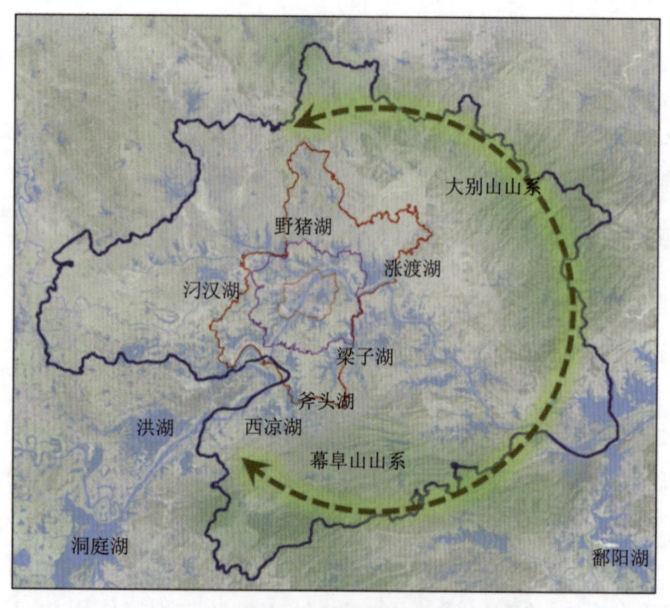

图 8-31　武汉城市群区域现状生态格局示意图

8.4　武汉城市群发展模式与不同交通方式结构下的交通情景分析

8.4.1　武汉城市群发展模式与城际交通情景假设

8.4.1.1　小汽车政策

无干预政策：城市尚未出台相关政策，城市的机动化按照目前趋势自由增长。

控制性政策：这类政策主要通过停车收费、部分条件下限行、拥堵收费等措施限制小汽车的使用，从而达到鼓励绿色出行的目的。

限制性政策：这类政策包括摇号、车牌拍卖等方式对小汽车的增长进行强制性的控制，从源头上限制小汽车的增长，同时也包含一系列的控制性政策。

8.4.1.2　交通供给模式

维持现状：交通供给模式维持现状，公交分担率维持现状，道路拥堵逐渐加剧。

公交优先：在交通供给模式上实行“公交优先”，城市轨道交通快速发展，公交分担率大幅度提高，道路拥堵得到一定改善。

8.4.1.3　土地利用模式

在“公交优先”的前提下，推行 TOD 模式，一定程度上缩短出行距离，进一步提高轨道交通的分担率。表 8-9 为考虑小汽车政策、交通供给模式、TOD 模式的 9 种情景分类。

考虑小汽车政策、交通供给模式、TOD 模式的 9 种情景分类　　表 8-9

情景编号	内 容 描 述	指 标 调 整
1	基准情景	—
2	公交优先	公交比例提高 3%
3	实行公交优先，推行 TOD 开发模式	公交比例提高 5%，出行距离逐渐缩短
4	控制小汽车使用	上路率逐年降低，小汽车增长率降低 1%
5	控制小汽车使用，实行公交优先	上路率逐年降低，小汽车增长率降低 1%+ 情景 2
6	控制小汽车使用，实行公交优先，推行 TOD 开发模式	上路率逐年降低，小汽车增长率降低 1%+ 情景 3
7	限制小汽车的保有量	上路率逐年降低，小汽车增长率降低 2%
8	限制小汽车的保有量，实行公交优先	上路率逐年降低，小汽车增长率降低 2%+ 情景 2
9	限制小汽车的保有量，实行公交优先，推行 TOD 开发模式	上路率逐年降低，小汽车增长率降低 2%+ 情景 3

8.4.2　武汉城市群目标年交通需求预测

交通需求预测是交通发展战略情景分析的重要基础和主要依据。城市群的交通需求是多层次的，包括城市群对外交通需求、城市群内城际交通需求和城市交通需求。为了整体把握未来武汉城市交通需求特征并且避免内容烦琐，本节的交通需求预测内容主要包括以下 3 个部分：武汉城市主要综合运输通道需求预测、武汉城市群分方式交通需求预测和武汉城市群机动化发展预测。

8.4.2.1　武汉城市群主要综合运输通道需求预测

武汉城市群主要综合运输通道包括武汉至鄂州、黄冈、黄石；武汉至咸宁；武汉至仙桃、天门、潜江；武汉至孝感；武汉至麻城 5 条综合运输通道。其中各运输通道均主要以公路、铁路运输为主，水运、民航为辅。

从现状交通流量来看，除武汉至麻城外，其他四条通道客运量较为接近，货运量方面武汉至孝感占总量的 35%；从预测结果来看，武汉至鄂州、黄冈、黄石和武汉至仙桃、天门、潜江的客运量会出现较为迅速的增长，在货运方面，武汉至孝感仍然是最大的货运通道，预计到2030 年将占总量的 33%。2020 年武汉城市群城际客运期望线如图 8-32 所示。武汉城市群主要通道客货流密度见表 8-10。

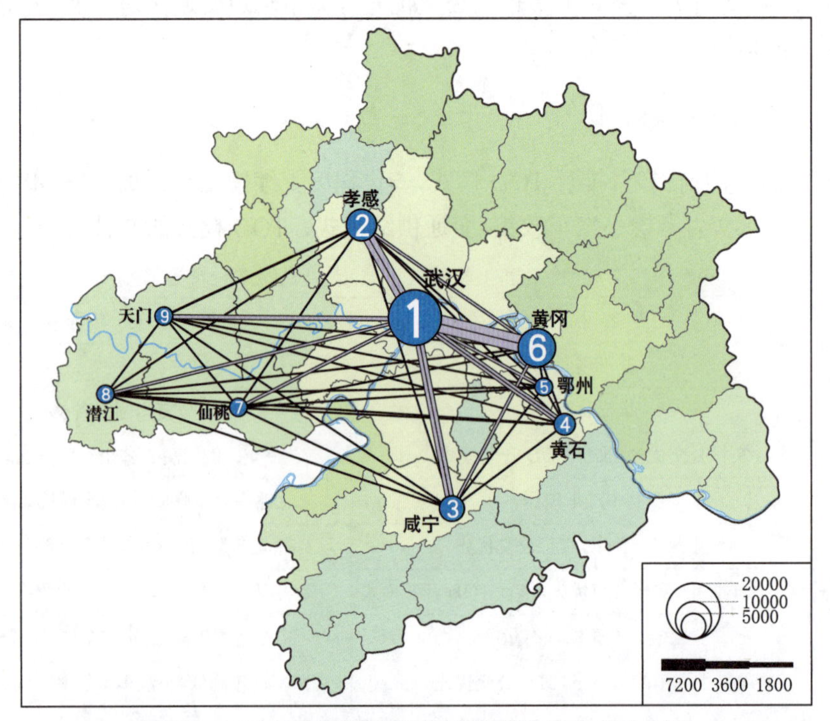

图 8-32　2020 年武汉城市群城际客运期望线（单位：万人 / 年）

武汉城市群主要通道客货流密度（单位：万人 / 年、万吨 / 年）　表 8-10

通　道	2011（现状年）		2020 年		2030 年	
	客运（单向）	货运（重车）	客运（单向）	货运（重车）	客运（单向）	货运（重车）
武汉至鄂州、黄冈、黄石	3 518	8 172	9 300	11 600	14 600	15 300
武汉至咸宁	3 207	9 631	7 200	12 900	11 300	17 200
武汉至仙桃、天门、潜江	3 714	6 330	10 000	11 700	16 300	16 700
武汉至孝感	3 326	13 902	7 200	20 800	10 800	26 200
武汉至麻城	977	1 176	5 200	2 200	8 700	2 900

注：数据来源于湖北省发展和改革委员会。

8.4.2.2　武汉城市群分方式交通需求预测

武汉城市群（城际交通与对外交通）交通运输包括铁路、公路、水运和民航 4 种主要交通运输方式。

就现状而言，公路运输是客运的主要运输方式，占客运总量的 90%，其次为铁路运输，占客运总量的 9%。公路运输也是货运的主要运输方式，占货运总量的 71%，其次为水运，占货运总量的 23%。

从预测结果表 8-11 来看，预计未来民航客运、铁路客运将有较为显著的增长，公路客运的比例将会降低；货运方面，公路运输仍将是未来货运的主要运输方式，所占比例预计在 2030 年将为上升至 73%。

武汉城市群分方式客货运量及周转量　表 8-11

方式	客运量（万人）			客运周转量（亿人 km）			货运量（万吨）			货运周转量（亿吨 km）		
	2011	2020	2030	2011	2020	2030	2011	2020	2030	2011	2020	2030
铁路	4 866	12 570	23 755	656	1 074	1 535	3 433	5 765	7 355	1 239	1 852	2 629
公路	50 834	97 102	112 691	353	674	860	39 264	65 954	95 765	592	977	1 590
水运	162	228	387	2	3	6	12 923	20 470	28 877	1 209	1 946	2 745
民航	915	2 520	3 769	103	270	404	10	35	55	1	5	8
合计	56 777	112 420	140 601	1 114	2 021	2 805	55 630	92 224	132 053	3 042	4 780	6 973

注：数据来源于湖北省发展和改革委员会，统计按照 9 个城市为枢纽进行统计，其中客货运量包括发送量、中转量和到达量。

8.4.2.3　武汉城市群机动化发展预测

目前武汉城市群 9 个城市的机动化发展差异显著。其中武汉市机动化水平较高，从历年统计数据（表 8-12）来看，武汉市小汽车保有量占 9 个城市总量的 60% 以上，至 2011 年已经接近 70%。

武汉城市群分城市的小汽车保有量（辆）　表 8-12

城市	2005 年	2006 年	2007 年	2008 年	2009 年	2010 年	2011 年
武汉市	354 609	418 667	484 111	555 696	668 523	946 866	1 225 208
黄石市	36 293	39 152	44 713	53 265	64 153	77 077	90 000
鄂州市	12 219	14 590	14 832	16 702	—	16 850	19 688
孝感市	44 331	45 047	50 786	56 761	70 474	85 648	100 822
黄冈市	54 000	66 025	66 238	72 988	90 010	114 009	138 008
咸宁市	40 463	47 657	59 679	54 591	65 932	76 813	87 693
仙桃市	13 527	12 078	14 053	14 742	14 742	20 467	26 191
潜江市	13 765	13 258	15 439	20 330	22 646	27 577	32 507
天门市	11 554	13 310	14 987	16 616	20 260	23 576	26 891
总计	580 761	669 784	764 838	861 691	1 213 625	1 540 531	1 867 436

注：数据来源于湖北历年统计年鉴，部分数据有调整。

根据各个城市不同机动化发展特征与现状阶段分为以下 3 类：第 1 类包括武汉；第 2 类包括黄石、孝感、黄冈和咸宁；第 3 类包括鄂州、仙桃、潜江和天门。

（1）武汉

2013年底，武汉机动车保有量突破152万辆，年新增约18万辆。机动车规模持续快速增长，较上年增长13.4%。千人机动车拥有量指标接近180辆。其中私人机动车占比超过70%。

如图8-33所示，自2000年以后，武汉机动车保有量开始快速增长。机动车年均增长12.7%，其中主城每月增长7 500辆左右。机动车增速伴随2009年大规模道路建设出现快速增长，道路等基础设施建设成为机动车增长的重要诱因。

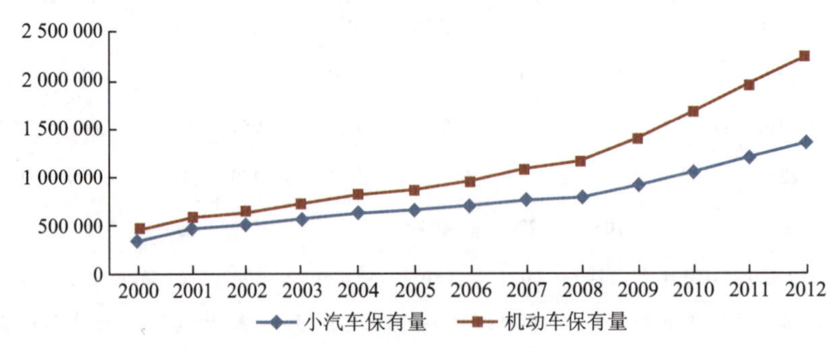

图8-33　武汉市历年机动车和小汽车保有量（单位：辆）

注：数据来源于武汉市交管局。

武汉市机动车发展呈现以下特征：小汽车增长速度远远高于国外，近10年达到年均23%以上，人口越密集的中心城区机动车密度越高，与发达国际城市机动车分布结构相反，交通供求矛盾突出。私人机动化发展迅猛，数量已占总量的66.7%。其中主城小客车约占主城机动车总量的90%以上，并继续呈上升趋势。

利用与机动车发展相关度较高的8个因素，经过拟合计算的多元回归模型，预测得到2020年武汉市全市域机动车保有量将达到330万辆，其中主城230万，新城区100万。

（2）黄石、孝感、黄冈和咸宁

这4个城市的小汽车拥有量和武汉相比仍然较少，但是有着较快的增长速度，尤其在2008年以后，小汽车保有量年增长率基本都在20%左右，2008—2011年4年内拥有量增加了一倍（图8-34）。

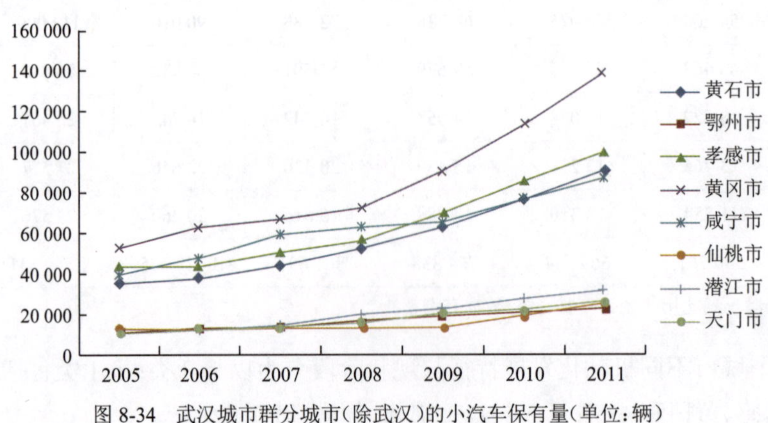

图8-34　武汉城市群分城市（除武汉）的小汽车保有量（单位：辆）

(3)鄂州、仙桃、潜江和天门

这四个城市的小汽车拥有量基数较小(图 8-36),增长不显著,机动化仍然受到城镇化程度不高等因素制约,机动化交通仍然以摩托车、电动车等交通方式为主,小汽车的比例相对较小。以鄂州市为例,目前鄂州市机动车辆中,摩托车比例超过 70%。

人们购买汽车的根本原因是汽车能满足人们的出行需求。即使在公交十分发达的城市,公交仍然难以满足居民全方位的出行需求。基于出行需求的本质动力,经济实力便成为人们购买汽车与否的决定性因素。

预计达到 2020 年,武汉城市群机动车保有量将接近 1 000 万辆（图 8-35),其中武汉市占比接近 33%,达到 330 万辆。

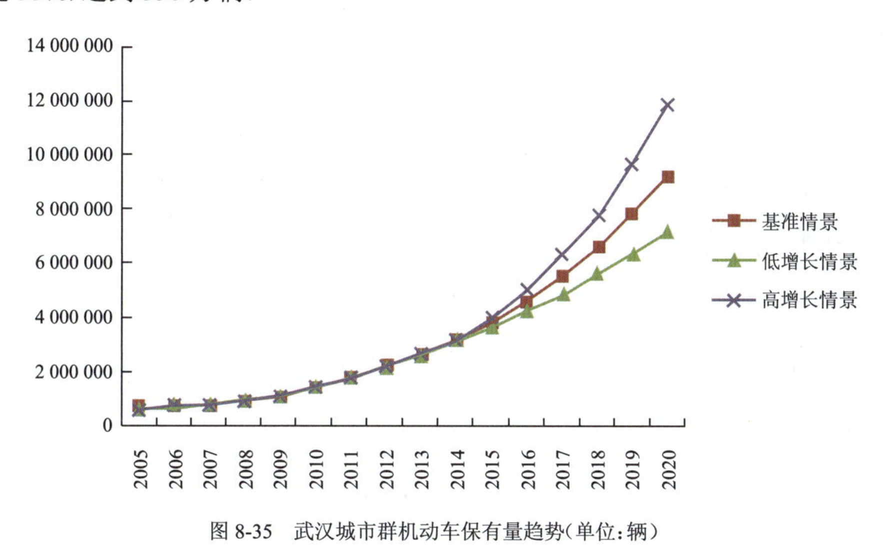

图 8-35　武汉城市群机动车保有量趋势(单位:辆)

8.4.3　城市群不同发展模式与不同交通结构下的情景分析

根据以上的情景分类,分别对每种情景进行指标计算,主要分析如下。

在节能环保方面,预计在情景 1（即基准情景）下,能源消耗总量将在 2020 年超过 500 万吨,这种能源需求的增长相对其他行业而言是十分快速的。就目前而言,多数交通政策和管理措施更多地会考虑城市交通路网的通行能力不足,预计在未来,交通对能源的巨大消耗将会引起注意。面对未来交通燃油需求的快速增长,提高燃油价格或者额外增收燃油税等措施可能会相继出现。

9 种情景呈现出 3 个阶梯的形式（图 8-36),在 2020 年之前,不同的小汽车政策对交通能源消耗具有显著的影响。

通过对比分析可以看出,小汽车保有量每年增长率减少 2%,交通燃油消耗总量将会降低 100 万吨，9 种情景分别在 500 万吨、400 万吨和 300 万吨 3 个阶梯。

在 2020 年之前对部分城市控制小汽车保有量是迫切并且效果显著的。

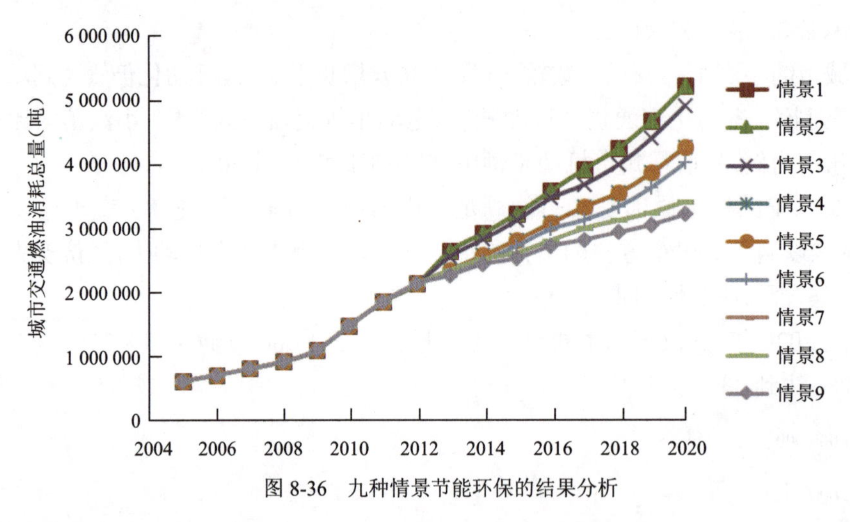

图 8-36　九种情景节能环保的结果分析

在交通效率方面，高峰小时的延误出现更为显著的增长（图 8-37）。一方面随着机动车的快速增长，道路个体交通的数量出现增长；另一方面，机动车的增长使得道路运行速度降低从而单位车辆延误增长。

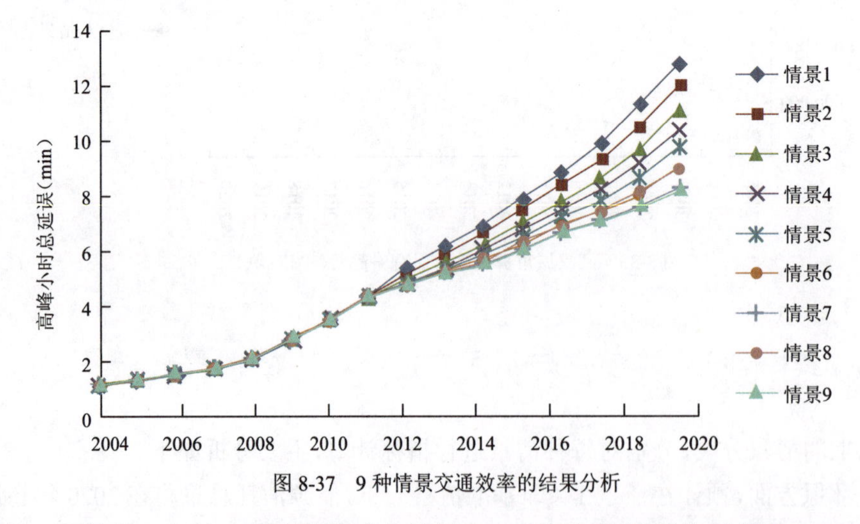

图 8-37　9 种情景交通效率的结果分析

情景 9 与情景 1 相比，时间延误减少接近 40%，单位车辆平均延误从 13.8min 降低为 8.1min。

8.4.4 情景分析小结

根据情景分析的结果主要形成以下结论。

（1）武汉城市群除武汉外的 8 座城市将逐步进入机动化快速发展的阶段，预计 2020 年小汽车保有量的快速增长将带来尾气排放、能源消耗和时间延误的成倍增长，城市交通的发展态势日趋严峻。

（2）在 2020 年之前对各个城市采取相应的小汽车控制政策，是保护环境、节约能源和提高城市交通效率必要并且有效的措施。汽车保有量每年减少 2% 的增长率，将带来约 100 万吨汽油的能源节约，同时平均车辆的时间延误将降低 29%。

（3）在城际交通方面，城际铁路相对现有的其他交通方式是更为节能环保、效率更高的交通方式，在城际交通的规划建设中应该进一步明确城际铁路的骨架地位。

（4）TOD 开发模式无论对于城市交通还是城际交通，都能够在一定程度上减少私人交通的分担率，是一种节能环保同时也能够提高交通效率的开发模式。

8.5　武汉城市群交通一体化发展战略

8.5.1　城市群交通运输体系面临的要求

（1）长江经济带、“一带一路”等国家重大战略实施，要求武汉城市群强化综合运输体系尤其是综合交通枢纽功能和交通辐射带动作用。

（2）武汉打造国家中心城市和国际化大都市，为武汉城市群提升交通运输整体水平提供了良好契机。

（3）武汉城市群推进新型城镇建设要求建立通达、便捷的综合客运交通系统。

（4）武汉城市群扩大工业规模、优化工业布局，加快新型工业化进程，要求建设快速高效的货运体系。

（5）建设“两型”社会试验区和大力推进城市群协调发展的要求为武汉城市群建设集约高效的综合运输体系提出了新的要求。

8.5.2　城市群空间发展战略

总结国内较为成熟的城市群的空间发展经验，区域呈现网络城镇化发展格局。武汉应构建以武汉中心城为核心的都市圈，实施“城市群—都市圈—城市”一体化发展，提升区域整体水平与综合竞争力。

经过分析，随着长江经济带的开放开发，武汉、鄂州—黄冈、黄石将形成城镇密集带（区），成为未来武汉大都市城镇群的雏形，武鄂黄黄地带也将是整个地区的经济核心；同时，随着商务需求成长，武汉—孝感之间也将产生更为密切的关联。此外，武汉城市群内部城市结构会进一步合理化，各城市将获得更加均等的机会发展产业，竞合关系日益密切。图 8-38 为武汉城市群空间结构现状图。图 8-39 为武汉城市群空间结构规划示意图。

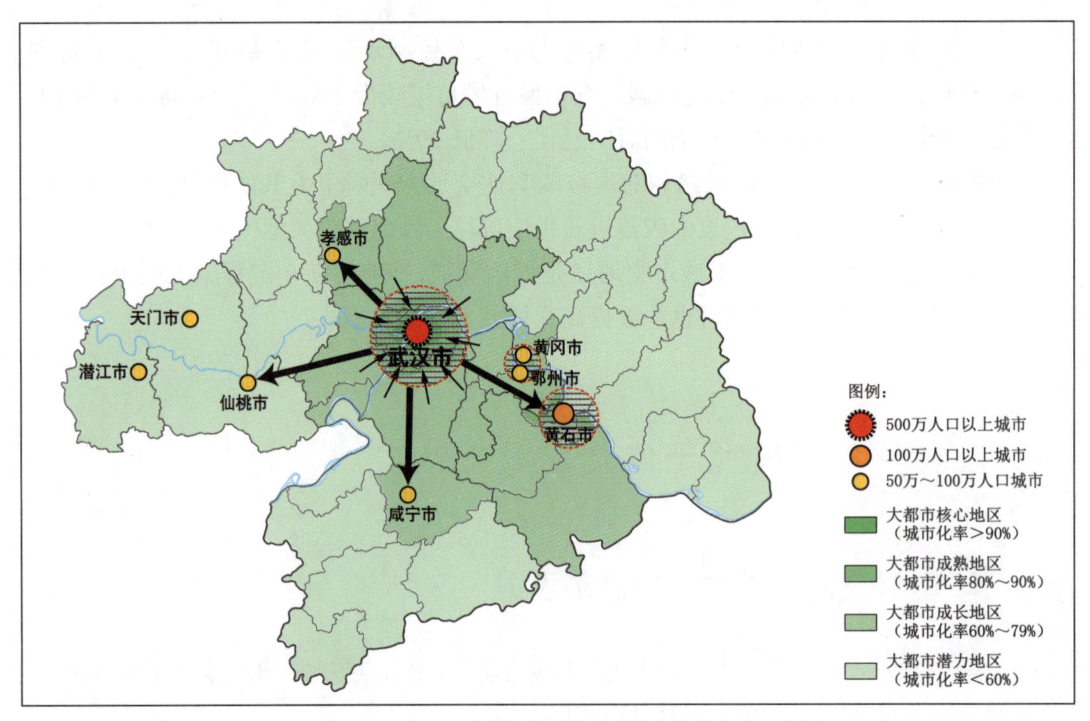

图 8-38　武汉城市群空间结构现状图

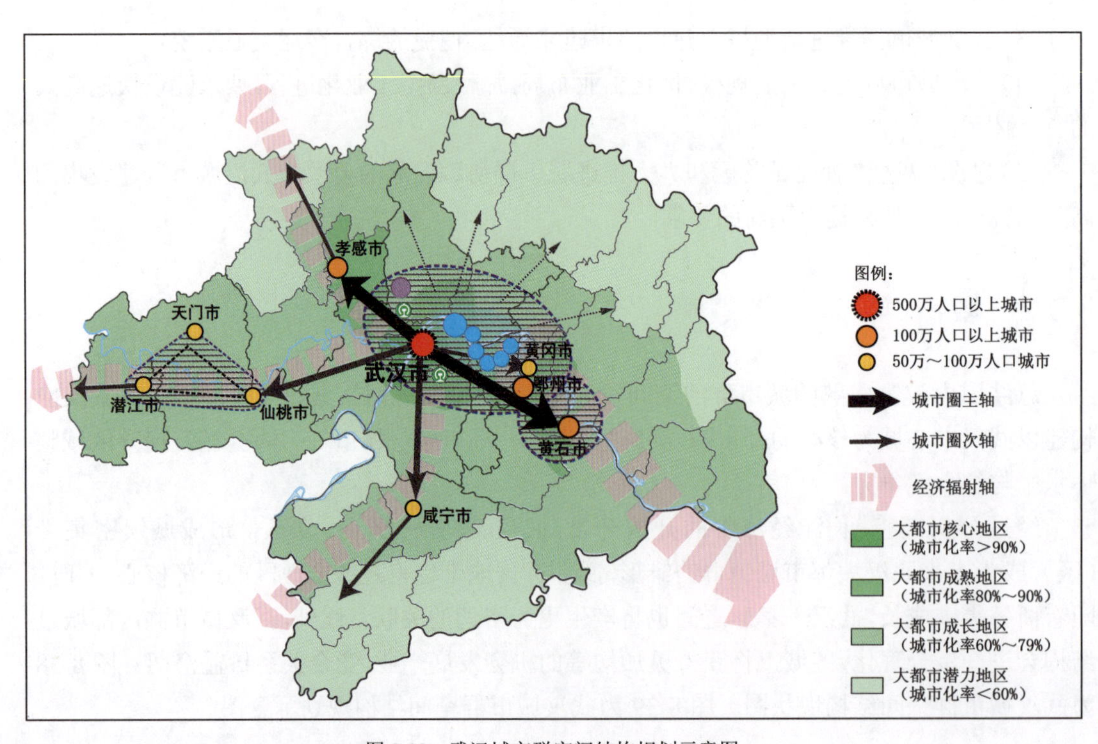

图 8-39　武汉城市群空间结构规划示意图

8.5.3　交通设施一体化发展战略

（1）进一步加快铁路发展步伐，构建以轨道交通为骨架的综合交通体系

在区域层面，以沿江高铁、福银高铁建设发展为契机，利用合武线及沿江高铁对接京九高铁，形成联系京津冀的第 2 条快速通道，在阜阳经淮北至徐州，辐射徐州—连云港—青岛—大连，联系山东半岛及环渤海区域；延伸武黄（冈）城际至安庆，对接宁安城际、商合杭客运专线，辐射杭州、宁波；延伸武黄（石）城际至九江，辐射温（州）台（州）地区；延伸武咸城际至吉安，对接京九高铁，辐射港深，经赣州辐射厦门；延伸武仙（桃）城际至常德、怀化，辐射桂林、南宁、贵阳、昆明；最终形成辐射全国 12 个方向的米字型客运铁路网络，如图 8-40 和图 8-41 所示。

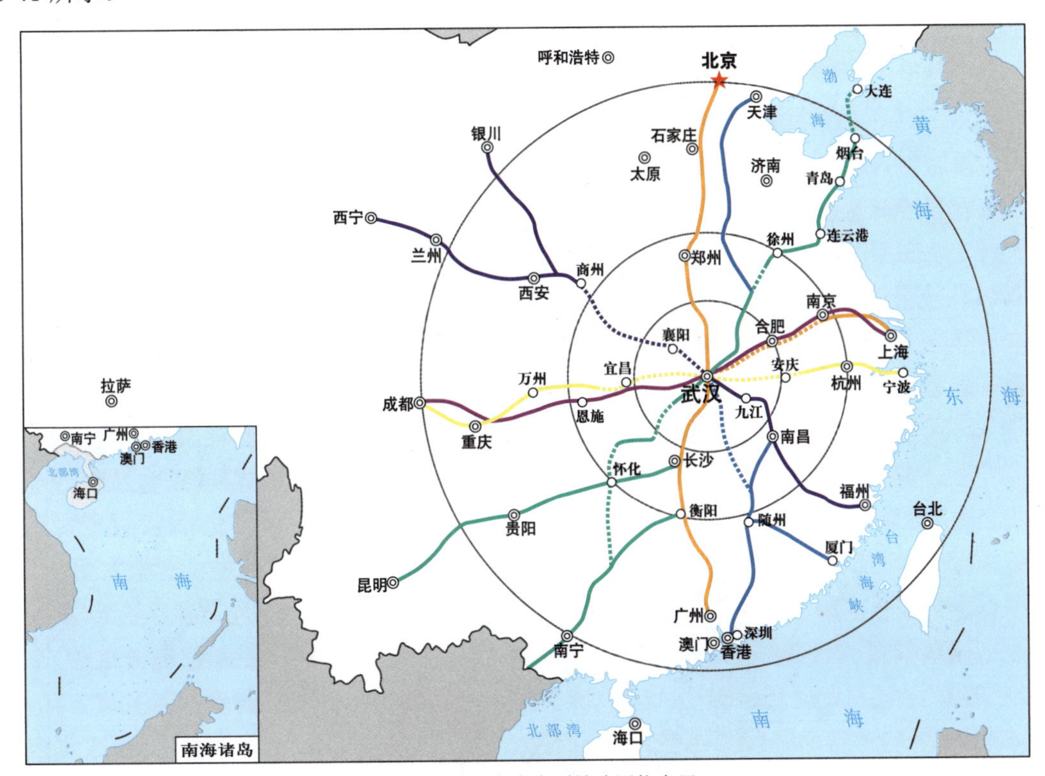

图 8-40　武汉市米字型铁路网络布局

在武汉城市群层面，构建城际高速公铁复合走廊，满足放射状交通需求通道，支撑城市群轴向发展。城际铁路应重点服务城际商务客流，连接外围城市枢纽与中心城市交通枢纽；新增中心城市内部各枢纽间城际铁路线，实现天河机场、各铁路枢纽之间互联互通；应该充分考虑当前的城际交通需求特征，科学的选择城际铁路的建设时机，避免超前建设的投资浪费。远期规划延伸城际铁路至中游城市群其他城市，促进长江中游城市群城际铁路网的构成，加强武汉城市群与长江中游城市群的快速联系，提高既有城际铁路线的利用率。在高速公路层面，应从通道建设逐步转向运输服务系统的优化、运输效能的提升上来，减少不必要的超前投入和浪费。

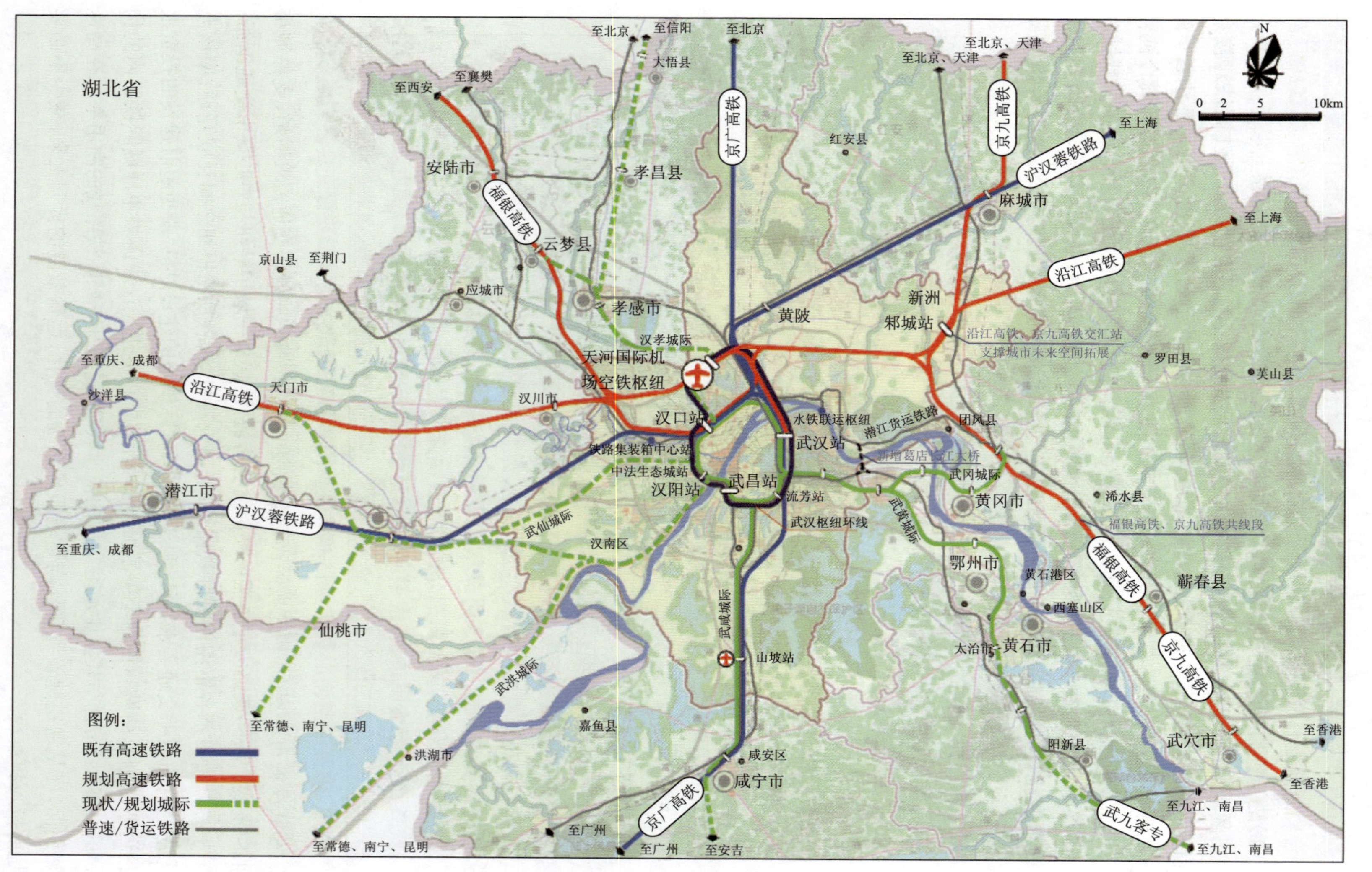

图 8-41 武汉市铁路枢纽总图优化方案

（2）将沿江高铁、福银高铁引入武汉天河国际机场，建设空铁联运枢纽（图 8-42），实现空铁无缝衔接，打造服务长江中游城市群、极具影响力和竞争力的综合交通枢纽门户，支撑国家中部崛起战略。

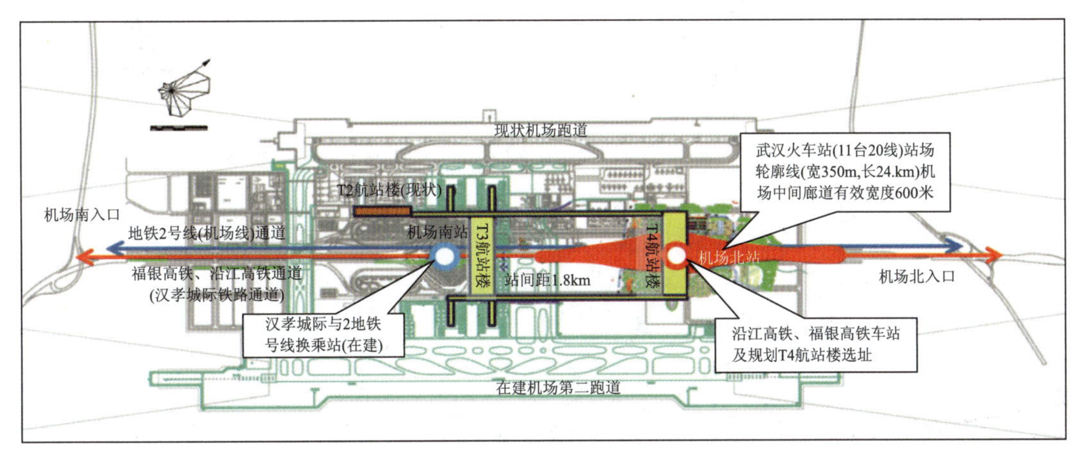

图 8-42　武汉天河国际机场与高铁枢纽整合规划意向方案

与此同时，利用沿江、福银高铁共线段，京广高铁、沪蓉及其联络线、京广铁路、汉孝城际铁路以及武汉长江大桥、天兴洲长江大桥两座过江通道，在武汉城区构筑串联天河机场、武汉站、汉口站等 6 大主要火车站以及 4 座城际中途站的铁路客运环线，实现武汉枢纽分散布局的优化整合。武汉市铁路枢纽环线布局方案如图 8-43 所示。

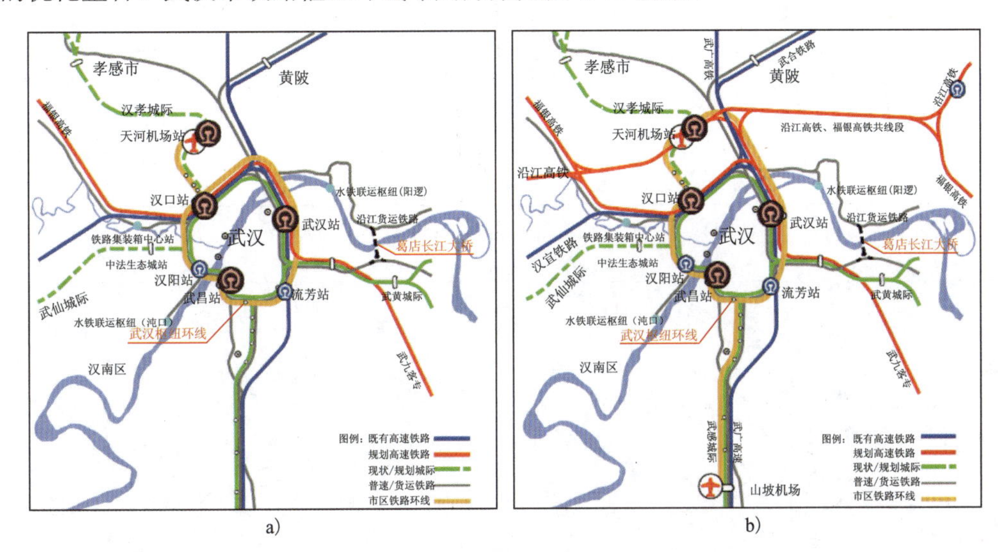

图 8-43　武汉市铁路枢纽环线布局方案

a）近期；b）远期

适时开展第二机场的相关规划研究，及时预留第二机场的发展条件，规划重点发展商务航空、国内廉价航空、通用航空、货运航空等服务，与天河机场形成功能互补。

（3）在都市圈范围内，构建高效、便捷通勤交通系统，满足核心层内大量的通勤需求。继续加大城市轨道交通建设投入，建设地铁城市和公交都市，引领城市发展新格局。武汉市近期轨道交通建设网络如图 8-44 所示。武汉市远景轨道交通线网结构布局及方案如图 8-45 所示。

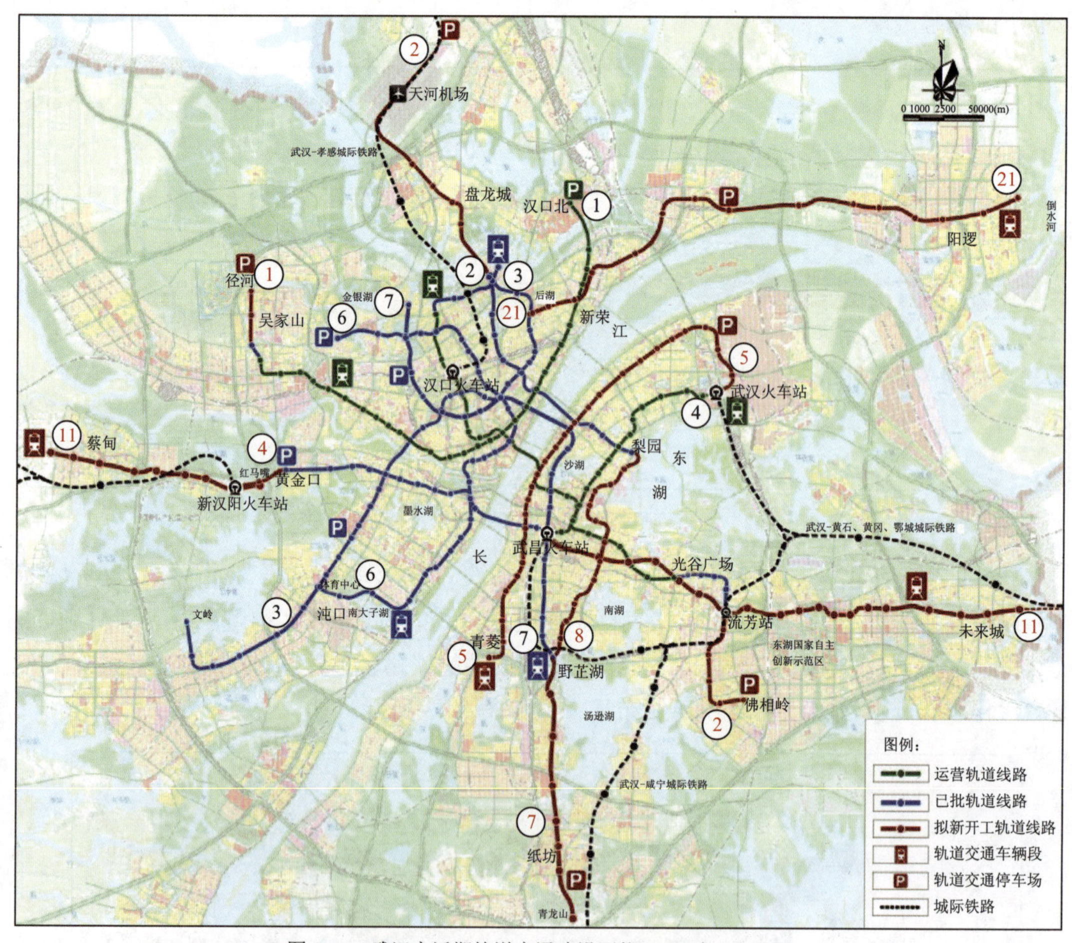

图 8-44　武汉市近期轨道交通建设网络（2020 年 400km）

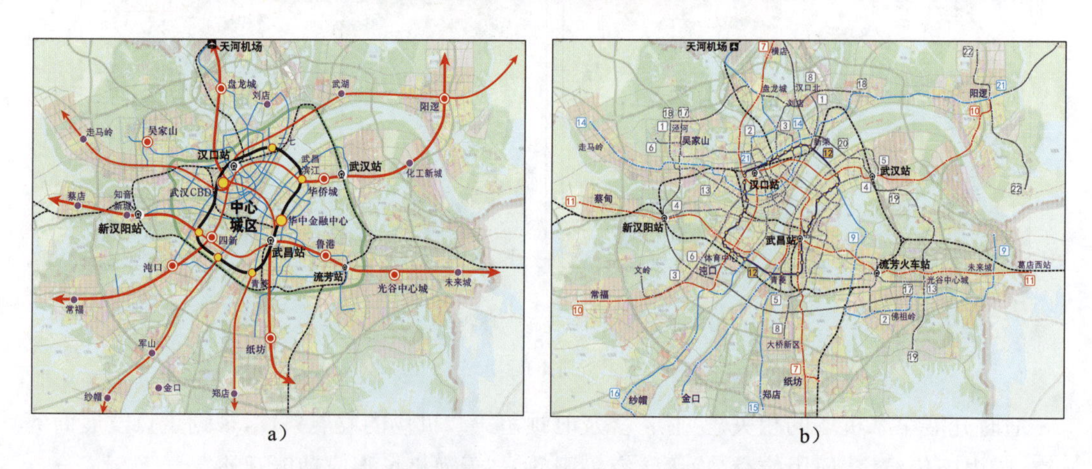

a）　　　　　　　　　　　　　　　　b）

图 8-45　武汉市远景轨道交通线网结构布局及方案（1 045km）

a）远景轨道交通线网结构布局；b）远景轨道交通线网结构方案

（4）借助长江经济带的发展契机，完善黄金水道中游基础设施

重点完善长江中游宜昌至安庆段航道条件（图 8-46），提升干线高等级航道比重，满足万吨海轮的通航要求。加快汉江、江汉运河等高等级支线航道建设，完善支线航道网络，为长江干线航道货运的水运集疏运提供良好的航道条件。

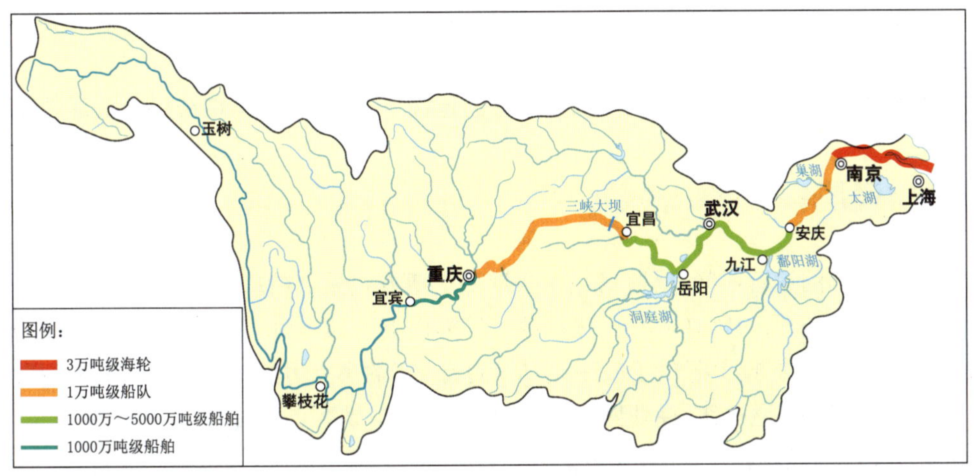

图 8-46 长江宜昌至安庆的重点发展航段

推进武汉长江中游航运中心建设，重点发展阳逻和白浒山集装箱港区，提升港区货运通过能力，为未来港口吞吐量的增长提供有效的保障。

（5）重点发展国际货运专列，积极响应国家“一带一路”重要战略

抓住国家大力推进“一带一路”重要战略的历史机遇，充分发挥国际铁路货运专列的运输优势，大力发展国际铁路货运专列（图 8-47），以南亚、中亚、欧洲为 3 大运输方向，加强东风整车及零配件、富士康电子产品、冠捷显示器等高附加值产品的出口运输，规划建设中部集装箱中转中心，吸引东部沿海地区运往欧亚大陆的货源。

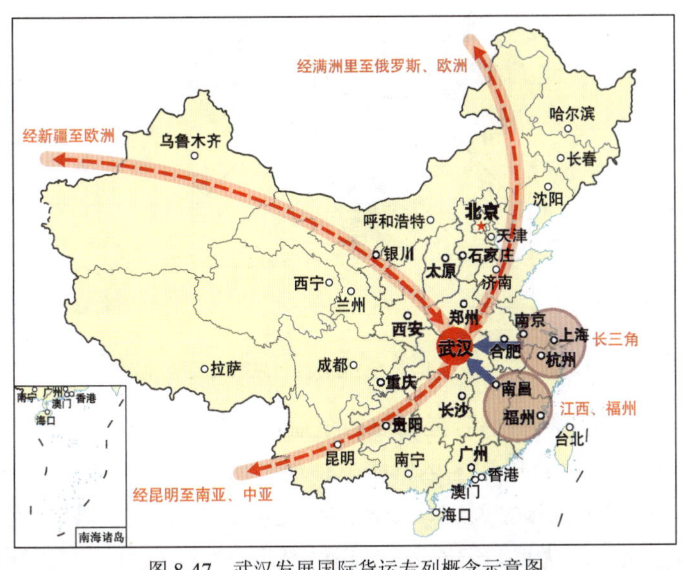

图 8-47 武汉发展国际货运专列概念示意图

(6)优化各运输方式的衔接与联运

加强天河机场配套的公路长途客运服务，提高城市群范围的集疏运效率，提升天河机场在城市群范围内的吸引力。

完善水铁联运设施，规划建设江北、江南两条铁路线分别连接京广、京九铁路。

重点发展武汉至洋山集装箱直达航线，吸引中西部集装箱货运至武汉港中转，大力发展江海联运航线。

加强阳逻和白浒山等重要港区与高速公路的连接，形成高效的港口公路集疏运体系。

8.5.4 交通服务一体化发展战略

(1)制定合理的运营时间和票价票制，实现各交通方式无缝衔接

推广城市群一卡通，从票制票价、优惠政策等方面促进城市群“公交一体化”，并延伸一卡通服务至城际铁路；推行引导“公交＋行人/自行车”的出行方式，并完善各市的慢行接驳设施；核心层的重点交通枢纽、商业网点，设立回程出租车候客点，方便转乘和回乘。

(2)构建城市群范围内的综合交通信息平台

规划建设武汉城市群的综合交通智能信息系统，该智能信息系统主要由“一个平台、四个系统”组成。“一个平台”即综合交通信息平台；“四个系统”即道路交通管理与信息系统、公共客运管理与信息系统、物流管理与信息系统、电子收费管理与信息系统(图 8-48)。与此同时，建立城市群交通信息共享制度。

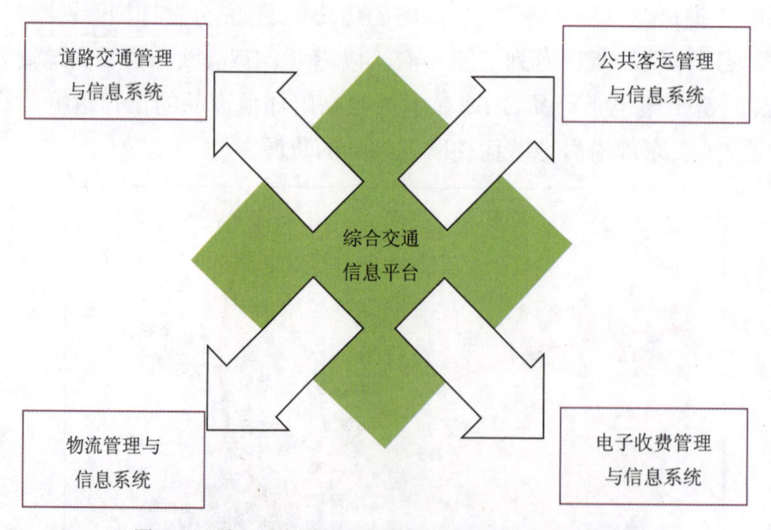

图 8-48 武汉城市群综合交通智能信息系统架构示意图

(3)完善公路客运班线服务网络，提高线网覆盖范围和通达深度

武汉城市群范围内现状长短途客运班线总体而言班次少，发车频次低，车况差，客运服务信息化程度低，仍有较大改善空间。从线网的通达情况来看，需要在枢纽建设布局及覆盖城乡的班线网络构建上加大力度，构建覆盖乡镇的城乡一体多式联运客运网络。

8.5.5　交通与土地使用一体化发展战略

（1）重视地铁和城际铁路站点与周边土地使用的一体化规划设计

重视地铁和城际铁路站点与周边土地使用的一体化规划设计，实现多种交通方式的无缝衔接和交通与土地使用的密切结合；根据不同类型枢纽从“物理空间、运营管理、信息服务、交通票制”4 方面进行交通方式接驳的规划、设计、建设、运营、管理，强化各交通方式无缝衔接、零距离换乘，构建一体化综合交通枢纽信息服务系统。

强化围绕轨道交通站点为核心的 TOD 发展模式（图 8-49），实现综合一体化开发，距离站点越近开发强度越高，形成不同性质的环形用地功能圈，突出高强度、绿色交通，打造生态、绿色、便捷、高效、安全、有特色、具有综合功能的城市单元。

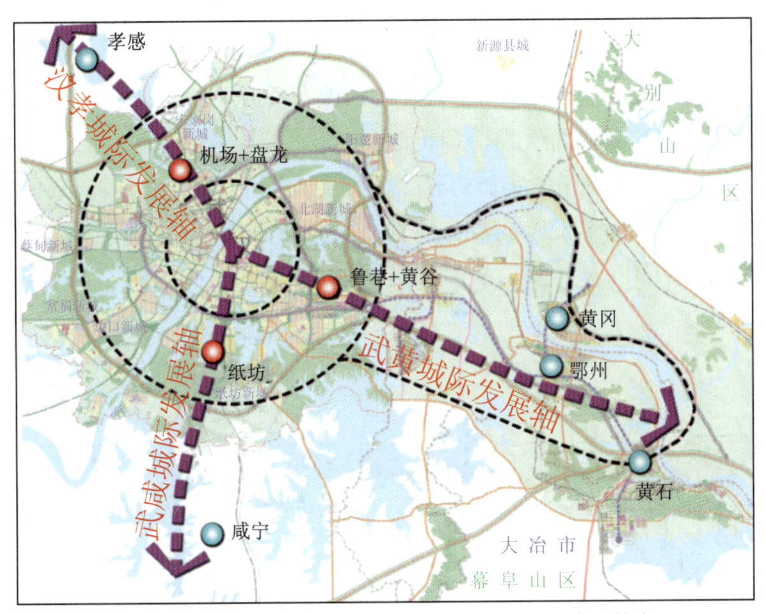

图 8-49　武汉城市群近期围绕城际铁路空间 TOD 发展策略

（2）空间推进策略突出轨道引导作用，从传统的片区平衡调整为轴向平衡

（3）建立省级层面的协同发展的体制机制，统筹地区的管理与支撑

研究制定省级层面的武汉城市群交通系统与土地利用一体化发展相关政策、措施及实施细则，并确定一体化要求为强制性要求；编制出台综合交通枢纽衔接换乘标准规范或指南要求。

8.5.6　交通体制一体化发展战略

（1）协同机构

成立武汉城市群交通一体化协同机制（图 8-50），以组织、协调城市群内区域交通基础设施规划、建设、管理等，推进城市群交通一体化发展。

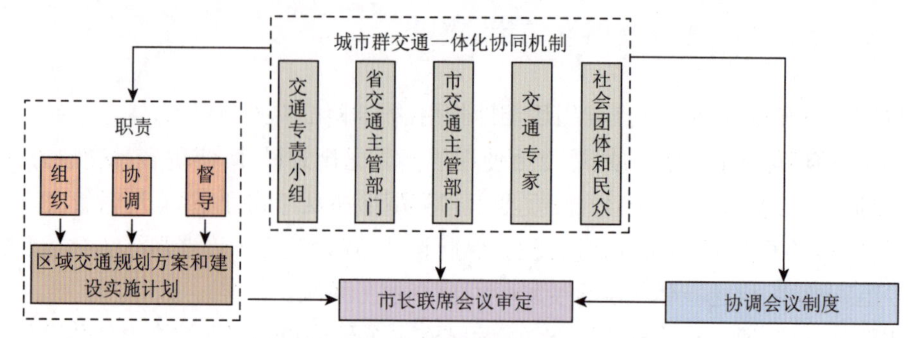

图 8-50　武汉城市群交通协同机构组织概念图

设协同基金（图 8-51）可以通过区域内各城市或区镇参股的形式构成，并且将城市参股的数量与城市建设的投资挂钩。

（2）保障措施

加强组织领导和统筹协调，完善湖北省发展和改革委员会（省圈办）、市长联席会议及城市群交通规划组织机构等多层面组织协调机制。

加强监督考核，制定考核评估实施办法。通过研究建立城市群各城市跨界客货运交通的年度评估和改善机制（图 8-52），定期进行跨界交通评估工作，发现交通问题，提出改善建议，联合开展交通改善工作。

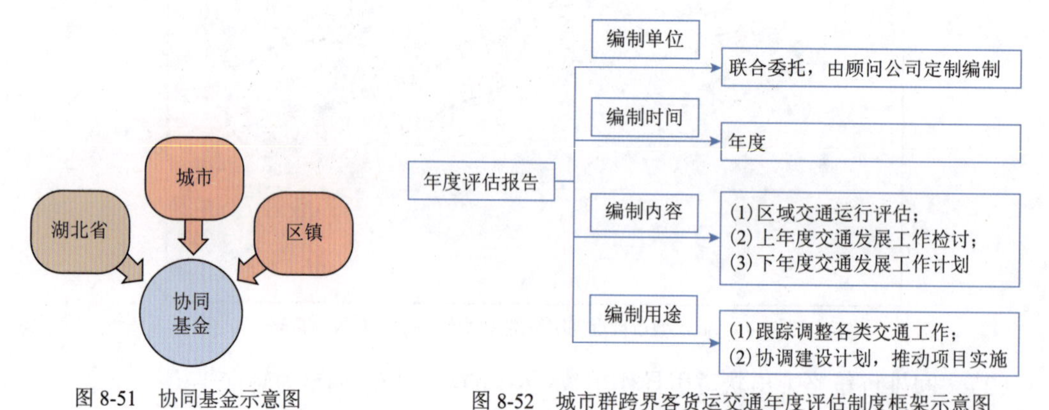

图 8-51　协同基金示意图

图 8-52　城市群跨界客货运交通年度评估制度框架示意图

本章参考文献

[1] 白永亮，等. 基于 3D 框架的长江中游城市群经济空间演化研究 [J]. 湖北经济学院学报，2014 年.

第9章 促进实现城市群交通一体化的战略与对策

当前,我国城市群发展处于初期阶段,明确城市群的基本概念、发展战略及发展目标,对于城市群的健康发展,对于提高我国的竞争力和实现环保节能的绿色低碳发展模式、营造宜居宜业的城市环境,具有重要意义。

城市群交通一体化是城市健康发展的基本保证和先决条件,是实现缓堵保畅、消除雾霾、实现良好城市环境条件的关键环节,事关大局,事关成败。

本研究在深入探索城市群交通一体化机理与规律、充分借鉴国外发展经验的基础上,提出以下战略建议,以期为城市群的健康发展提供理论与政策支持。

9.1 建立强有力的城市群协同发展交通一体化的领导体制与机制

(1)建立强有力的保障城市群协同发展交通一体化的体制机制,统筹城市群综合交通运输相关的法规、政策、规划及其实施,实现发展控制,是实现城市群交通一体化的首要条件。包括建立城市群协同发展综合协调机制和监督机制、建立城市群内各城市的规划相互参与制度、制定城市群一体化的综合交通规划、建设城市群一体化的综合信息平台等。

(2)建立城市群空间与用地开发的发展控制体系。从法规、规划、审批与管理流程、投资与财税制度、职能部门分工合作、规划设计的实施监督等全环节,实施精细的战略、规划、工程、运营管理一体化体系。

(3)扩大交通投融资渠道,建立可持续的综合交通投融资机制。在推进城市群交通一体化的过程中都面临着大规模、跨区域交通基础设施建设所带来的巨大资金需求的挑战,尤其是建设周期长、投资规模大的轨道交通建设。仅靠政府的投入不足以支撑如此大规模的基础设施建设,需要大力引进社会资本,增加融资渠道,发挥各级融资平台作用等逐步建立起可持续发展的综合交通投融资机制。

(4)建立交通科技创新的长效机制。深化科技体制机制改革,建立起主要由市场决定技术创新项目、经费分配和成果评价的机制,充分发挥市场对交通科技研发方向、系统功能、要素价格等各类要素配置的导向作用。健全交通科技创新激励机制,加大对公益性和基础性重大交通科研项目、产学研合作项目及推广应用成效显著项目的支持力度。改善中小型交通科技企业融资环境,完善风险资本投资机制,建立城市群交通科技研发(产权)交易平台,促进科技成果资本化、产业化。

(5)创新交通运输市场机制。正确处理政府和市场的关系,加快完善现代交通运输市场机制,着力清除地方性、行政性壁垒,提高交通资源配置效率和公平性,使市场在资源配置中起决定性作用和更好发挥政府作用。强化政府在城市公交、城乡客运、城市(际)轨道交通等公共交通服务领域的主导性，提高定价透明度，加快交通运输领域“政府购买公共服务”模式的推广应用。

（6）建立从立项、规划、设计、建设、运营、维护全过程的公众参与制度，提高公众参与力度与效果。

9.2　从城市群、都市圈、城市层面，实现交通与土地使用的一体化

（1）在城市群协同发展交通一体化机制体制保障下，系统研究制定城市群交通系统与土地使用一体化发展的相关法规、标准、政策、措施及实施细则，明确一体化要求为强制性要求；制定 TOD 规划设计导则，编制出台综合交通枢纽衔接换乘标准规范和指南；在综合交通规划审批环节要求制定城市群、各城市、各片区不同层面的交通与土地一体化专项规划与设计。

（2）城市群应根据需求特性合理选择不同制式的轨道交通方式，通过轨道交通引导形成合理的城市群布局，强化轨道交通与城市用地的深度结合。把轨道交通建设、用地开发、生产组织、居住空间配置和环保节能以及地下空间开发紧密结合起来，一体化考虑设计。

（3）高度重视交通系统与土地开发的建设时序，重视公交发展要优先于道路基础设施建设的原则和重要经验，科学制定城市群、都市圈、各城市、各通道不同层面的建设实施规划，以避免个体交通方式盲目发展，形成难以改变的个体交通方式主导模式。

（4）做好轨道交通站点与周边土地使用的一体化规划设计，实现多种交通方式的无缝衔接和交通与土地使用的密切结合；根据不同类型枢纽从“物理空间、运营管理、信息服务、票价票制”四方面制定交通方式无缝分衔接的规划、设计、建设、运营、管理计划，强化各交通方式无缝衔接、零距离换乘；提供一体化的综合交通服务。

（5）强化以轨道交通站点为核心的 TOD 发展模式，实现土地综合一体化开发，轨道交通站点 2km 半径内功能布局由内向外依次是商业、办公、居住；由下而上依次是商业、办公、居住，距离轨道交通站点越近开发强度越高，突出高强度、绿色交通、以人为本的原则，打造生态、绿色、便捷、高效、安全、有特色、具有混合功能的城市单元。

（6）推动交通系统与土地一体化开发，建立土地增值利益还原和回哺公共交通的利益分配模式，鼓励合理的多元化经营模式。

（7）城市内实现门到门 1h 的通勤圈。构建绿色、高效的城市综合交通体系，加强主体交通方式与末端交通方式一体化。构建门到门 1h 的通勤圈。

（8）建立多中心、组团式、职住均衡、交通需求总量小出行距离短的紧凑型城市。大力推进城市群、都市圈、城市公共交通引导的土地开发（TOD），大力促进紧凑型城市建设、混合土地使用、完善生活配套设施和公共设施等，从源头上减少交通需求总量和出行距离，切实改善步行和自行车出行环境，鼓励和保持绿色出行。

9.3 建立绿色交通主导的综合交通系统

(1)虽然城市群交通发展模式受城市群人口密度、资源环境、发展策略等不同而呈现差别化,但构建绿色交通主导的城市群综合交通体系为是生态文明发展阶段的必然选择,城市群客运应以轨道交通和长途公共汽车运输为主,要提供高速便捷的客运服务;货运应根据需求特性确定是否需求要提供铁路运输通道,一般来说,由于城市群的货物运输距离不大,批量规模也不一定很大,所以通常会以公路卡车运输为主。应建立便捷的货运通道、货物的集疏运体系。

(2)应充分论证城市群内航空、港口需求,梳理其功能分工与定位,实现合理布局、规模恰当、服务一流,避免能力过度或不足。应充分论证通道交通需求,多种交通方式协调配合共同满足交通运输的总量和结构需求。

(3)打造"大交通""城市交通"便捷的末端交通系统,高度重视最后1km的精细规划,真正实现出行"点"到"点"的高效率。加强大型小区与枢纽站点等客流集散点的末端交通,努力提高末端交通的运输效率与服务水平;创造良好的步行、自行车出行环境,形成绿色高效的接驳体系;重视干线铁路、城际铁路、市域铁路、城市轨道交通间的无缝衔接,减少大交通"末端交通"的高效衔接换乘问题。

(4)充分利用既有干线铁路的富余能力,提供城际服务。在当前我国经济下行压力较大、地方债务规模攀升等情况下,在未建设城际铁路的通道内,应优先考虑利用既有干线铁路的富余能力,开通城际铁路。

(5)科学决策城际轨道交通的建设时机,量化分析运量需求,避免过度超前建设造成投资浪费。探索建立城际铁路客运运营管理和补贴机制。城际客运属集约化、绿色出行方式,政府应给予适当补贴。应就如何管理、亏损如何补贴等问题,加快建立相应的管理协调和补贴机制。

(6)对通道进行运输能力总量控制。对运输通道进行需求分析,基于公共交通优先原则,对通道进行运输能力总量控制,使得通道交通容量与通道需求规模匹配。

(7)机场、港口考虑城市群总体需求特性统一布局、控制总体规模。经统筹规划、合理配置航空、港口资源,实现优势互补、分工合作、无缝衔接、一体化运行的城市群机场和港口群,避免重复建设和无序竞争,达到资源利用效率最大化和运输成本最具竞争力。

9.4 通过智能交通手段促进城市群交通一体化发展

(1)建立城市群范围内一票到底、无缝衔接的起终点间高质量的客运服务体系。提供城市内与城市间无缝衔接的客运服务，实现交通服务收费的一体化。

（2）积极推动城市交通一卡通在不同区域、不同方式、不同终端上的通用。使交通一卡通能在区域范围内各城市的干线铁路、城际铁路、市域铁路、城市轨道、常规公交、出租车等不同交通方式上以及停车收费、部分商店、日常缴费等便民服务方面的通用，并提供便捷的充值等便捷服务。

（3）实现城市群综合交通信息整合与共享，建设城市群一体化综合交通信息服务系统，实现跨区域、跨部门、多交通方式系统信息的整合与共享，是实现多途径多方式的综合信息服务的基本前提。应打破区域、部门、不同方式、不同系统的限制，加强信息化建设的一体化，建立交通信息标准化体系，建立城市群、都市圈的综合信息共享服务平台；建立广泛共享的综合交通信息采集系统；建立统一的多方式信息发布与服务平台。

（4）建立动态全过程跟踪的智能物流系统，实现区域物流信息深层次共享，实现多层次专业化一体化的智能管理物流服务系统。

（5）建立异常状态下的高度智能化的应急系统服务。实现能对异常事件长期智能监测与监控，实现区域异常状态快速预警和区域异常状态下快速反应生成组织指挥与救灾联动方案功能。

（6）建立区域范围实时动态的交通需求态势分析与决策支持系统。实现区域范围内实时动态的交通需求态势分析，实现宏观、中观、微观等不同层次不同区域范围的交通决策支持服务功能和基于大数据、云计算等新信息技术的交通系统的综合分析及应用功能。

后　记

在中国工程院领导下，由清华大学交通研究所、国家发展和改革委员会综合运输研究所、交通运输部规划研究院、北京交通发展研究中心和武汉交通发展战略研究院所组成的“城市群交通一体化研究”联合课题组，在城市群交通一体化这一全新领域，求真务实，发挥多学科多部门交叉优势，取得了令人欣慰的研究进展。本书就是大家勤奋研究、共同努力的结晶。

在联合课题组展开研究期间，全体成员认真思考、深入讨论、多视角展开分析研究，体现了课题组全体人员的思考、智慧和贡献，值此本书即将付梓之时，作为联合课题组的负责人和代表作者，我们对联合课题组全体成员的辛勤努力和积极贡献深表谢意，本书是大家的共同作品。同时，作者也希望本书能成为大家不断探索完善城市群交通一体化理论与实践的引玉之砖。

傅志寰　陆化普

2016 年春于北京